新型城镇化建设与农村劳动力转移培训系列教材

建筑电工操作技能快学快用

本书编写组　编

中国建材工业出版社

图书在版编目(CIP)数据

建筑电工操作技能快学快用 /《建筑电工操作技能快学快用》编写组编. —北京：中国建材工业出版社，2015.4

新型城镇化建设与农村劳动力转移培训系列教材

ISBN 978-7-5160-1169-0

Ⅰ.①建… Ⅱ.①建… Ⅲ.①建筑工程－电工技术－技术培训－教材 Ⅳ.①TU85

中国版本图书馆CIP数据核字(2015)第041618号

建筑电工操作技能快学快用

本书编写组 编

出版发行：中国建材工业出版社

地　　址：北京市海淀区三里河路1号

邮　　编：100044

经　　销：全国各地新华书店

印　　刷：北京紫瑞利印刷有限公司

开　　本：850mm × 1168mm　1/32

印　　张：11.5

字　　数：320千字

版　　次：2015年4月第1版

印　　次：2015年4月第1次

定　　价：32.00元

本社网址：www.jccbs.com.cn　　微信公众号：zgjcgycbs

本书如出现印装质量问题，由我社营销部负责调换。电话：(010)88386906

对本书内容有任何疑问及建议，请与本书责编联系。邮箱：dayi51@sina.com

内 容 提 要

本书以建筑电气安装工程最新国家标准规范为依据进行编写，详细阐述了建筑电气安装工程实用施工安装方法与操作技能。全书主要内容包括电工岗位技能基础，电工工具、仪表与材料使用，建筑供配电系统安装，架空配电线路敷设，电缆线路敷设，电气照明系统安装，施工现场防雷与接地，电气工程安全管理等。

本书体例新颖，内容丰富，既可作为农村劳动力转移培训、建设施工企业进行技术培训以及下岗职工再就业培训的教材，也可供建筑工程施工技术人员工作时参考。

建筑电工操作技能快学快用

编写组

主　编：王文华

副主编：胡亚丽　蒋林君

参　编：孙世兵　徐梅芳　秦礼光　杜静丽
武鹏燕　张蓬蓬　齐永梅　王艳丽
李　丹　张碧晗　吴　薇　王秀珍
刘海珍　严燕丽

前言

新型城镇化道路是我国经济社会能否健康持续稳定发展的重要内容之一，我国现已进入全面建成小康社会的决定性阶段，正处于经济转型升级、加快推进社会主义现代化的重要时期，也处于城镇化加速发展的关键时期，必须深刻认识城镇化对经济社会发展的重大意义，牢牢把握城镇化蕴含的巨大机遇，准确研判城镇化发展的新趋势新特点，妥善应对城镇化面临的风险挑战。

由于我国是个农业大国，解决好农村剩余劳动力出路，是我国现代化和实现可持续发展的一个重要内容。农村剩余劳动力能否成功转移直接影响到城乡的经济发展和社会稳定。我国在城镇化建设持续、快速地推进过程中，吸纳了大量农村劳动力转移就业，从而提高了城乡生产要素配置效率，推动了国民经济持续快速发展，带来了社会结构深刻变革，促进了城乡居民生活水平全面提升，取得的成就举世瞩目。

另外，随着我国国民经济的快速发展，作为国民经济支柱性产业的建筑行业也取得了蓬勃发展，建筑劳务规模也正不断壮大。由于广大农村劳务人员文化程度普遍较低，观念较落后，技能水平较低，加之各种建筑施工新技术、新材料、新设备、新工艺在建筑行业的广泛使用，如何在这种形势下加强广大农村劳务人员的技术能力的培养，提高其从业能力，已成为建筑行业面临的重要任务。

为进一步规范劳动技能和农村剩余劳动力的转移培训工作，满足广大建设工程行业从业人员对操作技能和专业技术知识的需求，我们组织有关方面的专家，在深入调查的基础上，结合建设行业的实际，编写了这套《新型城镇化建设与农村劳动力转移培训系列教材》。本套教材共包括《砌筑工操作技能快学快用》《混凝土工操作技能快学快用》《钢筋工操作技能快学快用》《架子工操作技能快学快用》《建筑电工操作技能快学快用》《水暖工操作技能快学快用》《管道工操作技能快学快用》《模板工操作技能快学快用》《起重工操作技能快学快用》和《焊工操作技能快学快用》。

本套教材以现行国家和行业标准规范为编写依据，以满足农村劳动力转移培训需要为目的，参考各专业技术工人职业资格考试技能知识大纲编写而成。教材编写时注意市场调研，并收集整理了大量的新材料、新技术、新工艺和新设备，是一套实用性、针对性很强的农村劳动力转移培训、建设施工企业进行技术培训以及下岗职工进行再就业培训的理想教材。

本套教材在编写过程中，参考和引用了有关部门、单位和个人的资料，在此深表谢意。限于编者的水平，书中错误及疏漏之处在所难免，恳请广大读者批评指正。

编　者

目录

第一章　电工岗位技能基础

第一节　电工基本要求与岗位职责

一、电工基本要求

由于施工现场环境的多变及恶劣性，施工用电的特殊性，施工现场人员的复杂性，因此，必须对施工现场所有用电人员提出具体的要求。

(1)年满十八周岁，身体健康，无妨碍从事本职工作的病症和生理缺陷；具有初中以上文化程度；工作认真负责，具有电工基础理论和电工专业技术知识，并具有一定的实践经验。

(2)了解施工现场特点；了解潮湿、高温、易燃、易爆、导电腐蚀性气体或蒸汽，强电磁场，导电性物体，金属容器，地沟、隧道、井下等环境条件对电气设备和安全操作的影响；知道在相应环境条件下设备造型、运行、维修的电气安全技术要求。

(3)了解施工现场周围环境对电气设备安全的影响，掌握相应的防范事故的措施。

(4)维修、安装或拆除临时用电工程必须由电工完成，该电工必须持有特种作业操作证，且在有效期内。

(5)对从事电工作业的人员(包括工人、工程技术人员和管理人员)，必须进行安全教育和安全技术培训。培训的时间和内容，根据国家(或部)颁发的《电工作业人员安全技术考核标准》和有关规定确定。

(6)电工作业人员经安全技术培训后，必须进行考核。经考核合格取得操作证者，方可独立作业。考核的内容，由发证部门根据国家

(或部)颁发的电工作业《电工作业人员安全技术考核标准》和有关规定确定。考核不合格者,可进行补考,补考仍不合格者,须重新培训。

(7)对新从事电工作业的人员,必须在执证人员的现场指导下进行作业。取得操作证的电工作业人员,必须定期(两年)进行复审。未经复审或复审不合格者,不得继续独立作业。

(8)能熟练阅读和准确理解电气施工安装图,熟练掌握电气设备安装与接线方法;熟悉照明、动力、发电、输电、变电、配电等电气工程的施工程序及有关国家标准;熟练掌握施工验收规范及质量检验、评定标准;能够编写开、竣工资料和交工资料。

(9)应了解电气事故的种类和危害,电气安全特点及其重要性,能正确处理电气事故。

(10)熟悉触电伤害的种类、发生原因及触电方式;了解电流对人体的危害,触电事故发生的规律,并能对触电者采取急救措施。

(11)应知道雷电形成及对电气设备、设施和人身的危害;掌握防雷的要求及避雷措施。

(12)了解电气安全保护用具的种类、性能及用途;掌握使用保管方法、试验周期和试验标准。

二、电工岗位职责

(1)按照施工组织设计要求及文明工地要求,布局好施工现场安全用电计划方案。

(2)按照计划方案,做好施工现场、办公区、生活区、机械设备、楼房的安全用电保护及线路。

(3)树立安全第一的思想,确保施工现场、办公区、生活区、机械设备、楼房的用电安全。

(4)定期对用电线路和用电设备进行检查、维修,确保安全施工和施工正常进行。

(5)除工程需要外,工地及生活办公区严禁使用电炉,如有发现,没收其用电设备并处200元以上罚款。

(6)严禁私拉电线,如有发现处100元以上罚款并没收电线及用电设备。

(7)配合项目经理及项目部做好安全用电工作及机械设备安全施用工作。

(8)严格遵守电路技术规程与安全规程,保证安全供电,保证电气设备正常运转。

(9)经常深入现场,巡视检查电气设备状况及其安全防护,倾听操作工的意见,严禁班上睡觉。

(10)认真填写电气设备大、中修记录(检修项目、内容、部位、所换零部件、日期、工时、备件材料消耗等),积累好原始资料。

(11)掌握所使用的工具、量具、仪表的使用方法,并精心保管,节约使用备件、材料、油料。搞好文明生产,并做好交接班记录。

第二节 电路基本知识

一、直流电路

电路就是电流的通路,它是为了某种需要由某些电气设备或元件按一定方式组合起来的线路。

1. 电路的组成

在建筑工程中所用的任一用电设备都必须将用电设备与电源形成一个完整的闭合电路,才能实现能量的传输与转换。一个完整的电路主要由电源、负载、中间环节和控制开关与保护电器四部分组成,如图1-1所示。

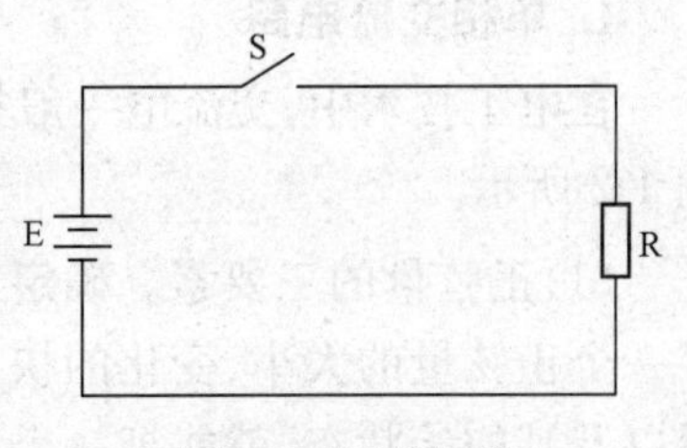

图 1-1 电路的组成

(1)电源。电源的主要作用是将其他形式的能量转化为电能。当电路中有了电源后,就可以使电源两端产生一个电压。在这个电压作用下,电路中的电荷将有规则的运动,形成电流。

(2)负载。负载的主要作用是将电能转化为其他形式的能量,如电灯将电能转化为热能、光能。

(3)中间环节。中间环节主要是指连接导线和控制电路通断的开关电器,它们将电源及负载连接起来,构成电流通路。另外,中间环节还包括保障安全用电的保护电器,如熔断丝等。

(4)控制开关与保护电器。开关是向电路发出开通或断开指令的控制设备,用S表示。

为了保证电路在发生短路、过流时不损坏用电设备,电路中必须有保护设备,如熔断器等。

2. 电路的状态

在不同的条件下,电路处于不同的状态,主要有以下三种:

(1)通路。通路是电路构成闭合回路,有电流通过。

(2)开路。开路也称断路。开路是电路断开,电路中无电流通过。

(3)短路。短路是电源未经负载而直接由导体构成的闭合回路。

二、交流电路

大小和方向随时间作周期性变化的电动势、电压、电流,分别称为交变电动势、交变电压、交变电流,统称为交流电。用交流电源供电的电路称为交流电路。交流电的形式可分为单相交流电和三相交流电两种。

1. 单相交流电路

在电工技术中,交流电一般按正弦规律变化称为正弦交流电,如图1-2所示。

(1)正弦量的三要素。确定了一个正弦量的大小、变化的快慢以及其初始状态,就能把一个正弦量准确地表示出来,因此把正弦量的大小、变化的快慢及其初始状态称为正弦量的三要素。

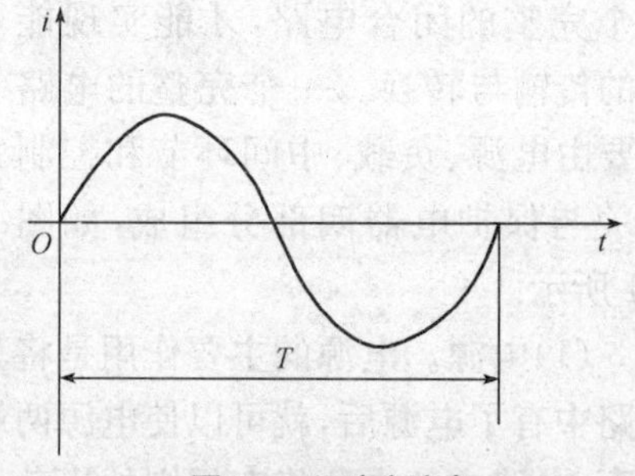

图1-2 正弦交流电

(2)正弦交流电特征。

1)瞬时值。交流电的大小和正负都在随着时间变化而变化。把交流电在某一瞬时的数值,称为瞬时值。瞬时值用小写字母表示,e、u、i 分别表示正弦电动势、电压及电流的瞬时值。

2)最大值。正弦交流电在一个周期中所出现的最大瞬时值,称为最大值或幅值。对于一个确定的正弦交流电而言,最大值是一个常数,不随时间发生变化。最大值用带有下标 m 的大写字母来表示,E_m、U_m、I_m 分别表示正弦电动势、电压及电流的最大值。

3)有效值。交流电的有效值用来表示交流电的大小。它是根据电流的热效应而规定的,让交流电和直流电通过同样阻值的电阻,若它们在同一时间内产生的热量相等,这时直流电流的数值就是这一交流电流的有效值。因此,交流电流的有效值实际上就是在热效应上同其相当的直流电流值。有效值用大写字母表示,E、U、I 分别表示交流电动势、电压及电流的有效值。

快学快用 1 正弦交流电常见的表示方法

正弦交流电常见的表示方法有图像法、函数法和矢量法。

(1)图像法:波形图,如图 1-3 所示。

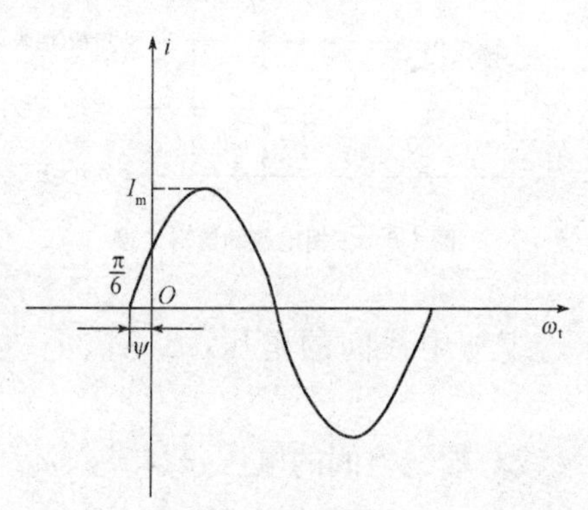

图 1-3 图像法

(2)函数法:$i=I_m \cdot \sin(\omega_t+\psi)$。

(3)矢量法:矢量长度为最大值 I_m,与 x 轴的夹角为初相位 ψ。矢

量沿原点以 ω 的角速度逆时针旋转，则矢量在 y 轴的投影为瞬时值。如图 1-4 所示为矢量法。

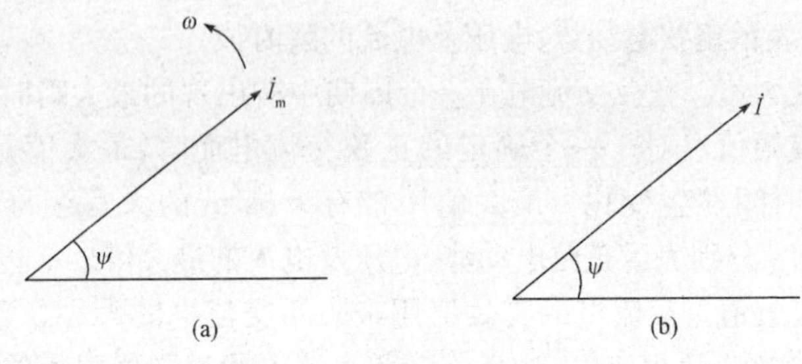

图 1-4　矢量法

2. 三相交流电路

三相电源是由三个频率相同、幅值相同、相位互差为 120°的正弦电源按一定方式连接而成的。由三相电源供电的电路称为三相电路。

(1)三相电源的星形连接。如图 1-5 所示为三相电源的星形连接。这种供电方式，称为三相四线制供电。

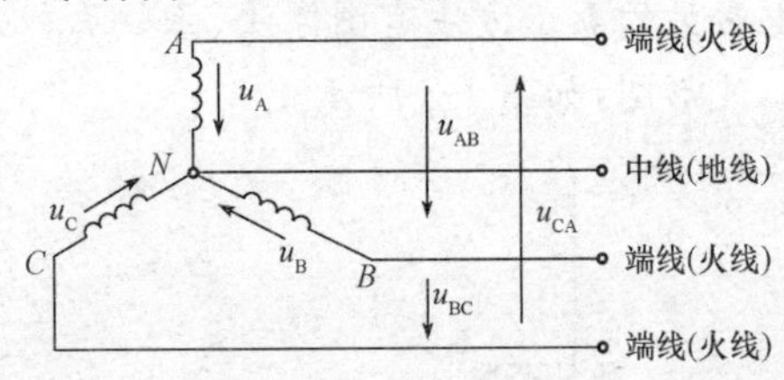

图 1-5　三相电源的星形连接

1)相电压：端线与中线间的电压，u_A、u_B、u_C 为相电压，用 $U_{相}$ 表示。

2)线电压：端线与端线之间的电压，u_{AB}、u_{BC}、u_{CA} 为线电压，用 $U_{线}$ 表示。

在数值上，线电压等于相电压的$\sqrt{3}$倍，即：

$$U_{线}=\sqrt{3}U_{相}$$

我国低压配电系统的标准电压规定为线电压 380V、相电压 220V。

(2)三相负载的星形连接(Y 接)。如图 1-6 所示为三相负载的星形连接。

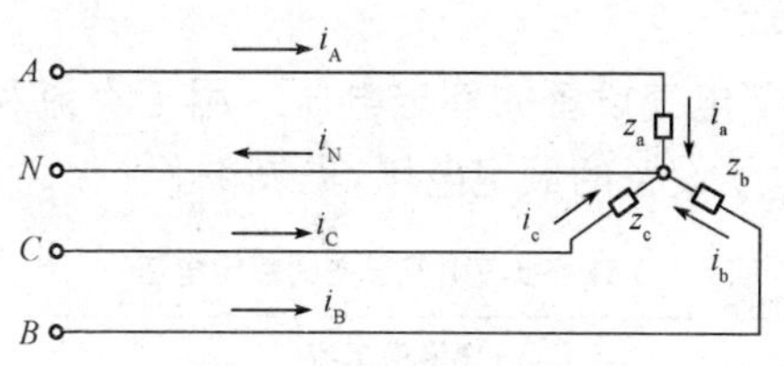

图 1-6　三相负载的星形连接

各条火线中流过的电流，i_A、i_B、i_C 为线电流，用 $I_{线}$ 表示。流过各相负载的电流，i_a、i_b、i_c 为相电流，用 $I_{相}$ 表示。

三相四线制供电时，流过中线的电流为中线电流，用 I_N 表示。

负载为星形连接时，线电流等于相电流，即：

$$I_{线}=I_{相}$$

中线电流等于各相电流的矢量和，即：

$$\dot{I}_N=\dot{I}_a+\dot{I}_b+\dot{I}_c$$

三相负载对称时，中线电流为零，即：

$$\dot{I}_a+\dot{I}_b+\dot{I}_c=\dot{I}_N=0$$

三相对称负载即三相负载完全相同，各相阻抗 Z 相等，各相负载的功率因数角 φ 相等，性质相同。

(3)三相负载的三角形连接(△接)。如图 1-7 所示，负载作三角形(△接)连接时，负载的相电压等于电源的线电压，即：

$$U_{相}=U_{线}$$

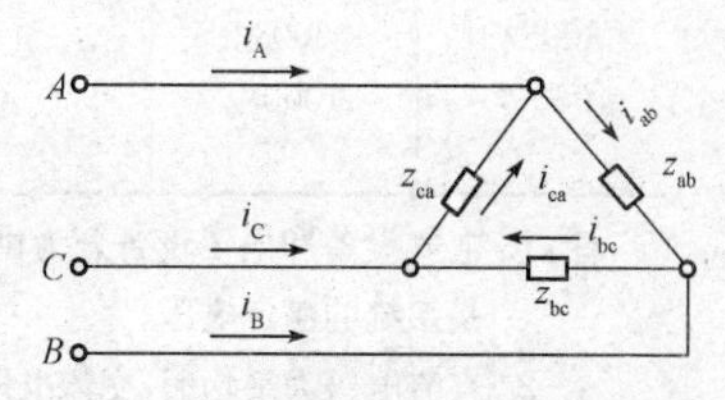

图 1-7　三相负载的三角形连接

如果三相负载对称，线电流等于相电流的$\sqrt{3}$倍，即：

$$I_{线}=\sqrt{3}I_{相}$$

三、基本电气额定值

1. 额定电压

(1)1kV 以下电气设备的额定电压。用于直流和 50Hz 交流的系统电气设备和电子设备的额定电压,见表 1-1。

表 1-1　　1kV 以下电气设备的额定电压　　V

直流		单相交流		三相交流	
受电设备	供电设备	受电设备	供电设备	受电设备	供电设备
1.5	1.5				
2	2				
3	3				
6	6	6	6		
12	12	12	12		
24	24	24	24		
36	36	36	36	36	36
		42	42	42	42
48	48				
60	60				
72	72				
		100+	100+	100+	100+
110	115				
		127*	133*	127*	133*
220	230	220	230	220/380	230/400
400▽,440	400▽,460			380/660	400/690
800▽	800▽				
1000▽	1000▽				
				1140**	1200**

注:1. 电气设备和电子设备分为供电设备和受电设备两大类。受电设备的额定电压也是系统的额定电压。

2. 直流电压为平均值,交流电压为有效值。

3. 在三相交流栏下,斜线"/"之上为相电压,斜线之下为线电压,无斜线者都是线电压。

4. 带"+"者为只用于电压互感器、继电器等控制系统的电压。带"▽"者为使用于单台供电的电压。带"*"者只用于矿井下、热工仪表和机床控制系统的电压。带"**"者只限于煤矿井下及特殊场合使用的电压。

(2)1kV 以上三相交流供电设备的额定电压。50Hz 三相交流 1kV 以上供电设备的额定电压见表 1-2。这一电压等级主要用于发电机、变压器、送电线路和高压用电设备。

表 1-2 1kV 以上三相交流供电设备的额定电压 kV

受电设备与系统	供电设备	设备最高电压
3	3.15	3.5
6	6.3	6.9
10	10.5	11.5
	13.8*	
	15.75*	
	18*	
	20*	
35		40.5
63		69
110		126
220		252
330		363
500		550
750		

注:带“*”者只适用于发电机。

(3)中频电气设备的额定电压。一般中频(50Hz～10kHz)工业电气设备的额定电压,见表 1-3。

表 1-3 一般中频工业电气设备的额定电压 V

类 别	单 相	三相(线电压)
通用电气设备	9,12,16,20,26,36,60,90,115,220,375,500,750,1000,1500,2000,3000	42,115,160,220,350

续表

类别		单相	三相(线电压)
受电设备	电热装置	(250),375,500,750,1000,1500,2000,3000	—
	机床电器	—	115,220,350
	纺织电机	—	115,130*,160*
	控制微电机	9,12,16,20,26,36,60,90,115,220	
	电动工具	—	42,220
供电设备	中频发电机及装置	115,220,375,500,750,1000,1500,2000,3000	115,160*,220,350,550*
	移动电源设备	115,230	208,230,400

注:*仅限于人造纤维的纺锭使用。

2. 额定频率

电气设备在额定参数下的频率称为额定频率。一般工业电气设备(包括通用电气设备、电热装置、机床电气设备、纺织电机、控制电机和电动工具)单相和三相交流额定频率见表1-4。

表1-4 一般工业电气设备单相和三相交流额定频率 Hz

电力供电系统及设备	舰船电气设备	航空电气设备	一般工业电气设备					
			通用电气设备	电热装置	机床电气设备	纺织电机	控制电机	电动工具
50	50	50	50	50	50	50	50	50
	—	—	—	—	—	(75)	—	—
	—	—	100	—	—	100	—	—
	—	—	—	—	—	*133	—	—
	—	—	150	150	150	150	—	150
	—	—	—	—	—	—	—	—
	—	—	200	—	—	200	—	200
	—	—	—	—	—	(300)	—	300

续表

电力供电系统及设备	舰船电气设备	航空电气设备	一般工业电气设备					
			通用电气设备	电热装置	机床电气设备	纺织电机	控制电机	电动工具
	—	—	—	—	—	—	(330)	—
	400	400	400	400	400	400	400	400
			—	—	—	—	(427)	
			—	(500)	—	—	(500)	
			600	—	600	600	—	
			800	—	800	—	—	
			1000	1000	1000	1000	1000	
			1500	—	1500			
			—	—	* * 2000			
			2500	2500	2500			
			—	—	(3000)			
			4000	4000	4000			
			8000	8000				
			10000	10000				

注：1. 50Hz 称为工频。

2. 带括号的值，在设计新产品时不推荐采用。

3. * 133Hz 仅限于人造纤维的纺锭用。

4. * * 2000Hz 仅限于轴承磨削用。

5. 额定频率允许偏差值规定为±0.2%、±0.5%、±1%、±2%、±5%、±10%六种，按设备需要选用。

6. 电力供电系统及设备的额定频率的允许偏差值规定为±1%。

3. 额定电流

常用高压、低压电器的额定电流，见表 1-5 和表 1-6。

表 1-5　　常用高压电器的额定电流　　A

项　目	额定电流
断路器、隔离开关	200,400,630,(1000),1250,1600,2000,3150,4000,5000,6300,8000,10000,12500,16000,20000,25000
负荷开关	10,16,31.5,50,100,200,400,630,1250,1600,2000,3150,400,5000,6300,8000,10000,12500,16000,20000,25000
熔断器	2,3.15,5,6.3,10,16,20,31.5,40,50,(75),80,100,(150),160,200,315,400
熔　丝	(3),3.15,5,(7.5),8,10,(15),16,20,3.15,40,50,80,100,(150),160,200

注:括号内的数值尽量不采用。

表 1-6　　常用低压电器的额定电流　　A

项　目	额定电流
通用开关电器	6.3(6),10,16(15),25,31.5,40,50,63(60),100,160(150),200,250,315(300),400,500,630(600),800,1000,1250,1600,2000,2500,3150,4000,5000,6300,8000,10000,12500,16000
控制电器	1,2.5,5,10,16(15),20,25,40,63(60),100,160(150),250,400,630(600),1000
熔断器的熔体	1,2,2.5,3.15(3),4,5,6.3(6),10,16(15),20,25,31.5(30),(35),40,(45),50,63(60),80,100,125,160(150),200,250,315(300),400,500,630(600),800,1000

注:括号内的数值尽量不采用。

第二章　电工工具、仪表与材料使用

第一节　常用电工工具

一、验电器

验电器是电工最常用的一种检测工具，主要用于检查低压电气设备是否带电。常用的有钢笔式和螺钉旋具式两种（图 2-1）。钢笔式验电器简称电器，其前端是金属探头，内部依次装接氖管、安全电阻和弹簧，弹簧与后端外部的金属部分相接触。

当用电笔测试带电体时，电流经带电体、电笔、人体及大地形成通电回路，只要带电体与大地之间的电位差超过 60V 时，电笔中的氖管就会发光。低压验电器检测的电压范围为 60～500V。

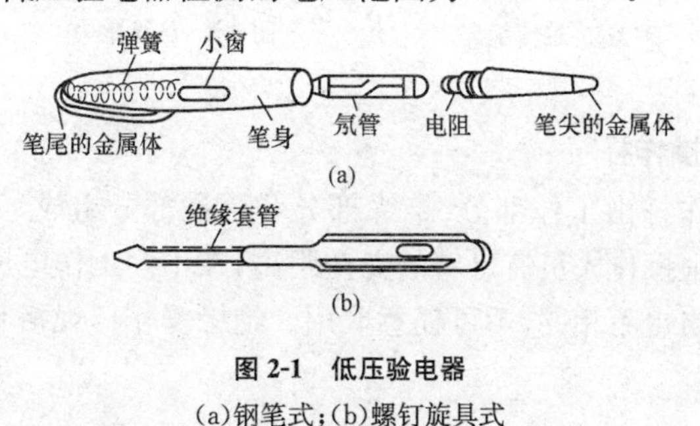

图 2-1　低压验电器

(a)钢笔式；(b)螺钉旋具式

快学快用 1　验电器操作使用要求

(1)使用前，必须在有电源处对验电器进行测试，以证明该验电器确实良好，方可使用。

(2)验电时,应使验电器逐渐靠近被测物体,直至氖管发亮,不可直接接触被测体。

(3)验电时,手指必须触及笔尾的金属体,否则带电体也会被误判为非带电体。

(4)验电时,要防止手指触及笔尖的金属部分,以免造成触电事故。

二、绝缘操作用具

1. 绝缘手套

绝缘手套用绝缘性能良好的特种橡胶制成,用于防止泄漏电流、接触电压和感应电压对人体的伤害。其外形如图 2-2 所示。

2. 绝缘靴

绝缘靴是用特种橡胶制成的,里面有衬布,外面不上漆,这与涂光亮黑漆的普通橡胶水鞋在外观上有所不同。其外形如图 2-3 所示。

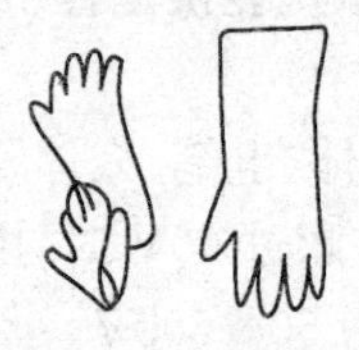

图 2-2 绝缘手套

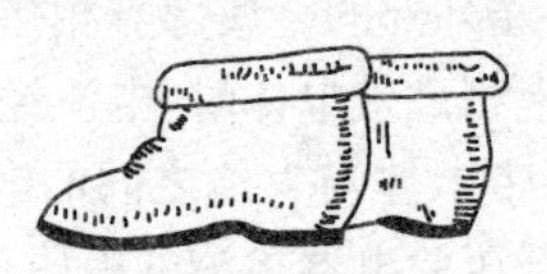

图 2-3 绝缘靴

3. 绝缘操作杆

绝缘操作杆由工作部分、绝缘部分和手握部分组成,如图 2-4 所示。为了保证操作人员有足够的安全距离,在不同工作电压下所使用的操作杆规格也不相同,不可任意取用。绝缘操作杆规格与工作电压见表 2-1。

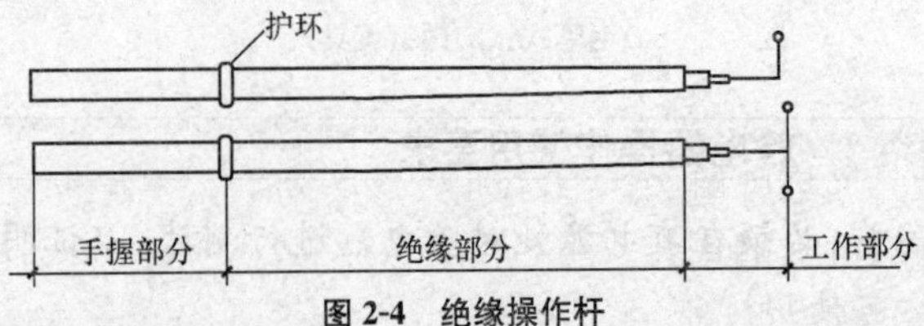

图 2-4 绝缘操作杆

表 2-1　　绝缘操作杆规格与工作电压　　mm

工作电压	棒长		工作部位长度	绝缘部位长度	手握部位长度	棒身直径	钩子宽度	钩子终端直径
	全长	节数						
500V	1640	1	185	1000	455	38	50	13.5
10kV	2000	2		1200	615			
35kV	3000	3		1950	890			

快学快用 2　绝缘操作杆使用要求

(1)使用前，应仔细检查绝缘操作杆各部分的连接是否牢固，有无损坏和裂纹，并用清洁干燥的毛巾擦拭干净。

(2)手握绝缘操作杆进行操作时，手不得超过护环。

(3)雨天室外使用的绝缘操作杆应加装喇叭形防雨罩，防雨罩宜装在绝缘部分的中部，罩的上口必须与绝缘部分紧密结合，以防止渗漏，罩的下口与杆身应保持 20～30mm 的距离。

(4)操作时，要佩戴干净的线手套或绝缘手套，以防止因手出汗而降低绝缘操作杆的表面电阻，使泄漏电流增加，危及操作者的人身安全。

三、电工刀

电工刀是用来剖削导线线头，切割木台缺口，削制木榫的专用工具。其外形如图 2-5 所示。

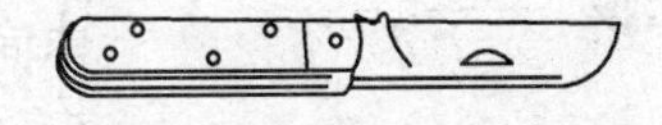

图 2-5　电工刀

四、螺钉旋具

螺钉旋具又称旋凿、起子、改锥和螺丝刀，是一种紧固和拆卸螺钉的工具。螺钉旋具的式样和规格很多，按其头部形状可分为一字形和十字形两种，如图 2-6 所示。

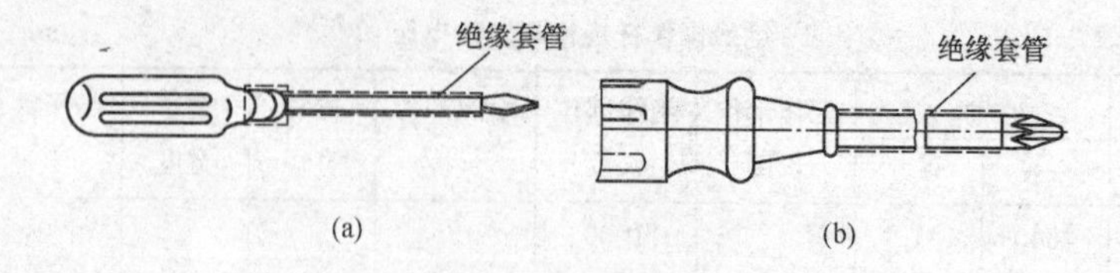

图 2-6　螺钉旋具

(a)一字形螺钉旋具；(b)十字形螺钉旋具

快学快用 3　螺钉旋具操作使用要求

(1)带电作业时，手不可触及螺钉旋具的金属杆，以免发生触电事故。

(2)作为电工，不应使用金属杆直通握柄顶部的螺钉旋具。

(3)为防止金属杆触及人体或邻近带电体，金属杆应套上绝缘管。

五、钢丝钳

钢丝钳在电工作业时，用途十分广泛。钳口可用来弯绞或钳夹导线线头；齿口可用来紧固或起松螺母；刀口可用来剪切导线绝缘层；侧口可用来铡切导线线芯、钢丝等较硬线材。钢丝钳有绝缘柄和裸柄两种，如图 2-7 所示。绝缘柄钢丝钳为电工专用钳(简称电工钳)，常用的规格有 150mm、175mm 和 200mm 三种。

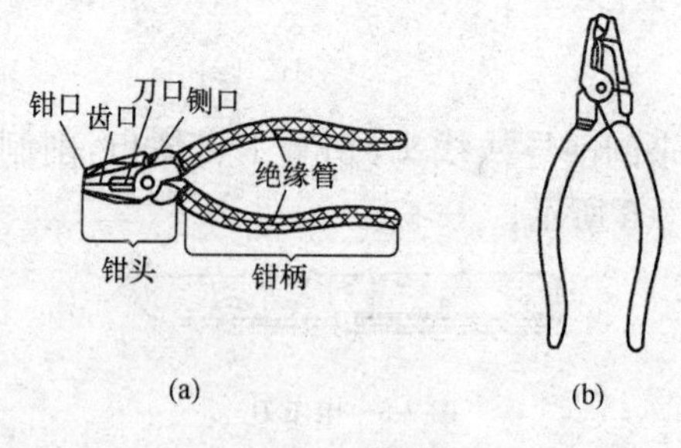

图 2-7　钢丝钳

(a)绝缘柄；(b)裸柄

六、尖嘴钳

尖嘴钳(图 2-8)因其头部尖细适用于狭小的工作空间操作。尖嘴

钳有裸柄和绝缘柄两种。裸柄尖嘴钳电工禁用；绝缘柄的耐压强度为500kN，常用的规格有 130mm、160mm、180mm、200mm 四种。

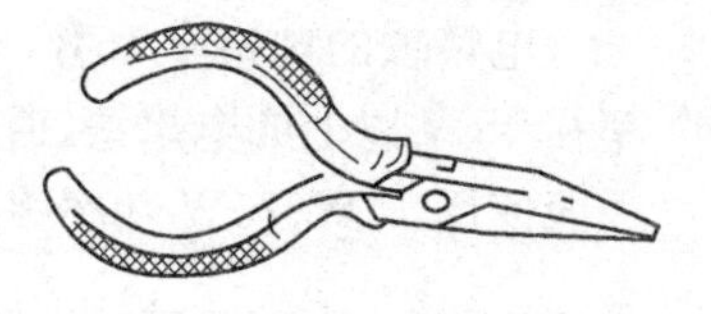

图 2-8　尖嘴钳

尖嘴钳可用来剪断较细小的导线；可用来夹持较小的螺钉、螺帽、垫圈、导线等；也可用来对单股导线整形（如平直、弯曲等）。

七、喷灯、电烙铁

1. 喷灯

喷灯是一种利用喷射火焰对工件进行加热的工具，有煤油喷灯和汽油喷灯两种。喷灯的结构如图 2-9 所示。其燃烧温度可达900℃以上，电工常用来焊接铅包电缆的铅包层、大截面铜导线连接处的加固搪锡等。使用前，应仔细检查油桶是否漏油，喷嘴是否通畅，有无漏气处，并按喷灯所要求的燃料油种类加油，禁止在煤油或酒精喷灯内注入汽油使用。喷灯的加油、放油和修理应在熄火后进行。

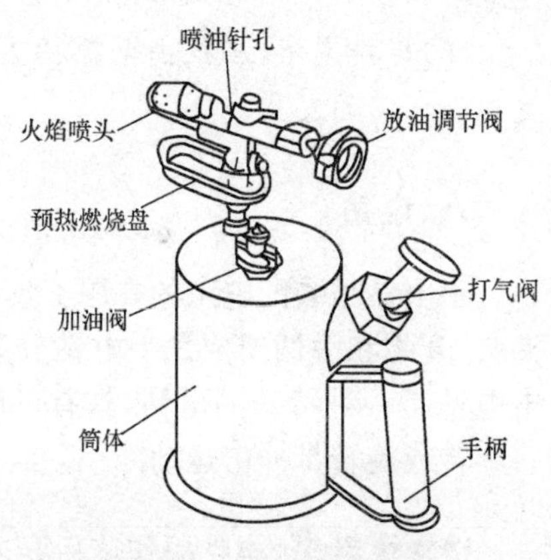

图 2-9　喷灯的结构示意图

2. 电烙铁

电烙铁是钎焊（也称锡焊）的热源，分为外热式和内热式两种，如图 2-10 所示。

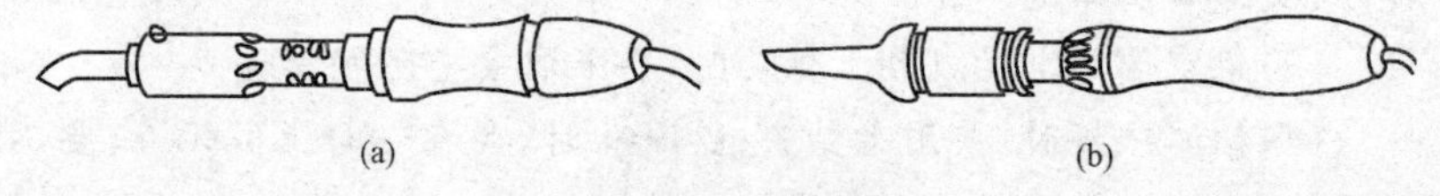

图 2-10　电烙铁

(a)外热式；(b)内热式

电烙铁的规格有15W、25W、45W、75W、100W、300W等多种。功率在45W以上的电烙铁，通常用于强电元件的焊接；弱电元件的焊接一般使用15W、25W功率等级的电烙铁。

快学快用4　电烙铁操作使用要求

（1）使用前，应检查电源线是否良好。

（2）焊接电子类元件（特别是集成块）时，应采用防漏电等安全措施。

（3）当焊头因氧化而不"吃锡"时，不可硬焊。

（4）当焊头上锡较多不便焊接时，不可甩锡，不可敲击。

（5）焊接较小元件时，时间不宜过长，以免因发热损坏元件或绝缘。

（6）焊接完毕，应拔去电源插头，将电烙铁置于金属支架上，防止烫伤或火灾的发生。

八、电钻

手电钻是装配电工的常用工具，其基本结构由发动机、减速机构、夹头、开磁和手柄组成。手电钻分为手枪式和手提式两种。另外，冲击电钻是一种特殊的电钻，具有可调节的冲击机构，使钻头能产生单一旋转或旋转带冲击运动。

快学快用5　电钻操作使用要求

（1）使用前，应先检查各部状态是否良好。使用没有绝缘手把的电钻时必须先戴好绝缘手套。

（2）移动电钻时禁止提携电线或钻头。使用中发生故障或暂停操作时，要立即切断电源。

（3）架空使用电钻或朝上钻孔时，要采取安全防护措施。

（4）钻薄铁板时，要用平钻头；钻深孔时，要在钻杆上做记号，要不断退铁屑，临近钻透时压力要小。

（5）雨雪天气禁止在露天使用电钻。

第二节　常用电工仪表

凡是进行电量、磁量及用电参量的仪器仪表统称为电工仪表，它是进行电工测量的必备工具和仪器。

用于电气工程测量的仪表通常称为电工仪表。其主要分类见表 2-2。

表 2-2　　电工仪表主要分类

序号	分类方法	说　明
1	按仪表的工作原理划分	磁电式、电磁式、感应式
2	按使用方式划分	安装式(或配电盘表)和可携带式仪表
3	按仪表的工作电流划分	直流仪表、交流仪表、交直流两用仪表
4	按仪表的准确度等级划分	0.1、0.2、0.5、1.0、1.5、2.5、5.0 七级
5	按读数装置的不同划分	指针式和数字式

快学快用 6　电工仪表类型的选择要求

(1)看测量对象是直流信号还是交流信号。测量直流信号一般可选用磁电式仪表，如果用磁电式仪表测量交流电流和电压，还需要加整流器。测量交流信号一般选用电动式或电磁式仪表。

(2)看被测交流信号是低频还是高频。对于 50Hz 工频交流信号，电磁式和电动式仪表都可以使用。

(3)看被测信号的波形是正弦波还是非正弦波。若产品说明书中无专门说明，测量仪表一般都以正弦波的有效值划分刻度。

一、电压表

电压表又称为伏特表，用于测量电路中的电压。表盘上标有符号"V"。因量程不同，电压表又分为毫伏表、伏特表、千伏表等多种品种规格，在其表盘上分别标有 mV、V、kV 等字样。

电压表分为直流电压表和交流电压表，两者的接线方法都是与被测电路并联(图 2-11)。

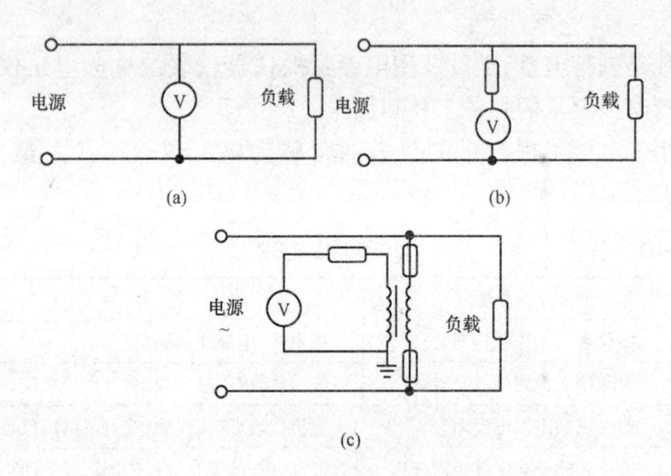

图 2-11 电压表接线

(a)电压表的直接接入；(b)电压表通过附加电阻接入；

(c)交流电压表经电压互感器接入

快学快用 7 直流电压表的接线方法

在直流电压表的接线柱旁边通常标有“+”和“—”两个符号，接线柱的“+”(正端)与被测量电压的高电位连接；接线柱的“—”(负端)与被测量电压的低电位连接。在低压线路中，电压表可以直接并联在被测电压电路上，如图 2-11(a)所示。在高压电路中，应通过附加电阻将仪表接入电路，如图 2-11(b)所示，正负极不可接错，否则，指针就会因反转而打弯。

快学快用 8 交流电压表的接线方法

在低压线路中，电压表可以直接并联在被测电压的电路上。在高压线路中测量电压，由于电压高，不能用普通电压表直接测量，而应通过电压互感器将仪表接入电路，如图 2-11(c)所示。

二、电流表

电流表又称为安培表，主要用于测量电路中的电流。一般来说，电流表有直流电流表和交流电流表两种。

(1)直流电流表。直流电流表是用来测量直流电路中电流的仪表。使用直流电流表测量电流时，将电流表串联于被测电路中，因为串联电路中电流处处相等，读出表头数值即为所测电路的电流。

快学快用 9 直流电流表的接线方法

接线前要弄清楚电流表极性。通常，直流电流表的接线柱旁边标有“＋”和“－”两个符号，“＋”接线柱接直流电路的正极，“－”接线柱接直流电路的负极。接线方法如图 2-12 所示。

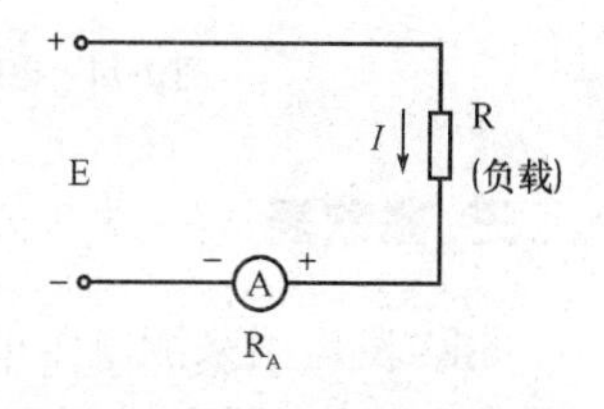

图 2-12 直流电表的接线方法

分流器在电路中与负载串联，使通过电流表的电流只是负载电流的一部分，而大部分电流则从分流器中通过，这样，就扩大了电流表的测量范围，如图 2-13 所示。如果分流器与电流表之间的距离超过了所附定值导线的长度，则可用不同截面和不同长度的导线代替。

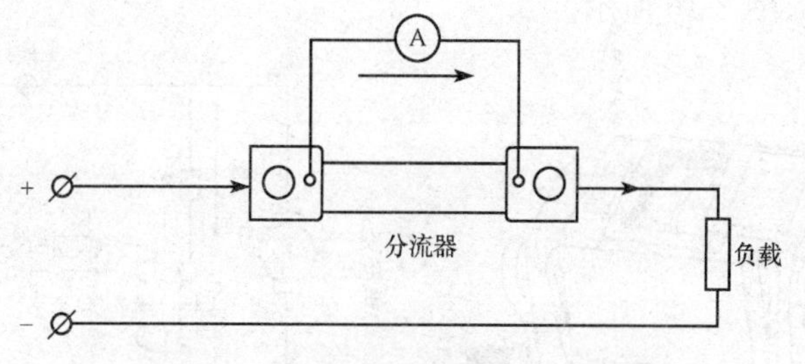

图 2-13 附有分流器的直流电流表接线图

(2)交流电流表。交流电流表一般采用电磁式仪表，其测量机构与磁电式的直流电流表不同，它本身的量程比直流电流表大。在电力系统中常用的 1T1-A 型电磁式交流电流表，其量程最大为 200A。在这一量程内,电流表可以直接串联于负载电路中。

电磁式电流表采用电流互感器来扩大量程,其接线方法如图 2-14 所示。

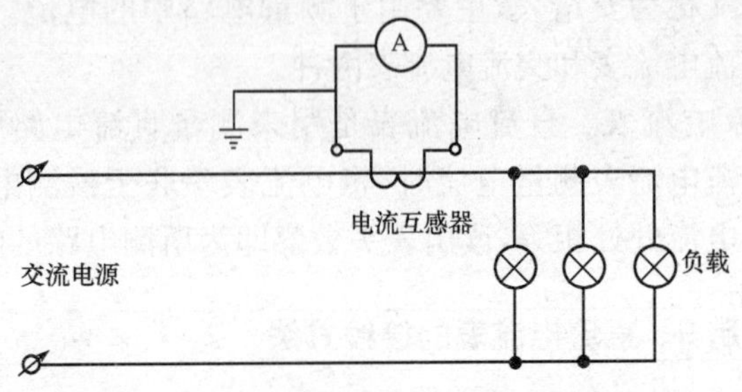

图 2-14　电磁式电流表经电流互感器接线图

三、兆欧表

兆欧表是用来测电阻的仪表,其多用于测量绝缘电阻。

在电机、电器和供用电线路中,绝缘材料的好坏对电气设备的正常运行和安全用电有着重大影响,而绝缘电阻是绝缘材料性能的重要标志。

兆欧表是一种简便测量大电阻的指示仪表,其标度尺的单位是兆欧,用 MΩ 来表示,1MΩ=1000000Ω。兆欧表外形及其电路原理分别如图 2-15、图 2-16 所示。

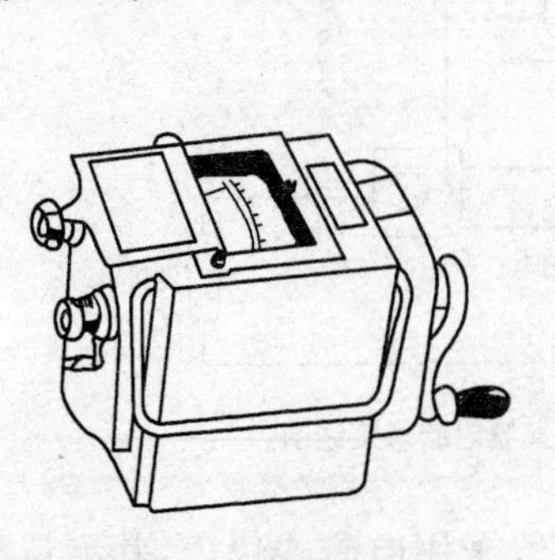

图 2-15　兆欧表外形

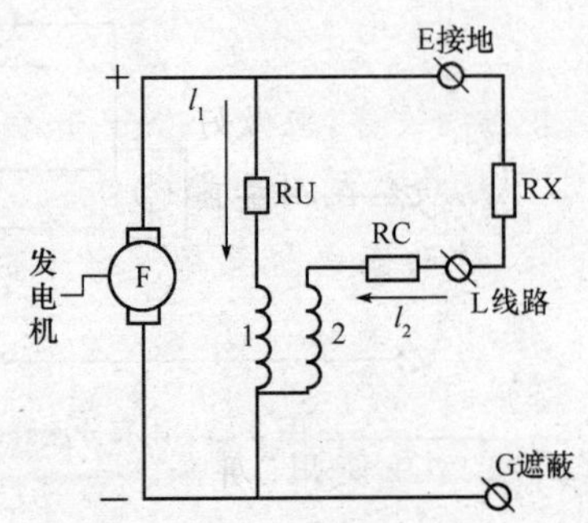

图 2-16　兆欧表的电路原理

F—发电机;RC,RU—附加电阻;
1、2—动圈;RX—待测绝缘电阻

选用兆欧表的额定电压应与被测线路或设备的工作电压相对应，兆欧表电压过低，易造成测量结果不准确；过高，则可能击穿绝缘。兆欧表额定电压的选择见表 2-3。另外，兆欧表的量程也不宜超过被测绝缘电阻值太多，以免引起测量误差。

表 2-3　　兆欧表额定电压的选择

被测对象	被测设备的额定电压/V	兆欧表的额定电压/V
线圈绝缘电阻	500 以下 500 以上	500 1000
电力变压器线圈绝缘电阻 电机线圈绝缘电阻	500 以上	1000～2500
发电机线圈绝缘电阻	500 以下	1000
电气设备绝缘电阻	500 以下 500 以上	500～1000 2500
瓷瓶	—	2500～5000

快学快用 10　兆欧表的正确使用方法

(1)测量前，必须切断被测设备的电源，并接地短路放电，确实证明设备上无人工作后方可进行。被测物表面应擦拭干净，有可能感应出高电压的设备，应做好安全措施。

(2)兆欧表在测量前的准备。兆欧表应放置在平稳的地方，接线端开路，摇动发电机至额定转速，指针应指在“∞”位置；然后将“线路”、“接地”两端短接，缓慢摇动发电机，指针应指在“0”位。

(3)一般测量时，只用“线路”和“接地”两个接线端，在被测物表面漏中严重时应使用“屏蔽”端，以排除漏电影响。接线不能用双股绞线。

(4)兆欧表上分别标有“接地(E)”、“线路(L)”和“保护环(G)”的三个端钮。

1)测量线路对地的绝缘电阻时,将被测线路接于L端钮上,E端钮与地线相接,如图2-17(a)所示。

2)测量电动机定子绕组与机壳间的绝缘电阻时,将定子绕组接在L端钮上,机壳与E端钮连接,如图2-17(b)所示。

3)测量电缆芯线对电缆绝缘保护层的绝缘电阻时,将L端钮与电缆芯线连接,E端钮与电缆绝缘保护层外表面连接,将电缆内层绝缘层表面接于保护环端钮G上,如图2-17(c)所示。

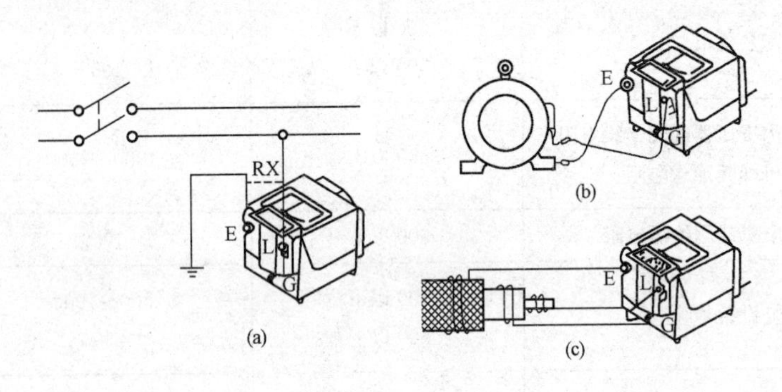

图2-17 电压表接线

(a)测线路绝缘电阻;(b)测电动机绝缘电阻;(c)测电缆绝缘电阻

(5)测量完毕后,在兆欧表没有停止转动和被测设备没有放电之前,不要用手去触及被测设备的测量部分或拆除导线,以防电击。

四、电度表

电度表也称火表,是计量电能的仪表,用以测量某一段时间内所消耗的电能。它不仅能反映出电功率的大小,而且能够反映出电能随时间增长积累的总和,即:

$$电能=电功率\times 时间$$

1. 单相电度表接线

单相电度表接线盒有四个端子,即:相线—“进”—“出”,零线—“进”—“出”,如图2-18所示。

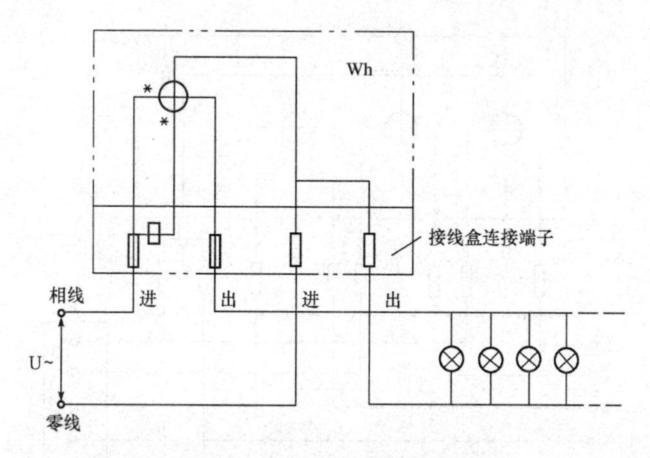

图 2-18　单相交流电度表的接线图

2. 三相电度表接线

(1)二元件三相电度表。二元件三相电度表用于三相三线制电能的测量,其接线图如图 2-19 所示。

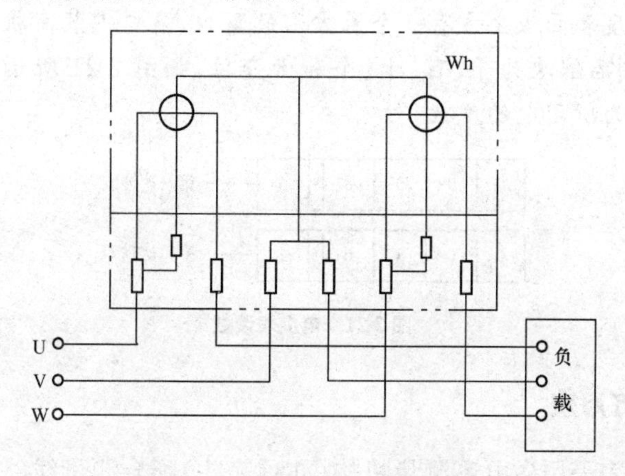

图 2-19　二元件三相电度表的接线图

(2)三元件三相电度表。三元件三相电度表用于三相四线制电能的测量,其接线图如图 2-20 所示。

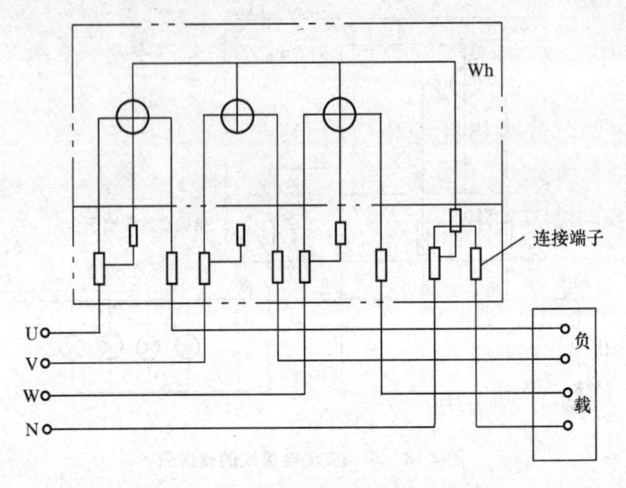

图 2-20　三元件三相电度表的接线图

快学快用 11　电度表的读数方法

在电度表面板上方有一个长方形的窗口，窗口内装有机械式计数器，从左到右依次为千、百、十、个和十分位，如图 2-21 所示。两次读数之差即为所用电的度数。

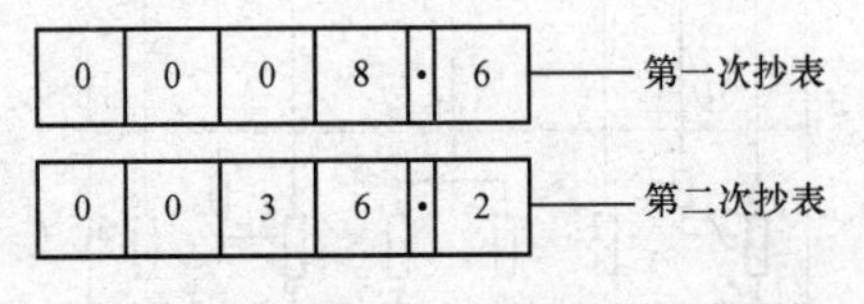

图 2-21　电度表读数

五、万用表

万用表采用磁电系测量机构（亦称表头）配合测量线路实现各种电量的测量。实质上万用表由多量限直流电流表、多量限直流电压表、多量限整流系交流电压表和多量限欧姆表等组成，它们合用一个表头，表盘上有相当于测量各种量值的几条标度尺。根据不同的测量对象可以通过转换开关的选择来达到测量目的。

万用表主要由电磁式表头、分流器、附加电阻、整流器、转换开关、插口及干电池组成。其外形如图 2-22 所示。其主要可分为指针式万用表和数字式万用表两类。

1. 指针式万用表

指针式万用表主要由指示部分、测量电路、转换装置三部分组成。

2. 数字式万用表

数字式万用表采用了大规模集成电路和液晶数字显示技术。与指针式万用表相比，数字式万用表具有许多特有的性能和优点：读数方便、直观，不会产生读数误差；准确度高；体积小，耗电省；功能多。许多数字式万用表还具有测量电容、频率、温度等功能。

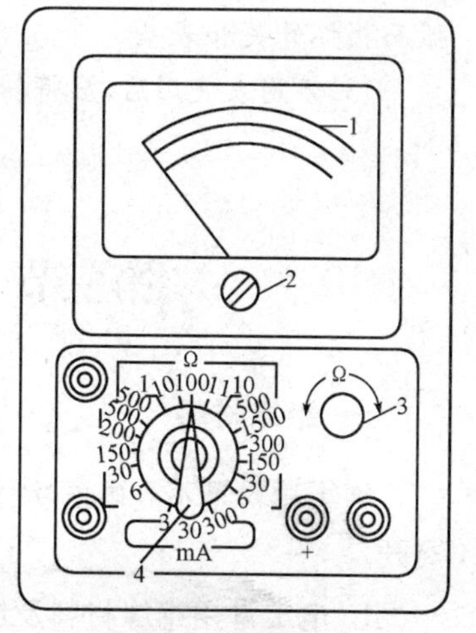

图 2-22　万用表外形

1—刻度表；2—表针调整旋钮；
3—调零旋钮；4—转换开关

快学快用 12　万用表表笔的正确操作方法

(1)测量时，应用右手握住两支表笔，手指不要触及表笔的金属部分和被测元器件，如图 2-23(a)所示。图 2-23(b)所示握笔方法是错误的。

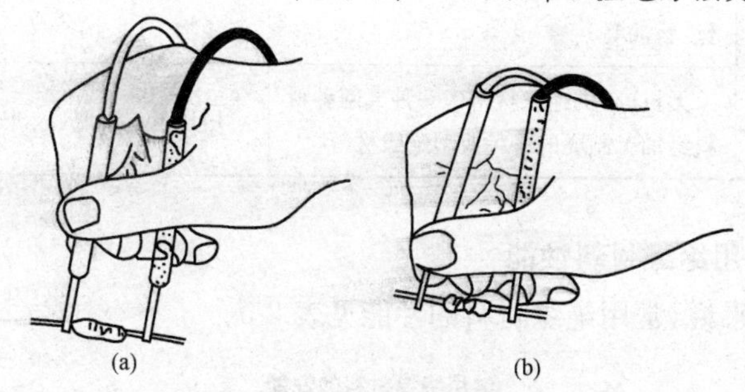

图 2-23　万用表表笔的握法

(a)正确；(b)错误

(2)测量过程中不可转动转换开关，以免转换开关的触头产生电弧而损坏开关和表头。

(3)万用表使用后，应将转换开关旋至空挡或交流电压最大量程挡。

第三节　常用电工材料

一、绝缘材料

绝缘材料是不导电的物体，主要作用是把电位不同的带电部分隔离开。

1. 电工常用绝缘材料及应用

电工常用的绝缘材料，按化学性质可分为无机绝缘材料、有机绝缘材料和复合绝缘材料，见表2-4。

表2-4　电工常用绝缘材料及应用

类　别	常用材料	应　用
无机绝缘材料	云母、石棉、大理石、瓷器、玻璃、硫磺等	主要用作电机和电器的绕组绝缘、开关的底板和绝缘子等
有机绝缘材料	虫胶、树脂、棉纱、纸、麻、蚕丝、人造丝、石油等	制造绝缘漆、绕组导线的被覆绝缘物
复合绝缘材料	无机、有机绝缘材料中一种或两种材料经加工制成的各种成型绝缘材料	用作电器的底座、外壳等

2. 常用绝缘材料性能

一般来说，常用绝缘材料的性能见表2-5。

表2-5　常用绝缘材料的性能

材料名称	绝缘强度有效值/(kV/cm)	20℃时电阻率/(Ω·cm)	抗拉强度/(kN/cm²)	允许工作温度/℃
空气	33(峰值)	大于10^{18}	—	—

续表

材料名称	绝缘强度有效值/(kV/cm)	20℃时电阻率/(Ω·cm)	抗拉强度/(kN/cm²)	允许工作温度/℃
变压器油	120～160	10^{14}～10^{15}	—	105
电缆油	大于180	10^{13}～10^{14}	—	105
电容器油	大于200	—	—	150
沥青	100～200	10^{15}～10^{16}	—	105
松香	100～150	10^{14}～10^{15}		
橡胶	200～300	10^{15}	—	60
青壳纸	20～60	10^{8}	7.85～4.91	A级
黄漆布	240～280	10^{11}	1.96～2.94	105
黄漆绸	320～650	10^{12}	1.47～1.96	105
黑漆布	250～350	10^{12}	1.96～2.94	105
电木	100～200	10^{13}～10^{14}	2.94～4.91	120
胶纸板	200～230	10^{9}～10^{10}	4.91～6.87	105
有机玻璃	200～300	10^{13}	4.91～5.89	60
环氧树脂	250～300	10^{15}～10^{16}	5.89～7.85	120～130
聚氯乙烯	300～400	10^{14}	3.92～5.89	60
普通玻璃	50～300	10^{8}～10^{17}	1.37	小于700
陶瓷	18	10^{14}～10^{15}	2.45～2.94	小于1000
云母	150～500	10^{13}～10^{15}	16.68～29.43	300以上

快学快用 13　绝缘材料及护套的选择要求

(1)对于一般工程,应选择聚氯乙烯绝缘材料及护套;对于重要的高层建筑、地下客运设施、商业城、重要的公共建筑、人员密集场所,应选用辐照交联低烟无卤阻燃及耐火电线电缆。

(2)对于应急电源线路、消防系统、电梯线路等防火要求更高的场所,应选用矿物绝缘电缆(氧化镁绝缘防火电缆)。

(3)对于敷设在吊顶内、地沟、隧道内及电缆槽内的电缆,宜选用辐照交联低烟无卤阻燃及耐火电线电缆。

(4)对于高层建筑,宜选择辐照交联低烟无卤阻燃及耐火电线电缆。

(5)对于一类防火建筑以及金融、剧场、展厅、旅馆、医院、机场大厅、地下商场、娱乐场所等,其配电线路应采用矿物绝缘电缆(氧化镁绝缘防火电缆)及辐照交联低烟无卤阻燃和耐火电线电缆。

二、电线、电缆

1. 电线

常用的电线分为裸导线和绝缘导线两大类。电线的金属线芯要求导电率高，机械抗拉强度大，耐腐蚀，质地均匀，表面光滑无氧化、裂纹等。电线的绝缘包皮要求绝缘电阻值高，质地柔韧有相当机械强度，耐酸、油、臭氧等的侵蚀。

一般来说，常用电线的性能特点如下：

（1）裸导线。裸导线是没有绝缘包皮的导线，多用铝、铜、钢制成。按其构造形式分为裸单线和裸绞线两种，主要用于室外架空线路中。

单根圆形的裸导线，常用作架空线及绕制电抗器。型号有 TY（铜硬）型、TR（铜软）型及 LY（铝硬）型、LR（铝软）型。

多根、单根圆线绞合而成裸绞线。这种线软而有足够的强度，可作为架空电力线和电缆芯线。绞合线的规格一般用数字表示，如 7×2.49（或 7/2.49），表示用 7 根直径为 2.49mm 的单线绞合而成。

（2）橡胶绝缘电线。橡胶绝缘电线是在裸导线外包一层橡胶，再包一层编织物（棉纱或无碱玻璃丝），并经防潮处理的导线，主要供室内敷设用。导线芯的材质有铜芯和铝芯之分，从结构上可分为单芯、双芯和三芯。其长期工作温度不得超过 60℃。电压在 250V 以下的橡胶线，只能用于 220V 照明分支线路。

（3）聚氯乙烯绝缘电线。用聚氯乙烯作绝缘材料的电线，它具有一定的耐油、耐燃、耐日光、耐寒性能，还具有一定的防潮和不发霉等特性。可以穿管使用，1.5mm^2 的铝芯电线可用作室内固定敷设，供照明线路使用。

2. 电缆

电缆是一种多芯电线，即在一个绝缘软套内有很多互相绝缘的线芯，因此，要求线芯间的绝缘电阻值高，不易发生短路等故障。

橡套电缆用作各种移动电气装置接到电气网路的导线。电缆的导电线芯是用软铜线绞制而成。线芯外一般包有绝缘的耐热无硫橡胶。电缆芯的长期允许工作温度不超过55℃。电缆有单芯、双芯、三芯和四芯四种。常用低压橡套电缆的型号和主要用途，见表2-6。

表2-6　　常用低压橡套电缆的型号和主要用途

型号	名称	主要用途
YHQ	轻型橡套软线	主要用于交流250V以下的移动式用电装置；能承受较小的机械外力
YHZ	中型橡套电缆	用于交流500V以下的移动式用电装置；能承受相当的机械外力
YHC	重型橡套电缆	用于交流500V以下的移动式用电装置；能承受较大的机械外力

注：1. YH表示橡套电缆或软线，Q表示轻型，Z表示中型，C表示重型。

2. YHQ和YHZ将逐步为RVZ(聚氯乙烯绝缘及护套软线)所代替。后者具有不延燃、耐油和能承受一定的机械外力等特点。

三、电缆桥架

电缆桥架采用0.5～3.0mm厚的薄钢板冲压而成，表面处理一般采用喷塑、热浸镀锌、喷漆等。

电缆桥架具有装配灵活、安装快捷、检修方便等优点，广泛应用于金属、电子、电力、石油、化工、政府机构、民用建筑等领域。其适用于室内、室外、缆沟、隧道等工程的电控配电用电缆、电线的铺设。

平板式电缆桥架通风散热性能好，但机械保护性差；槽式电缆桥架散热性能差，但机械保护性好，能有效地防护外部有害液体和粉尘的侵入，电磁屏蔽效果也佳。

设计人员应根据工程环境特征和技术要求，合理选择电缆桥架的结构，并在平面图的型号标注和材料表中进行清晰的表达。

四、电线管

一般来说，电气配线工程中所用的管子，通称为电线管。

在电气工程中，常用的电线导管主要有金属和塑料电线管两种。

1. 金属电线管

室内配管使用的钢管有厚壁钢管和薄壁钢管两类。厚壁钢管又称焊接钢管或低压流体输送钢管（水煤气管），通常壁厚大于 2mm；薄壁钢管又称电线管，其壁厚小于或等于 2mm。按其表面质量，钢管又可分为镀锌钢管和非镀锌钢管。使用时，如选用不当，易缩短使用年限或造成浪费。

（1）暗配于干燥场所的宜采用薄壁钢管；潮湿场所和直埋于地下的电线保护管应采用厚壁钢管。

（2）建筑物顶棚内，宜采用钢管配线。

（3）暗敷设管路，当利用钢管管壁兼做接地线时，管壁厚度不应小于 2.5mm。

2. 塑料电线管

用作电线导管的塑料管主要有 PVC、PE、高密度聚氯乙烯管等，主要是小直径的管材用的比较多。硬聚氯乙烯管耐酸性强，适用于腐蚀性较强的场所，分轻型和重型两种。硬聚氯乙烯管的技术数据见表 2-7。塑料电线管一般用于临时性的建筑或室外，用于室外时需注意防水。

表 2-7　　硬聚氯乙烯管的技术数据

公称直径 /mm	外　径 /mm	轻　型 (使用压力≤0.6MPa)		重　型 (使用压力≤1MPa)	
		壁　厚 /mm	质　量 /(kg/m)	壁　厚 /mm	质　量 /(kg/m)
10	15	—	—	2.5	0.14
15	20	2	0.16	2.5	0.19
20	25	2	0.2	3	0.29
25	32	3	0.38	4	0.49
32	40	3.5	0.56	5	0.77
40	51	4	0.88	6	1.49
50	65	4.5	1.17	7	1.74

第三章　建筑供配电系统安装

第一节　变配电系统

一、低压配电系统配电方式

低压配电系统由配电装置(配电盘)及配电线路组成。根据对可靠性的要求、变压器的容量及分布、地理环境等情况,配电方式有放射式、树干式及环形式三种。

1. 放射式配电

放射式是各个负荷独立受电,因而故障范围一般仅限于本回路,线路发生故障需要检修时,也只切断本回路而不影响其他回路。放射式线路示意图,如图 3-1 所示。

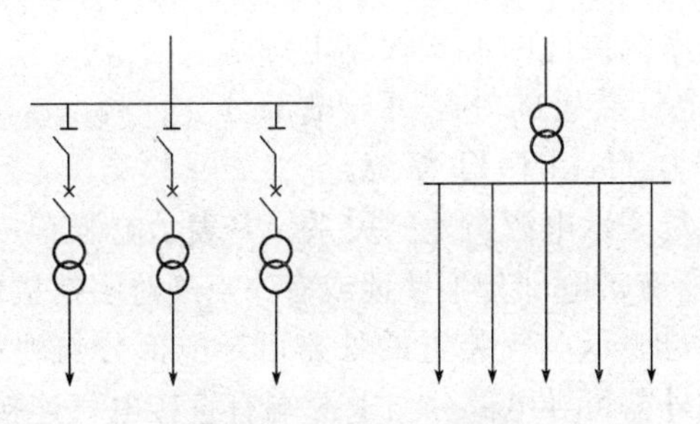

图 3-1　放射式线路示意图

2. 树干式配电

树干式配电的特点正好与放射式配电相反。一般情况下,树干式采用的开关设备较少，有色金属消耗量也较少，但干线发生故障时，影响范围大，因此供电可靠性较低，如图 3-2 所示。

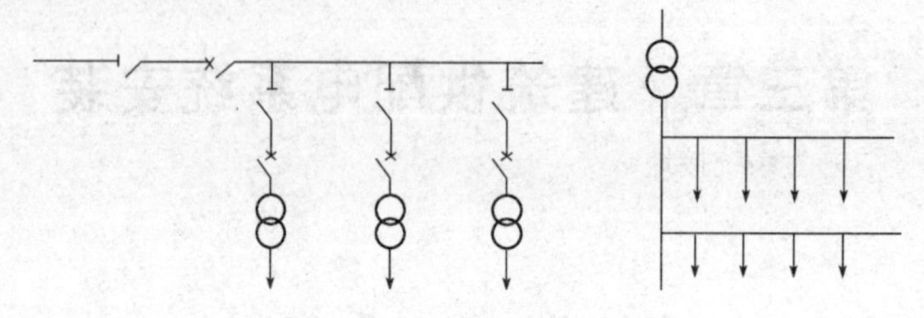

图 3-2　树干式线路示意图

3. 环形式配电

低压环形式配电接线方式，如图 3-3 所示。变压器低压侧母线引出两条树干式干线，即两种主干线供电，各支路由主干线上引出，且在某些支线上由这两条干线同时供电（或互为备用形式），从而形成环形状供电网络。

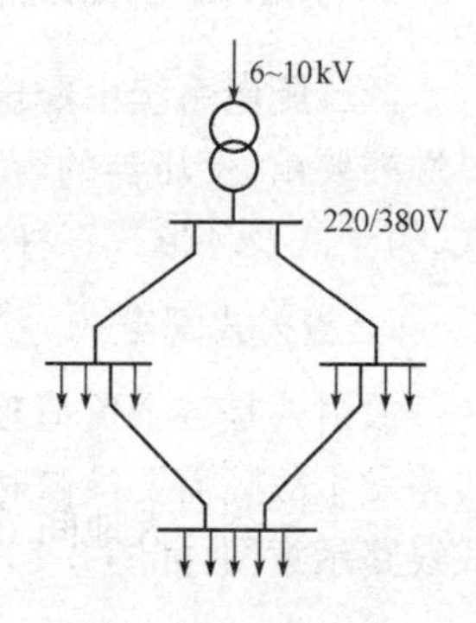

图 3-3　低压环形式配电接线方式示意图

二、低压配电系统接地形式

低压配电系统接地的形式根据电源端与地的关系、电气装置的外露可导电部分与地的关系分为 TN、TT、IT 系统。

第一个字母表示电源与地的关系。T 表示电源有一点直接接地；I 表示电源端所有带电部分不接地或有一点通过阻抗接地。

第二个字母表示电气装置的外露可导电部分与地的关系。N 表示电气装置的外露可导电部分与电源端有直接电气连接；T 表示电气装置的外露可导电部分直接接地，此接地点在电气上独立于电源端的接地点。

1. TN 系统

电力系统有一点直接接地，电气装置的外露可导电部分通过保护

线与该接地点相连接。根据中性导体(N)和保护导体(PE)的配置方式,TN 系统可分为 TN—C 系统、TN—C—S 系统、TN—S 系统。

2. TT 系统

电力系统有一点直接接地,电气设备的外露可导电部分通过保护线接至与电力系统接地点无关的接地极,如图 3-4 所示。

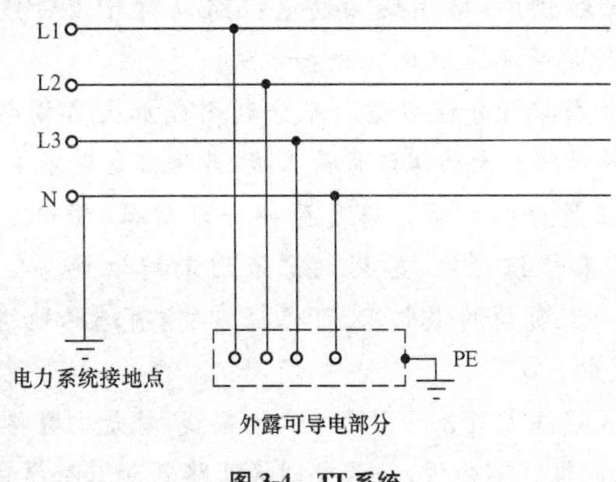

图 3-4　TT 系统

3. IT 系统

电力系统与大地间不直接连接,电气装置的外露可导电部分通过保护接地线与接地极连接,如图 3-5 所示。

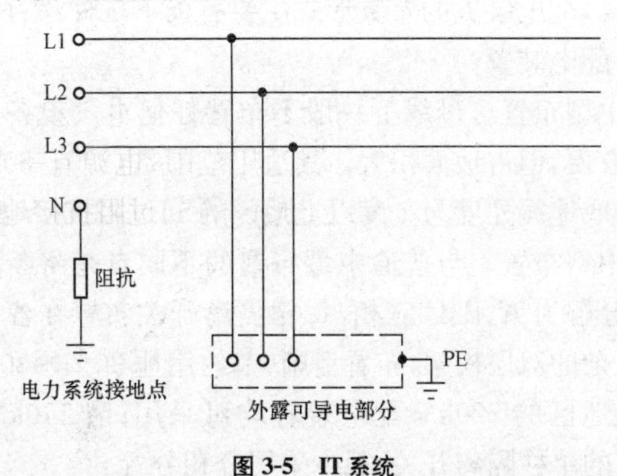

图 3-5　IT 系统

快学快用1　低压配电系统的接线方案

(1)负荷不分组方案。负荷不分组,备用电源接至母线,对于非保证负荷采用失压脱扣。

(2)一级负荷单独分组方案。将消防用电等一级负荷单独分出,并集中一段母线供电,备用柴油发电机组仅对此段母线提供备用电源,其余非一般负荷不采取失压脱扣方式。

(3)保证负荷单独分组方案。充分利用或加大备用柴油发电机容量,将一级负荷母线扩大为保证负荷母线,非保证负荷不采用失压脱扣。

(4)负荷三类分组方案。将负荷按一级负荷、保证负荷及一般负荷分成三大类来组织母线,备用电源采用末端切换。当非消防停电时,既可保证一级负荷的供电,又可根据需要,有选择地将保证负荷投入备用电源供电。

(5)网格式接线方案。所谓网格式主接线,就是由数路高压进线,各台主变的低压侧母线不分段,而是分别经断路器和熔断器直接并网。

三、配电装置布置

1. 配电装置布置形式

一般而言,配电装置的布置形式主要有以下三种:

(1)室外配电装置。

1)普通中型布置。母线下一般不布置任何电气设备,施工、运行及检修都较方便,但占地面积大。其适用范围是:330～500kV 配电装置;土地贫瘠或地震烈度为1度以上地区的110～220kV 配电装置。

2)分相中型布置。与普通中型布置的不同点是将断路器一组母线隔离开关分解为A、B、C三相,每相隔离开关布置在各该相母线之下,可取消复杂的双层构架,布置清晰,节约用地20%～30%。其适用范围是:一般地区的220kV 配电装置均可采用;因110kV 的构架不高,并缺相应的单柱隔离开关,很少采用分相分置。

3)半高型布置。抬高母线,在母线下布置断路器、电流互感器及

隔离开关等;布置较集中,节省占地面积,但检修条件较差。钢耗量220kV时较普通中型约大5%,110kV时则比普通中型节约。其适用范围是:人多地少或地位狭窄地区的110～220kV配电装置,特别是110kV时宜优先采用。

4)高型布置。两组母线及两组隔离开关上下重叠布置,节约用地,220kV时可节约50%左右;布置集中,便于巡视和操作,但钢耗量大,施工及检修不便,投资同普通中型。其适用范围是:人多地少或地位狭窄地区的110～220kV配电装置。

(2)室内配电装置。室内配电装置能显著节约用地,有效防止空气污染,但须充分采取防潮、防锈、防止小动物进入等措施;其施工复杂,110kV以上时室内比室外造价要高。其适用范围是:6～10kV因电压较低,广泛采用室内及成套配电装置;35kV一般采用室内;2级以上污秽地区或市区110kV最宜采用;技术经济合理时220kV也可采用。

(3)SF_6全封闭电器配电装置。SF_6全封闭电路占地面积大大减少,为普通中型布置的2%～10%;维修工作量少,检修周期长,运行安全,可避免污染及高海拔影响,但投资较大,检修较麻烦。其适用范围是:大城市中心地区、水电站、用地特别狭窄或环境特别恶劣地区的110～220kV配电装置。

2. 室外配电装置的安全净距

(1)室外配电装置安全净距的要求。室外配电装置安全净距不应小于表3-1所列数值,并按图3-6～图3-8校验。室外电气设备外绝缘最低部位距地小于2.5m时,应装设固定遮拦。

表3-1 室外配电装置最小安全净距⑥ mm

符号	适 应 范 围	图号	系统标称电压/kV								
			3～10	15～20	35	66	110J①	110	220J①	330J①	500①
$A_1$⑤	1. 带电部分至接地部分之间 2. 网状遮拦向上延伸线距地2.5m处与遮拦上方带电部分之间	图3-6 图3-7	200	300	400	650	900	1000	1800	2500	3800④

续表

符号	适应范围	图号	系统标称电压/kV								
			3～10	15～20	35	66	110J①	110	220J①	330J①	500①
$A_2$⑤	1. 不同相的带电部分之间 2. 断路器和隔离开关的断口两侧引线带电部分之间	图 3-7 图 3-8	200	300	400	650	1000	1100	2000	2800	4300
B_1	1. 设备运输时其外廓至无遮拦带电部分之间 2. 交叉的不同时停电检修的无遮拦带电部分之间 3. 栅状遮拦至绝缘体和带电部分之间② 4. 带电作业时带电部分至接地部分之间③	图 3-6 图 3-7 图 3-8	950	1050	1150	1400	1650③	1750③	2550③	3250③	4550③
B_2	网状遮拦至带电部分之间	图 3-7	300	400	500	750	1000	1100	1900	2600	3900
C	1. 无遮拦裸导体至地面之间 2. 无遮拦裸导体至建筑物、构筑物之间	图 3-7 图 3-8	2700	2800	2900	3100	3400	3500	4300	5000	7500
D	1. 平行的不同时停电检修的无遮拦带电部分之间 2. 带电部分与建筑物、构筑物的边沿部分之间	图 3-6 图 3-7	2200	2300	2400	2600	2900	3000	3800	4500	5800

① 110J、220J、330J、500J 是指中性点有效接地系统。

② 对 220kV 以上电压，可按绝缘体电位的实际分布采用相应的 B_1 值进行校验，此时，允许栅状遮拦与绝缘体的距离小于 500kV 的 B_1 值。当无给定的分布电位时，可按线性分布计算。校验相间通道的安全净距也可用此原则。

③ 带电作业时，不同相或交叉的不同回路带电部分之间，其 B_1 值可取 A_2+750mm。

④ 500kV 的 A_1 值，双分裂软导线至接地部分之间可取 3500mm。

⑤ 海拔超过 1000m 时，A 值应进行修正。

⑥ 本表所列数值不适用于制造厂生产的成套配电装置。

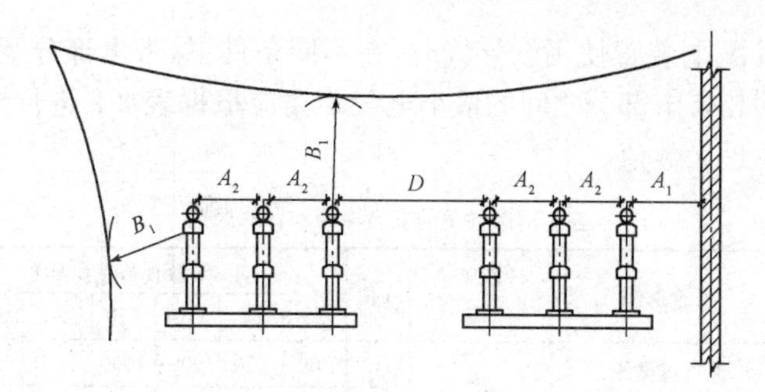

图 3-6 室外 A_1、A_2、B_1、D 值校验图

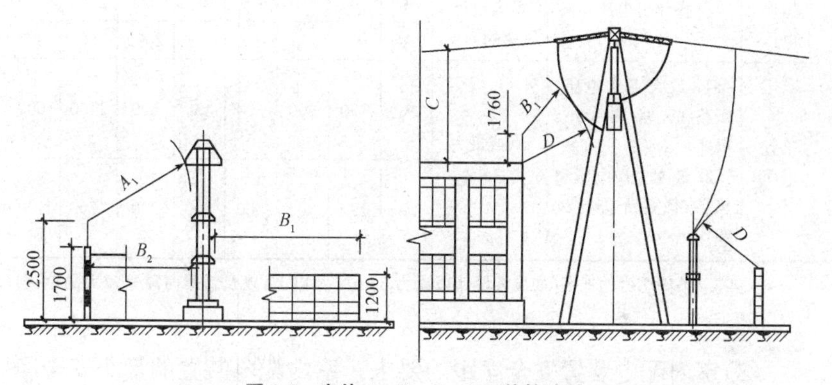

图 3-7 室外 A_1、B_1、B_2、C、D 值校验图

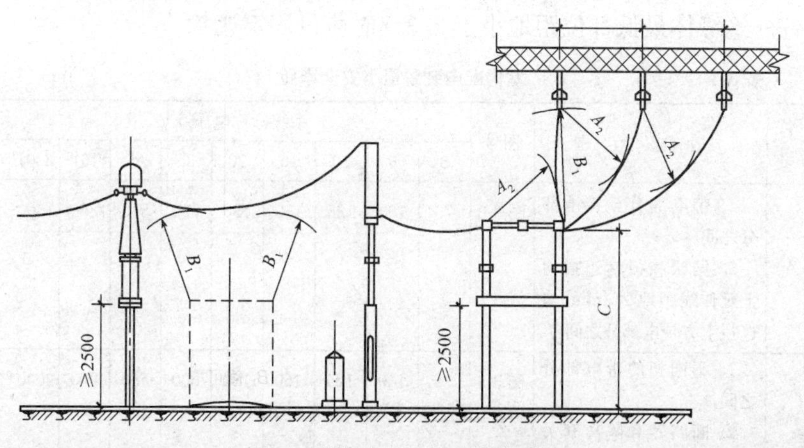

图 3-8 室外 A_1、A_2、B_1、C 值校验图

室外配电装置使用软导线时，在不同条件下，带电部分至接地部分和不同相带电部分之间的最小电气距离应根据表 3-2 进行校验，并采用其中最大数值。

表 3-2　在不同条件下的安全净距和计算风速　mm

条件	校验条件	计算风速/(m/s)	A 值	系统标称电压/kV						
				35	66	110J	110	220J	330J	500J
雷电电压	雷电过电压和风偏	10*	A_1	400	650	900	1000	1800	2400	3200
			A_2	400	650	1000	1100	2000	2600	3600
操作电压	操作过电压和风偏	最大设计风速的 50%	A_1	—	—	—	—	1800	2500	3500
			A_2	—	—	—	—	2000	2800	4300
工频电压	1. 最大工作电压、短路和风偏(取 10m/s 风速) 2. 最大工作电压和风偏(取最大设计风速)	10 或最大设计风速	A_1	150	300	300	450	600	1100	1600
			A_2	150	300	500	500	900	1700	2400

* 在气象条件恶劣的地区(如最大设计风速为 35m/s 及以上，以及雷暴时风速较大的地区)用 15m/s。

(2)室内配电装置安全净距的要求。室内配电装置的最小安全净距不应小于表 3-3 所列的数值，并按图 3-9、图 3-10 校验。室内电气设备外绝缘体最低部位距地小于 2.3m 时应设固定遮拦。

表 3-3　室内配电装置最小安全净距　mm

符号	适应范围	图号	系统标称电压/kV								
			3	6	10	15	20	35	66	110J①	220J①
$A_1$③	1. 带电部分至接地部分之间 2. 网状和板状遮拦向上延伸线距地 2.3m 处与遮拦上方带电部分之间	图 3-9	75	100	125	150	180	300	550	850	1800④
$A_2$③	1. 不同相的带电部分之间 2. 断路器和隔离开关断口两侧带电部分之间	图 3-9	75	100	125	150	180	300	550	900	2000④

续表

符号	适应范围	图号	系统标称电压/kV								
			3	6	10	15	20	35	66	110J①	220J①
B_1	1. 栅状遮拦主带电部分之间 2. 交叉的不同时停电检修的无遮拦带电部分之间	图 3-9 图 3-10	825	850	875	900	930	1050	1300	1600	2550
B_2	网状遮拦至带电部分之间⑤	图 3-9	175	200	225	250	280	400	650	950	1900
C	无遮拦裸导体至地(楼)面之间	图 3-9	2500	2500	2500	2500	2500	2600	2850	3150	4100
D	平行的不同时停电检修的无遮拦裸导体之间	图 3-9	1875	1900	1925	1950	1980	2100	2350	2650	3600
E	通向所区外的出线套管至屋外通道的路面②	图 3-10	4000	4000	4000	4000	4000	4000	4500	5000	5500

① 110J、220J 是指中性点有效接地系统。

② 通向室外配电装置的出线套管至室外地面的距离应不小于表 3-3 所列 C 值。

③ 海拔超过 1000m 时，A 应进行修正。

④ 当 220J 采用降低绝缘水平时，其相应的 A 值另有规定。

⑤ 当为板状遮拦时，其 B_2 值可取(A_1+30)mm。

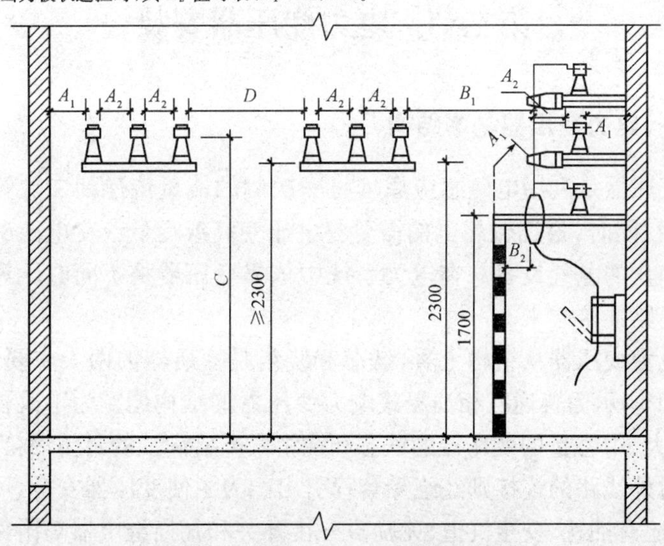

图 3-9　室内 A_1、A_2、B_1、C、D 值校验图

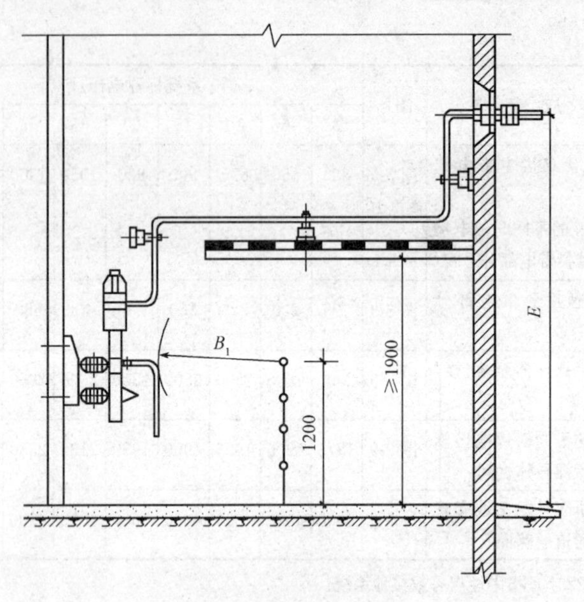

图 3-10　室内 B_1、E 值校验

第二节　电力变压器安装

一、电力变压器基本结构

变压器是利用电磁感应原理将一次侧的能量传递到二次侧供用户使用，同时，根据输配电的需要将电压变高或变低改变电能参数的一种静止的电气设备。在电力系统中依靠变压器将不同电压等级的输电线路连接起来。

电力变压器从结构上看，铁芯和绕组是变压器的两大主要部分。图 3-11 所示为普通三相油浸式电力变压器的结构图。为了改善散热条件，大、中容量的变压器的铁芯和绕组浸入盛满油的封闭油箱中，各绕组对外线路的连接则经绝缘套管引出。为了使变压器安全、可靠地运行，还有油枕、安全气道、无励磁分接开关和瓦斯继电器等附件。以

下介绍变压器几个主要部分的结构。

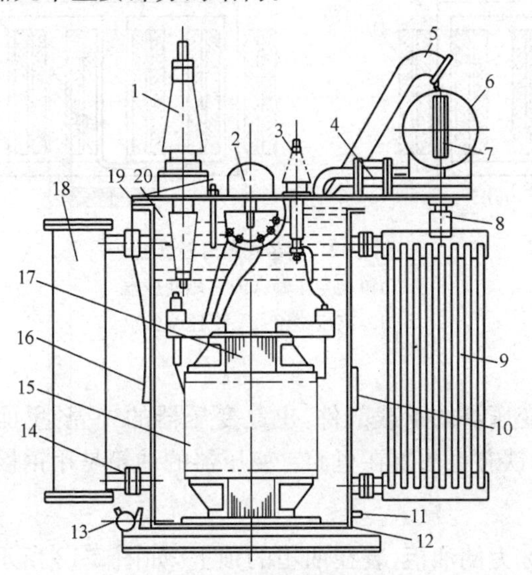

图 3-11 普通三相油浸式电力变压器的结构图

1—高压套管；2—分接开关；3—低压套管；4—气体继电器；5—安全气道(防爆管)；6—油枕(储油柜)；7—油表；8—呼吸器(吸湿器)；9—散热器；10—铭牌；11—放油孔；12—底盘槽钢；13—油阀；14—油管法兰；15—绕组；16—油温计；17—铁芯；18—散热器；19—肋板；20—箱盖

1. 铁芯

铁芯是变压器的磁路部分。由铁芯柱和铁轭组成。套绕组的部分称为铁芯柱，连接铁芯柱的部分称铁轭，磁通在铁芯中形成闭合回路。

大容量变压器为了减低高度、便于运输，常采用三相五柱铁芯结构。这时铁轭截面可以减小，因而铁芯柱高度也可降低。

2. 绕组

绕组是变压器的电路部分。它分为一、二次两种绕组，与电源连接的绕组称为一次绕组，与负载连接的绕组称为二次绕组。一、二次绕组都是用高强度绝缘的铜线或铝线绕成的，如图 3-12 所示。匝数少的低压绕组套在里面靠近铁芯，匝数多的高压绕组套在低压绕组的外面。

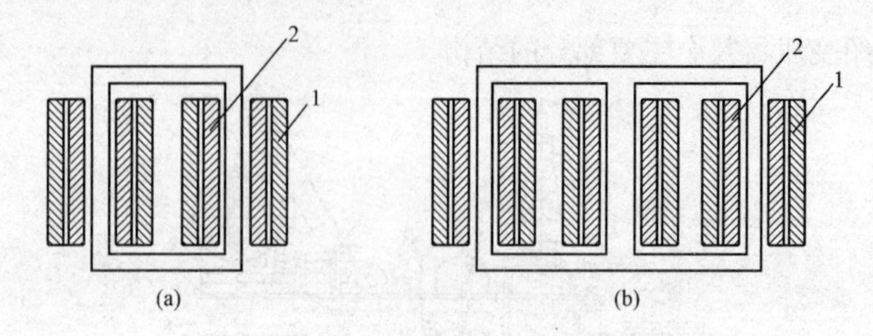

图 3-12　同芯式圆筒形绕组

(a)单相变压器;(b)三相变压器

1—高压绕组;2—低压绕组

3. 油箱

油箱是变压器的承载部件,也是变压器的外壳,里面装满了变压器油,绕组和铁芯也放置在里面。变压器的油箱是用钢板焊接而成。

4. 油枕

油枕又称为储油柜,装在油箱的顶上,如图 3-13 所示。在油枕与油箱之间用管子连通。

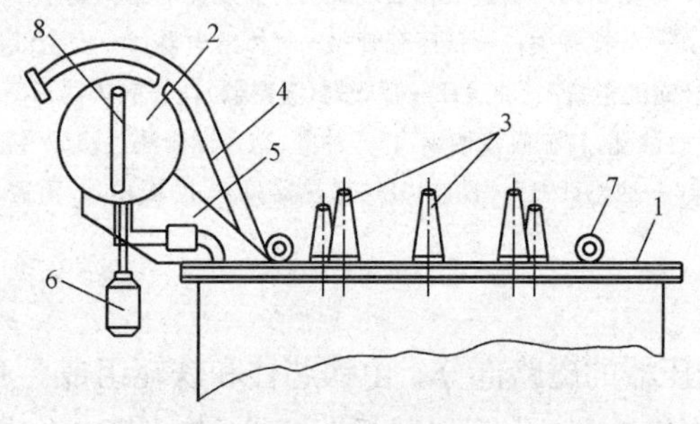

图 3-13　油箱附件

1—油箱;2—油枕;3—套管;4—安全气道;

5—气体继电器;6—吸湿器;7—吊耳;8—油位计

5. 绝缘结构

变压器的绝缘可分为外绝缘和内绝缘两种。外绝缘指的是油箱外部的绝缘;内绝缘指的是油箱内部的绝缘,主要是绕组绝缘和内部引线的绝缘以及分接开关的绝缘等,主要材料有变压器油、绝缘纸板、电缆纸等。

6. 呼吸器

呼吸器由铁管、玻璃管组成，内装干燥剂，使油枕上部空间与大气相通。变压器油热胀冷缩时，油枕上部的空气可以通过呼吸孔出入，油可以上升或下降，防止油箱变形或损坏。

7. 散热器

变压器油箱四侧焊装一定数量的散热管，增加了总的散热面积。当变压器运行时，内部的热油自散热管上部流入，经散热冷却后，从管的下部进入油箱，如此周而复始地循环流动，提高了油的散热，使变压器的温升不致超过额定温升。

8. 气体继电器

在储油柜与油箱的油路通道上安装有气体继电器，也称瓦斯继电器。当变压器内部发生故障而产生气体，或者由于油箱漏油使油面下降时，气体继电器根据严重程度发出报警信号或自动切断变压器的电源。

9. 安全气道

在油箱顶盖上装有一个排气管，也称安全气道。它是用作保护变压器油箱的，由一个长钢管和它上端所装的有一定厚度的玻璃板组成。当变压器发生严重事故而有大量气体形成时，排气管中产生较大压力，压碎玻璃，使气体及油向外喷出，以免油箱受到巨大压力而爆裂。

二、电力变压器分类

1. 根据电力变压器功能划分

根据电力变压器功能划分，有升压变压器和降压变压器两大类。一般情况下，变电所都采用降压变压器。终端变电所的降压变压器，也称配电变压器。

2. 根据电力变压器冷却介质划分

根据电力变压器冷却介质划分，有干式变压器和油浸式变压器两类。而油浸式变压器又分为油浸自冷式、油浸风冷式和强迫油循环风冷（或水冷）式三种类型。用户（变电所）大多采用油浸自冷式或油浸风冷式变压器。

3. 根据电力变压器用途不同划分

根据电力变压器用途不同划分，有输配电用的电力变压器，冶炼用的电炉变压器，为用电设备提供不同电压的电源变压器，焊接用的电焊变压器，实验用的调压器，测量用的特殊变压器等。

4. 根据电力变压器结构形式划分

根据电力变压器结构形式划分，有铁芯式变压器和铁壳式变压器。若绕组包在铁芯外围，则为铁芯式变压器；若铁芯包在绕组外围，则为铁壳式变压器。

5. 根据电力变压器调压方式划分

根据电力变压器调压方式划分，有无载调压变压器和有载调压变压器两大类。用户(变电所)大多采用无载调压变压器。

6. 根据电力变压器绕组形式划分

根据电力变压器绕组形式划分，有双绕组变压器、三绕组变压器和自耦变压器三大类。用户(变电所)大多采用双绕组变压器。另外，电力变压器可以将高电压变换成低电压，或将低电压变换成高电压。电力变压器的分类和表示符号列于表3-4中。电力变压器的产品型号在新的标准中有所改动，但改动不大。

表3-4　　电力变压器的分类和表示符号

序号	分　类	类　别	代表符号	
			新型号	旧型号
1	相　数	单　相	D	D
		三　相	S	S
2	绕组外绝缘介质	变压器油		
		空　气	G	K
		成型固体	C	C
3	冷却方式	油浸自冷式	不表示	J
		空气自冷式	不表示	不表示
		风冷式	F	F
		水冷式	W	S

续表

序号	分 类	类 别	代表符号	
			新型号	旧型号
4	油循环方式	自然循环 强迫油导向循环 强迫油循环	不表示 D F	不表示 不表示 P
5	绕组数	双绕组 三绕组	不表示 S	不表示 S
6	调压方式	无励磁调压 有载调压	不表示 Z	不表示 Z
7	绕组导线材料	铜 铝	不表示 不表示	不表示 L
8	绕组耦合方式	自耦 分裂	O	O

注:1. 型号后还可加注防护类型代号,例如:湿热带 TH、干热带 TA 等。

2. 自耦变压器,升压时"O"列型号之后;降压时"O"列型号之前。

快学快用 2 电力变压器通用使用条件

(1)环境温度(周围气温自然变化值):最高气温 40℃,最高日平均气温 30℃,最高年平均气温 20℃,最低气温 −30℃。

(2)海拔高度:变压器安装地点的海拔高度不超过 1000m。

(3)空气最大相对湿度:当空气温度为 25℃时,相对湿度不超过 90%。

(4)安装场所无严重影响变压器绝缘的气体、蒸汽、化学性沉积、灰尘、污垢及其他爆炸性和侵蚀性介质。

(5)安装场所无严重的震动和颠簸。

三、电力变压器型号及编制

电力变压器产品型号的组成形式,如图 3-14 所示。

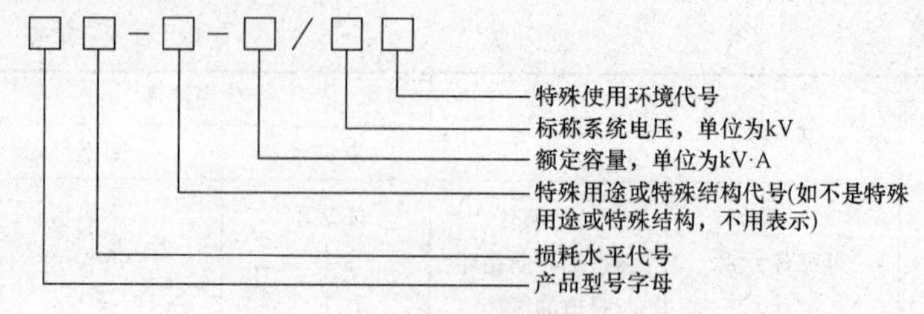

图 3-14　电力变压器产品型号的组成形式

产品型号应采用汉语拼音大写字母(采用代表对象的第一个、第二个或某一个汉字的第一个拼音字母,必要时,也可采用其他的拼音字母)来表示产品的主要特征。

为避免混淆重复,也可采用其他合适字母来表示产品的主要特征。型号字母后面可用阿拉伯数字、符号等来表示产品的损耗水平代号、设计序号或规格代号等。

损耗水平代号是代表变压器产品损耗水平的数码。设计序号是指当同种类型产品改型设计时,在不涉及产品型号字母改变的情况下,为区别原设计,而在原产品型号字母的基础上加注的顺序号。

电力变压器型号中的符号含义见表 3-5。

表 3-5　电力变压器产品型号字母排列顺序及含义

<table>
<tr><th>序号</th><th>分类</th><th colspan="2">含义</th><th>代表字母</th></tr>
<tr><td rowspan="2">1</td><td rowspan="2">绕组耦合方式</td><td colspan="2">独立</td><td>—</td></tr>
<tr><td colspan="2">自“耦”</td><td>O</td></tr>
<tr><td rowspan="2">2</td><td rowspan="2">相数</td><td colspan="2">“单”相</td><td>D</td></tr>
<tr><td colspan="2">“三”相</td><td>S</td></tr>
<tr><td rowspan="7">3</td><td rowspan="7">绕组外绝缘介质</td><td colspan="2">变压器油</td><td>—</td></tr>
<tr><td colspan="2">空气(“干”式)</td><td>G</td></tr>
<tr><td colspan="2">“气”体</td><td>Q</td></tr>
<tr><td rowspan="2">“成”型固体</td><td>浇筑式</td><td>C</td></tr>
<tr><td>包“绕”式</td><td>CR</td></tr>
<tr><td colspan="2">高燃点油</td><td>R</td></tr>
<tr><td colspan="2">植“物”油</td><td>W</td></tr>
</table>

续一

序号	分类	含义		代表字母
4	绝缘耐热等级①	油浸式	A 级	—
			E 级	E
			B 级	B
			F 级	F
			H 级	H
			绝缘系统温度为 200℃	D
			绝缘系统温度为 220℃	C
		干式	E 级	E
			B 级	B
			F 级	—
			H 级	H
			绝缘系统温度为 200℃	D
			绝缘系统温度为 220℃	C
5	冷却装置种类	自然循环冷却装置 “风”冷却器 “水”冷却器		— F S
6	油循环方式	自然循环 强“迫”油循环		— P
7	绕组数	双绕组 “三”绕组 “分”裂绕组		— S F
8	调压方式	无励磁调压 有“载调压”		— Z
9	线圈导线材质②	铜线 铜“箔” “铝”线 “铝箔” “铜铝”复合③ “电缆”		— B L LB TL DL
10	铁芯材质	电工钢片 非晶“合”金		— H

续二

<table>
<tr><th>序号</th><th>分类</th><th colspan="2">含义</th><th>代表字母</th></tr>
<tr><td rowspan="17">11</td><td rowspan="17">特殊用途或特殊结构④</td><td colspan="2">“密”封式⑤</td><td>M</td></tr>
<tr><td colspan="2">“起”动用</td><td>Q</td></tr>
<tr><td colspan="2">防雷“保”护用</td><td>B</td></tr>
<tr><td colspan="2">“调”容用</td><td>T</td></tr>
<tr><td colspan="2">电“缆”引出</td><td>L</td></tr>
<tr><td colspan="2">“隔”离用</td><td>G</td></tr>
<tr><td colspan="2">电“容补”偿用</td><td>RB</td></tr>
<tr><td colspan="2">“油”田动力照明用</td><td>Y</td></tr>
<tr><td colspan="2">发电“厂”和变电所用</td><td>CY</td></tr>
<tr><td colspan="2">全“绝”缘⑥</td><td>J</td></tr>
<tr><td colspan="2">同步电机“励磁”用</td><td>LC</td></tr>
<tr><td colspan="2">“地”下用</td><td>D</td></tr>
<tr><td colspan="2">“风”力发电用</td><td>F</td></tr>
<tr><td colspan="2">三相组“合”式⑦</td><td>H</td></tr>
<tr><td colspan="2">“解体”运输</td><td>JT</td></tr>
<tr><td rowspan="2">卷（“绕”）铁芯</td><td>一般结构</td><td>R</td></tr>
<tr><td>“立”体结构</td><td>RL</td></tr>
</table>

① “绝缘耐热等级”的字母表示应用括号括上（混合绝缘应用字母“M”连同所采用的最高绝缘耐热等级所对应的字母共同表示）。

② 如果调压线圈或调压段的导线材质为铜、其他导线材质为铝时表示铝。

③ “铜铝”复合是指采用铜铝复合导线或采用铜铝复合线圈（如：高压线圈或低压线圈采用铜包铝复合导线；高压线圈采用铜线、低压线圈采用铝线或低压线圈采用铜线，高压线圈采用铝线）的产品。

④ 对于同时具有两种及以上特殊用途或特殊结构的产品，其字母之间用“·”隔开。

⑤ “密”封式只适用于标称系统电压为35kV及以上的产品。

⑥ 全“绝”缘只适用于标称系统电压为110kV及以上的产品。

⑦ 三相组“合”式只适用于标称系统电压为110kV及以上的三相产品。

四、电力变压器安装步骤

1. 电力变压器安装工艺流程

电力变压器安装就是将出厂并已运至安装地点的变压器，按程序、按工艺组装起来，并就位于设计要求的位置上。电力变压器安装工艺流程，如图3-15所示。

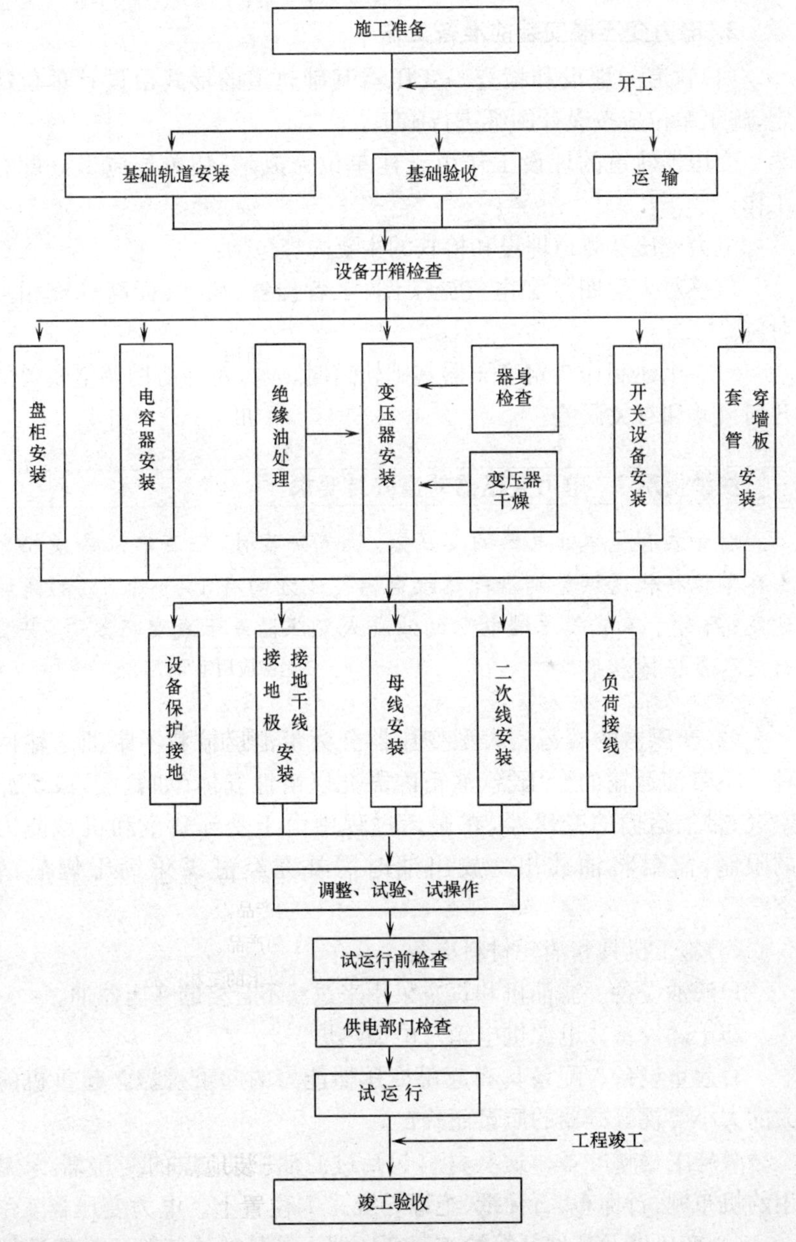

图 3-15　变压器安装工艺流程图

2. 电力变压器安装前准备工作

(1)轨道的埋设和检查。变压器基础轨道的形式由设计单位决定,施工单位应按设计图纸进行施工。

变压器轨道的埋设工作由土建单位完成,安装单位应做好配合工作。

电力变压器轨道埋设和检查的主要内容包括:

1)核对土建图纸和电气施工图,二者位置、尺寸、标高等应相互对应。

2)在土建制作浇筑变压器基础轨道时,应核对并协助调整轨道的几何尺寸和有关误差。

快学快用 3　电力变压器轨道安装要求

对于装有气体继电器的变压器,轨道安装时,安装单位必须配合土建单位将轨道调整到沿气体继电器气流方向有1%～1.5%的高坡坡高;而对于不装气体继电器的油浸式变压器或干式变压器等,安装时应尽量保持水平。

(2)变压器的搬运。大型变压器分为带油运输和不带油运输两种。不带油运输的变压器,油箱内需充以惰性气体(如氮气)或干燥空气;带油运输的变压器,在搬运过程中由于受到载重和机械能力的限制,需要将油放出。放出油时需补充经过氯化钙干燥后的空气。

(3)施工机具和消耗材料准备。

1)滤油设备。滤油机和真空泵用来过滤不合格的变压器油。

2)干燥设备。电源供电箱及电加热炉。

3)起重设备。配备具有起吊变压器能力的起重机械。起重机能力的大小要视变压器的质量而确定。

4)施工材料准备。这些材料包括过滤油用的滤油纸,干燥、保温用的帆布棚、石棉布、石棉纸、绝缘导线。

(4)变压器及部件开箱检查。变压器不管是整体装箱还是按部件

分散装箱，在变压器运至现场后均应进行外观检查。零部件单独装箱运输的还应进行附件数量的检查和核对，以便及时发现外观损伤或缺损。开箱检查时甲、乙方均应参加。

3. 电力变压器主体及附件安装

(1)电力变压器主体安装。根据制造厂对安装方面的技术要求提出可行的施工方案，全体施工人员可按照此方案进行组织施工。要使变压器安全地吊装到基础轨道上。

大容量变压器由于体积和质量较大，整体运输困难，所以它的主要零部件均为单独装箱出厂。例如，变压器本体、散热器、油枕、高压套管、风扇等，都在本体安装就位以后再进行组装。

中小型变压器一般可用汽车起重机吊至基础轨道上就位。对于大型变压器，如果起吊设备无法直接吊运，可采用滚动拖运方式将变压器就位于基础上，如图 3-16 所示。

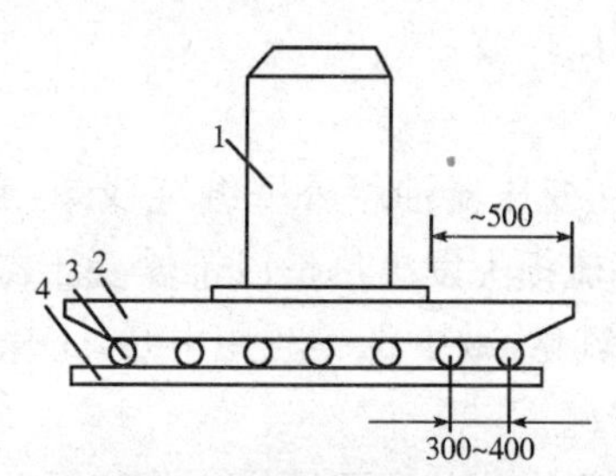

图 3-16 用滚动法拖运电力变压器

1—电力变压器；2—木排；3—滚杠；4—道木

(2)电力变压器附件安装。

1)散热器的安装。运到现场后，首先进行彻底的清扫和检查。清扫焊渣、铁锈和其他杂物。检查油管外观有无碰伤，焊口有无裂缝，漏油者还应进行修理，以保证安装质量。

2)油枕、瓦斯继电器安装及电压切换开关检查。油枕在安装前应先注入绝缘油进行滚动清洗，并检查焊口有无漏油现象。

3)风扇安装。在安装前应检查转动部分是否灵活，如果转动不灵活应将轴承拆下进行清洗并更换黄油。

4)高压套管安装。电压在60kV以上的变压器的高压套管质量和体积都比较大,而且都应单独装箱运到现场。

快学快用4　变压器套管的瓷件和电气试验要求

(1)套管的瓷件应完整无损,表面和内腔要擦拭干净。

(2)套管的电气试验应合格。瓷套管和带有附加绝缘的套管应做工频耐压试验。充油套管应做绝缘电阻、介质损耗 tanδ 试验和绝缘油电气试验,有条件时应做工频耐压试验和绝缘油的气相色谱分析。

五、电力变压器干燥

变压器干燥的方法很多,一般而言,现场常采用铁损干燥法和零序电流干燥法两种。

1. 铁损干燥法

铁损干燥法是在变压器油箱外壁缠绕线圈,通以交流电,使油箱产生磁通,利用其涡流损失发出热量以干燥变压器的方法。为了不使变压器油受高温而氧化,减少干燥时用电量,干燥需在箱内无油与抽成真空的状态下进行。

一般来说,铁损干燥法的主要干燥步骤如下:

(1)放油。干燥变压器是在无油状态下进行的,因此,在干燥前必须把变压器中的油全部放出,可利用滤油机或油泵将油箱的油吸至清洁而干燥的油桶或油槽存放。

(2)检查铁芯。油放出之后,可按变压器吊芯方法将铁芯吊出,并放置妥当。一般吊芯检查与干燥同时进行,根据吊芯检查内容检查铁芯,然后擦净线圈、铁芯和油箱各部分的油迹,特别对油箱底部和四周要彻底擦干净,以免由于干燥时的高温引起油烟着火。

(3)将检查后的铁芯放入油箱。油箱清洗完毕,应立即将经检查后的铁芯放入油箱,铁芯放入油箱之前,在线圈的上部和下部各装一

只电阻型温度计，用以测量线圈的温度。

(4)装油箱保温层。干燥时最好将油箱保温，保温材料应使用耐火材料，如石棉板或石棉布，绑扎保温层可用绳子或布带，但不能用金属线，以防干燥时产生感应电而发生事故。

(5)缠绕励磁线圈。励磁线圈的匝数及电流的大小可按下列方法估算：

1)干燥所需的功率：

$P=5F(100-t)\times10^{-3}$　(kW)——适用于平式外壳和加保温层的变压器；

$P=12F(100-t)\times10^{-3}$　(kW)——适用于平式外壳和未加保温层的变压器；

式中　F——变压器油箱总面积(m^2)；

　　t——周围的空气温度(℃)。

2)缠绕线圈所占外壳的面积：

$$F_0=Lh \quad (m^2)$$

式中　L——外壳周围长度(m)；

　　h——缠绕线圈所占外壳侧面积的高度(m)。

3)单位面积电力消耗：

$$\Delta P=\frac{P}{P_0} \quad (kW/m^2)$$

4)缠绕匝数：按计算出来的 ΔP，在表 3-6 中查出缠绕线圈匝数，外壳每一厘米高所需的安培匝数 α_ω 及另一常数 A 值。

5)干燥时所需的线圈匝数：

$$\omega=\frac{AU}{L} \quad (匝)$$

式中　U——线圈两端所加的电压(V)。

干燥时励磁线圈中所需的电流：

$$I=\frac{\alpha_\omega\times h}{\sum\omega}\times100 \quad (A)$$

表 3-6　　铁损干燥励磁线圈匝数及电流计算数据表

ΔP /(kW/m²)	α_ω /(安匝/cm)	A	ΔP /(kW/m²)	α_ω /(安匝/cm)	A	ΔP /(kW/m²)	α_ω /(安匝/cm)	A
0.75	19.5	2.33	1.35	32.5	1.77	2.4	46.9	1.44
0.8	20.5	2.26	1.4	33.5	1.74	2.5	48	1.42
0.85	22	2.18	1.45	34.5	1.71	2.6	49.1	1.41
0.9	23.5	2.12	1.5	35.5	1.68	2.7	50.2	1.39
0.95	24.5	2.08	1.60	36.5	1.65	2.8	51.3	1.38
1.0	25.5	2.02	1.70	38	1.62	2.9	52.3	1.36
1.05	26.7	1.97	1.80	39.5	1.59	3.0	53.3	1.34
1.1	28	1.92	1.9	41	1.56	3.25	56	1.31
1.15	29	1.88	2.0	42.5	1.54	3.5	58.2	1.28
1.2	30	1.84	2.1	43.5	1.51	3.75	60.6	1.25
1.25	31	1.81	2.2	44.5	1.49	4.0	63.2	1.22
1.3	31.8	1.79	2.3	45.8	1.46			

小容量变压器可按表 3-7 所示数据选择线圈匝数及电流大小。

表 3-7　　外壳铁损法干燥变压器时所需励磁线圈及电流大小选择

变压器的容量 /(kV·A)	外壳周长 /m	周围环境温度 /℃	磁化线圈的电压/V					
			65		125		220	
			线圈匝数	电流大小 /A	线圈匝数	电流大小 /A	线圈匝数	电流大小 /A
1. 当外壳有保温层时								
100	2.4	0	47	37				
		15	52	31				
		30	53	26				
180	2.54	0	45	42				
		15	49	35				
		30	50	29				
320	2.75	0	42	60				
		15	44	42				
		30	47	35				

续表

变压器的容量/(kV·A)	外壳周长/m	周围环境温度/℃	磁化线圈的电压/V					
			65		125		220	
			线圈匝数	电流大小/A	线圈匝数	电流大小/A	线圈匝数	电流大小/A
560	3.52	0 15 30	34 35 38	80 68 56	63 67 71	43 37 30		
750	3.94	0 15 30	29 31 33	105 89 74	54 57 61	57 48 40	100 105 112	32 28 23
1000	4.04	0 15 30	29 30 32	124 107 88	53 56 60	67 58 48	98 103 110	37 31 29
1800		0 15 30			44 49 50	152 114 107		
2. 当外壳无保温层时								
100	2.4	0 15 30	30 36 39	91 77 64				
180	2.54	0 15 30	33 34 37	103 88 72				
320	2.75	0 15 30	30 32 34	124 106 87				
560	3.52	0 15 30	24 26 28	198 168 138	45 47 51	107 91 75		
250	3.94	0 15 30	21 22 24	264 224 184	39 42 45	143 121 100	71 76 82	66 56 46
1000	4.04	0 15 30	21 22 24	315 265 219	33 41 41	179 144 119	70 75 81	79 66 55

(6)放置温度计。为了可靠地监视变压器的温度变化，应在变压器中部和下部各放一只电阻温度计，用于测量线圈内的温度。温度计应在吊芯时，铁芯放入油箱前装好。

(7)干燥措施。励磁线圈投入电源后，变压器开始干燥。在干燥过程中必须对线圈等处的温度进行可靠地监视。

(8)干燥完毕的判断。在保持温度不变的情况下，线圈的绝缘电阻下降后再上升，并连续6h保持稳定时，则可认为干燥完毕。此时可切断电源，停止干燥。

(9)干燥后铁芯检查。干燥后必须再进行一次铁芯检查，检查的项目和要求与吊芯时的检查内容相同。

快学快用5　变压器干燥注意事项

(1)干燥期间，对线圈的温度进行可靠的监视，线圈最高温度≤95℃，一般要控制每小时温度上升≤5℃，油箱上下温差≤6～8℃，可在变压器底部用电炉加热进行调整，使温度均匀。温度上升太快或温度太高，可暂时停电。干燥时，线圈最好保持在90℃，便于了解绝缘情况和干燥速度。

(2)干燥过程中应每隔1h测量和记录一次高、低压线圈的绝缘电阻，各部的温度、真空度以及励磁电压电流，并检查和放出冷凝水。

(3)采用真空加温干燥时，应先进行预热。

(4)绝缘电阻下降后再上升到稳定值，经过6h干燥无变化，而且无凝结水产生时，认为干燥合格，可以停止干燥。

2. 零序电流干燥法

零序电流干燥法是利用单相交流电源通入变压器的线圈，使每相产生等值、同相序和同方向的磁通，在铁芯、油箱及压铁芯的上下轭铁等铁件上产生涡流而发热，同时，也由于线圈短路而产生涡流损失发热以干燥变压器。但此法不适用于外铁芯(或叫壳式铁芯)变压器。

六、电力变压器交接验收

1. 交接试验项目

(1)绝缘油试验或 SF_6 气体试验。

(2)测量绕组连同套管的直流电阻。

(3)检查所有分接头的电压比。

(4)检查变压器的三相接线组别和单相变压器引出线的极性。

(5)测量与铁芯绝缘的各紧固件(连接片可拆开者)及铁芯绝缘电阻。

(6)进行非纯瓷套管的试验。

(7)进行有载调压切换装置的检查和试验。

(8)测量绕组连同套管的绝缘电阻、吸收比或极化指数。

(9)测量绕组连同套管的介质损耗角正切值 $\tan\delta$。

(10)测量绕组连同套管的直流泄漏电流。

(11)变压器绕组变形试验。

(12)进行绕组连同套管的交流耐压试验。

(13)进行绕组连同套管的长时感应电压试验带局部放电试验。

(14)进行额定电压下的冲击合闸试验。

(15)检查相位。

(16)测量噪声。

上述试验项目,对于1600kV·A以上油浸式电力变压器应按全部项目的规定进行;对于1600kV·A及以下油浸式电力变压器的试验,可按上述(1)～(8),(12),(14),(15)的规定进行;干式变压器的试验,可按上述(2)～(5),(7),(8),(12),(14),(15)的规定进行;变流、整流变压器的试验,可按上述(1)～(5),(7),(8),(12),(14),(15)的规定进行;电炉变压器的试验,可按上述(1)～(8),(7),(8),(12),(14),(15)的规定进行。

试验完毕后将测量的绝缘电阻、吸收比、介质损失角正切值和变压器油的击穿电压值经温度换算后,与制造厂出厂数值进行认真比较分析，根据有关标准确定变压器有无异常。

2. 变压器安装验评表

变压器安装验评表见表3-8。该表由验收人员填写，并根据检查验收的情况，填写验评结果，结果分别填写合格、优良或不合格。

表3-8　变压器安装验评表

工程名称				设备型号		
设备名称						
序号	检查项目			性质	质量标准		验评结果
					合格	优良	
1	变压器整体检查		铭牌及接线图标志	主要	齐全，清晰		
2			所有附件安装	主要	正确，牢固		
3			油系统阀门	主要	打开，且指示正确		
4			变压器外观、焊缝及结合面密封	主要	清洁无渗漏，顶盖无遗留物		
5			分接开关位置及指示	主要	符合运行要求，位置指示正确		
6			油箱、有载调压、套管油位	主要	正常		
7			测温装置	主要	指示正确		
8			气体继电器	主要	模拟试验良好		
9			冷却装置	主要	试运良好，联动可靠		
10			事故排油消防设施	主要	完好，投运可靠		
11			电气及绝缘油试验项目	主要	合格，无漏项		
12			整体密封	主要	无渗油		
13			相色标志	主要	齐全，正确		
14			胶密封垫圈（外部可见）	主要	密封结构的形状与尺寸准确配合，压缩均匀		
15			孔洞封堵		严密		
16		接地	铁芯和夹件接地引出套管	主要	牢固，导通良好		
17			高压套管末屏	主要	牢固，导通良好		
18			电流互感器备用二次端子	主要	短路后可靠接地		
19			本体及基础	主要	牢固，导通良好		
20			引线与主接地网连接	主要	牢固，导通良好		

续一

工程名称				设备型号		
设备名称						

序号	检查项目				性质	质量标准 合格	质量标准 优良	验评结果
21	高压套管	升高座安装	外观检查	接线端子	主要	牢固,无渗漏油		
22				放气塞	主要	升高座最高处		
23			安装位置		主要	正确		
24			绝缘筒装配		主要	正确,不影响套管穿入		
25			法兰连接		主要	紧密		
26		套管安装	引出线安装	穿线	主要	清洁,无损伤,油位正常		
27				应力锥	主要	齐全,坚固		
28				引线与套管连接	主要	涂导电膏且压接紧密		
29				引线弧度	主要	合适且符合安全距离		
30			套管检查		主要	在均压罩内,深度合适		
31			法兰连接螺栓		主要	连接螺栓紧固,密封良好		
32	低压母线桥	架构安装			主要	牢固		
33		母线安装			主要	合适且符合安全距离		
34		母线包绝缘			主要	完好(有相色标志)		
35		接地线悬挂位置			主要	合适,易于操作		
36	低压套管安装	套管检查			主要	清洁,无损伤		
37		法兰连接			主要	连接螺栓紧固		
38		低压套管中心距			主要	大于等于 30cm		
39	储油柜安装	密封部位			主要	无泄漏		
40		支架安装			主要	牢固		
41		油位计检查			主要	反映真实油位		
42		油位信号			主要	正确		
43	吸湿器安装	连通管			主要	无堵塞、清洁		
44		油杯油位			主要	在油面线处		
45		吸湿剂			主要	颜色正常		
46	压力释放阀	位置			主要	正确		
47		阀盖及弹簧			主要	无变动		
48		电触点检查			主要	动作准确,绝缘良好		

续二

<table>
<tr><td colspan="2">工程名称</td><td colspan="3"></td><td>设备型号</td><td colspan="2"></td></tr>
<tr><td colspan="2">设备名称</td><td colspan="6"></td></tr>
<tr><td rowspan="2">序号</td><td rowspan="2" colspan="3">检查项目</td><td rowspan="2">性质</td><td colspan="2">质量标准</td><td rowspan="2">验评结果</td></tr>
<tr><td>合格</td><td>优良</td></tr>
<tr><td>49</td><td rowspan="5">气体继电器</td><td colspan="2">检验</td><td>主要</td><td>合格</td><td></td><td></td></tr>
<tr><td>50</td><td colspan="2">继电器安装</td><td>主要</td><td>位置正确，无渗漏</td><td></td><td></td></tr>
<tr><td>51</td><td colspan="2">指向正确</td><td>主要</td><td></td><td></td><td></td></tr>
<tr><td>52</td><td colspan="2">不锈钢防雨帽</td><td>主要</td><td></td><td></td><td></td></tr>
<tr><td>53</td><td colspan="2">连通管升高坡度</td><td>主要</td><td>便于气体排向气体继电器</td><td></td><td></td></tr>
<tr><td>54</td><td rowspan="4">温度计安装</td><td colspan="2">温度计校验</td><td>主要</td><td>制造厂已校验</td><td></td><td></td></tr>
<tr><td>55</td><td colspan="2">插座内介质及密封</td><td>主要</td><td>与箱内油一致，密封良好</td><td></td><td></td></tr>
<tr><td>56</td><td colspan="2">测温包毛细导管</td><td>主要</td><td>无偏压、死弯，弯曲半径大于50mm</td><td></td><td></td></tr>
<tr><td>57</td><td colspan="2">温度表</td><td>主要</td><td>指示正确</td><td></td><td></td></tr>
<tr><td>58</td><td rowspan="16">冷却器安装</td><td colspan="2">外观检查</td><td>主要</td><td>无变形，法兰端面平整</td><td></td><td></td></tr>
<tr><td>59</td><td colspan="2">密封性试验</td><td>主要</td><td>按制造厂规定</td><td></td><td></td></tr>
<tr><td>60</td><td colspan="2">风扇</td><td>主要</td><td>牢固，叶片无变形</td><td></td><td></td></tr>
<tr><td>61</td><td colspan="2">阀门动作</td><td>主要</td><td>操作灵活，开闭位置正确</td><td></td><td></td></tr>
<tr><td>62</td><td colspan="2">外接管路</td><td>主要</td><td>清洁</td><td></td><td></td></tr>
<tr><td>63</td><td rowspan="11">风冷控制箱</td><td>门锁开闭</td><td>主要</td><td>灵活</td><td></td><td></td></tr>
<tr><td>64</td><td>控制箱安装</td><td>主要</td><td>牢固</td><td></td><td></td></tr>
<tr><td>65</td><td>各信号指示灯（光字牌）</td><td>主要</td><td>指示正确</td><td></td><td></td></tr>
<tr><td>66</td><td>切换把手与实际运行位置</td><td>主要</td><td>相符</td><td></td><td></td></tr>
<tr><td>67</td><td>各空气开关标签</td><td>主要</td><td>清晰，与图纸相符</td><td></td><td></td></tr>
<tr><td>68</td><td>仪表、继电器防震措施</td><td>主要</td><td>可靠</td><td></td><td></td></tr>
<tr><td>69</td><td>柜内照明装置</td><td>主要</td><td>齐全</td><td></td><td></td></tr>
<tr><td>70</td><td>柜内加热器</td><td>主要</td><td>正常完好，投（停）正确</td><td></td><td></td></tr>
<tr><td>71</td><td>二次电缆挂牌</td><td>主要</td><td>齐全，与图纸相符</td><td></td><td></td></tr>
<tr><td>72</td><td>接线箱盒</td><td>主要</td><td>牢固，密封良好</td><td></td><td></td></tr>
<tr><td>73</td><td>电缆孔洞处理</td><td>主要</td><td>封闭良好</td><td></td><td></td></tr>
</table>

续三

<table>
<tr><td colspan="2">工程名称</td><td colspan="2"></td><td>设备型号</td><td colspan="2"></td></tr>
<tr><td colspan="2">设备名称</td><td colspan="5"></td></tr>
<tr><td rowspan="2">序号</td><td colspan="2" rowspan="2">检查项目</td><td rowspan="2">性质</td><td colspan="2">质量标准</td><td rowspan="2">验评结果</td></tr>
<tr><td>合格</td><td>优良</td></tr>
<tr><td>74</td><td rowspan="9">充氮灭火装置</td><td>门锁开闭</td><td>主要</td><td>灵活</td><td></td><td></td></tr>
<tr><td>75</td><td>就地控制箱安装</td><td>主要</td><td>牢固</td><td></td><td></td></tr>
<tr><td>76</td><td>压力表指示</td><td>主要</td><td>指示正确</td><td></td><td></td></tr>
<tr><td>77</td><td>各空气开关标签</td><td>主要</td><td>清晰,与图纸相符</td><td></td><td></td></tr>
<tr><td>78</td><td>仪表、继电器防震措施</td><td>主要</td><td>可靠</td><td></td><td></td></tr>
<tr><td>79</td><td>柜内照明装置</td><td>主要</td><td>齐全</td><td></td><td></td></tr>
<tr><td>80</td><td>柜内加热器</td><td>主要</td><td>正常完好,投(停)正确</td><td></td><td></td></tr>
<tr><td>81</td><td>二次电缆挂牌</td><td>主要</td><td>齐全,与图纸相符</td><td></td><td></td></tr>
<tr><td>82</td><td>电缆孔洞处理</td><td>主要</td><td>封闭良好</td><td></td><td></td></tr>
<tr><td>83</td><td rowspan="6">本体端子箱</td><td>各空气开关标签</td><td>主要</td><td>清晰,与图纸相符</td><td></td><td></td></tr>
<tr><td>84</td><td>门锁开闭</td><td>主要</td><td>灵活</td><td></td><td></td></tr>
<tr><td>85</td><td>柜内照明装置</td><td>主要</td><td>齐全</td><td></td><td></td></tr>
<tr><td>86</td><td>柜内加热器</td><td>主要</td><td>正常完好,投(停)正确</td><td></td><td></td></tr>
<tr><td>87</td><td>二次电缆挂牌</td><td>主要</td><td>齐全,与图纸相符</td><td></td><td></td></tr>
<tr><td>88</td><td>电缆孔洞处理</td><td>主要</td><td>封闭良好</td><td></td><td></td></tr>
<tr><td>89</td><td rowspan="3">爬梯</td><td>安装</td><td>主要</td><td>牢固</td><td></td><td></td></tr>
<tr><td>90</td><td>挡距</td><td>主要</td><td>符合规定(小于等于 40cm)</td><td></td><td></td></tr>
<tr><td>91</td><td>安全标志</td><td>主要</td><td>符合要求</td><td></td><td></td></tr>
<tr><td colspan="2">备注</td><td colspan="5"></td></tr>
<tr><td colspan="2">其他缺陷</td><td colspan="5"></td></tr>
<tr><td>验收结论</td><td colspan="2"></td><td>验收人员签字</td><td colspan="3">组长：
成员：

验收日期：</td></tr>
</table>

3. 变压器送电试运行

安装后的变压器各项试验检查项目合格后,可加压试运行,试运行的操作由运行部门负责，安装单位应全力配合。变压器送电试运行的基本步骤如下：

(1)变压器第一次投入时，可全电压冲击合闸，冲击合闸时一般可由高压侧投入。

(2)变压器应进行3～5次全电压冲击合闸，并无异常情况；第一次受电后持续时间应不少于10min。

(3)油浸变压器带电后，检查油系统应无渗油现象。

(4)变压器试运行要注意冲击电流、空载电流、一次电压、二次电压、温度，并做好详细记录。

(5)变压器并列运行前，应核对好相位。

(6)变压器空载运行24h，无异常情况，方可接带负荷运行。

(7)变压器试运行应按规定进行检查。检查人员可由安装单位、运行单位共同派人参加，并做好记录。

4. 停电消缺

在变压器试运行期间，可能会出现一些缺陷、问题，如二次电流互感器回路极性接反，一次相序核定错误，严重的渗漏油，轻瓦斯保护动作等，需要根据不同情况对变压器停电，由安装单位负责进行及时处理、消缺。

5. 资料移交

变压器安装、试验完毕后的交接验收中应将移交给运行单位的技术资料整理汇编成册。

第三节 配电柜(盘)安装

一、配电设备

1. 低压配电屏

低压配电屏又称开关屏或配电盘、配电柜，它是将低压电路所需

的开关设备、测量仪表、保护装置和辅助设备等按一定的接线方案安装在金属柜内构成的一种组合式电气设备，用以进行控制、保护、计量、分配和监视等。其适用于发电厂、变电所、厂矿企业中作为额定工作电压不超过380V低压配电系统中的动力、配电、照明配电。

我国生产的低压配电屏基本可分为固定式和手车式（抽屉式）两大类，基本结构方式可分为焊接式和组合式两种。常用的低压配电屏有：PGL型交流低压配电屏、BFC型低压配电屏、GGL型低压配电屏、GCL系列动力中心和GCK系列电动机控制中心、GGD型交流低压配电柜。

(1)PGL型交流低压配电屏（P—配电屏，G—固定式，L—动力中心）。现在使用的通常有PGL1型和PGL2型低压配电屏。其中，1型分断能力为15kA，2型分断能力为30kA，是用于户内安装的低压配电屏，其结构特点如下：

1)采用型钢和薄钢板焊接结构，可前后开启，双面进行维护。屏前有门，上方为仪表板，是一可开启的小门，装设指示仪表。

2)组合屏的屏间加有钢制的隔板，可限制事故的扩大。

3)主母线的电流有1000A和1500A两种规格，主母线安装于屏后柜体骨架上方，设有母线防护罩，以防上方坠落物件而造成主母线短路事故。

4)屏内外均涂有防护漆层，始端屏、终端屏装有防护侧板。

5)中性母线装置于屏的下方绝缘子上。

6)主接地点焊接在下方的骨架上，仪表门有接地点与壳体相连，构成了完整、良好的接地保护电路。

(2)BFC型低压配电屏［B—低压配电柜（板），F—防护型，C—抽屉式］。BFC型低压配电屏的主要特点是：各单元的主要电器设备均安装在一个特制的抽屉中或手车中，当某一回路单元发生故障时，可以换用备用“抽屉”或手车，以便迅速恢复供电。而且，由于每个单元为抽屉式，密封性好，不会扩大事故，便于维护，提高了运行可靠性。BFC型低压配电屏的主电器在抽屉或手车上均为插入式结构，抽屉或手车上均设有连锁装置，以防止误操作。

(3)GGL型低压配电屏（G—柜式结构，G—固定式，L—动力中心)。GGL型低压配电屏为组装式结构,全封闭形式,防护等级为IP30,内部选用新型的电器元件,内部母线按三相五线配置。此种配电屏具有分断能力强、动稳定性好、维修方便等优点。

(4)GCL系列动力中心(G—柜式结构,C—抽屉式,L—动力中心)。GCL系列动力中心适用于变电所、工矿企业大容量动力配电和照明配电,也可作为电动机的直接控制使用。其结构形式为组装式全封闭结构,防护等级为IP30,每一功能单元(回路)均为抽屉式,有隔板分开,可以防止事故扩大,主断路器导轨与柜门有机械连锁,可防止误入有电间隔,保证人身安全。

(5)GCK系列电动机控制中心(G—柜式结构,C—抽屉式;K—控制中心)。GCK系列电动机控制中心是一种工矿企业动力配电、照明配电与电动机控制用的新型低压配电装置。根据功能特征分为JX(进线型)和KD(馈线型)两类。

GCK系列电动机控制中心为全封闭功能单元独立式结构,防护等级为IP40级,这种控制中心保护设备完善,保护特性好,所有功能单元均可通过接口与可编程序控制器或微处理机连接,作为自动控制系统的执行单元。

(6)GGD型交流低压配电柜(G—交流低压配电柜,G—固定安装,D—电力用柜)。GGD型交流低压配电柜是本着安全、经济、合理、可靠的原则设计的新型低压配电柜,具有分断能力高,动热稳定性好,电气方案灵活,组合方便,系列性、实用性强,结构新颖,防护等级高等特点,可作为低压成套开关设备的更新换代产品。

GGD型配电柜的构架采用冷弯型钢材局部焊接拼接而成,主母线列在柜的上部后方,柜门采用整门或双门结构。柜体后面采用对称式双门结构,柜门采用镀锌转轴式铰链与构架相连,安装、拆卸方便。柜门的安装件与构架间有完整的接地保护电路。防护等级为IP30。

快学快用6　低压配电屏运行前的检查工作

(1)检查柜体与基础型钢固定是否牢固,安装是否平直。屏面油漆应完好,屏内应清洁,无积垢。

(2)各开关操作灵活,无卡涩,各触点接触良好。

(3)用塞尺检查母线连接处接触是否良好。

(4)二次回路接线应整齐牢固,线端编号符合设计要求。

(5)检查接地是否良好。

(6)抽屉式配电屏应检查推入或拉出是否灵活轻便,动、静触头应接触良好,并有足够的接触压力。

(7)试验各表计是否准确,继电器动作是否正常。

(8)用兆欧表测量绝缘电阻,阻值应不小于0.5MΩ,并按标准进行交流耐压试验,一次回路的试验电压为工频1kV,也可用2500V兆欧表试验代替。

2. 低压配电柜

一般来说,低压配电柜主要有GCS型柜、GCK型柜、MNS型柜和GGD柜四种。

(1)GCS型低压配电柜。GCS型柜体的主架构采用8MF型开口型钢,型钢侧面分别有模数为20mm和100mm的直径9.2mm的安装孔。装置的各功能室相互隔离,其隔室分为相互独立的功能单元室、母线室、电缆室。

(2)GCK型低压配电柜。GCK型柜体的基本结构是组合装配式结构。螺栓紧固连接,20mm为模数安装孔,装置的各功能室相互隔离,GCK柜的基本特点就是母线在柜体上部,其隔室分为功能单元室(柜前)、母线室(柜顶部)、电缆室(柜后),也可靠墙安装。

(3)MNS型低压配电柜。MNS型柜体的基本结构是由C型型材装配组成的。C型型材是以$E=25$mm为模数安装孔的钢板弯制而成。

抽出式MCC型柜内分为三个隔室,其隔室分为功能单元室(柜前左边)、母线室(柜后部)、电缆室(柜前右边)。由于水平母线隔室在后面,因此又可做成双面柜。

(4)GGD型低压配电柜。GGD型低压配电柜的基本电气参数,见表3-9。

表 3-9　　GGD 型低压配电柜的基本电气参数

序号	基本电气参数	说　　明
1	额定绝缘电压	交流 660V(1000V)
2	额定工作电压	主电路:交流 380V(660V)。 辅电路:交流 380V(220V),直流 220V(110V)
3	额定频率	50Hz
4	额定电流	≤4000A
5	额定峰值耐受电流(0.1s)	105kA
6	额定短时耐受电流(1s)	50kA

低压柜内的一次回路电器设备及母线与其他带电导体布置的最小距离应不小于表 3-10 的规定。当低压柜内导体相互连接处通过额定电流(对铝母线通过最大工作电流)时,最高温度及允许温升不得超过表 3-11 所列数值。低压柜内母线的漆色及其相序应符合表 3-12 的规定(以低压柜正视方向为准)。

表 3-10　　一次设备及母线与其他带电体间的最小距离　　mm

类　别	电气间隙	漏电距离
交直流低压配电柜、电容器屏、动力箱	12	20
照明箱	10	15

表 3-11　　导线连接处温升极限

测　温　位　置		最高允许温度/℃	周围介质温度为 40℃时允许温升/℃	测量方法
分支母线相互连接处及分支母线与电器端子连接处	铜—铜	90	50	温度计法及热电偶法
	铜镀锡—铜镀锡	100	60	
	铜镀银—铜镀银	120	80	
	铝—铜,铝—铝	(70)	(30)	
母体本体		70	30	
柜内抽屉一次隔离触头		90	50	
低压二次回路中活动触头		85	45	
低压二次回路中固定接触部分		90	50	

表 3-12　　母线漆色及其相序

组　别	涂漆颜色	母线安装相互位置		
		垂直布置	水平布置	引下线
A	黄	上	后	左
B	绿	中	中	中
C	红	下	前	后
正极	赭	上	后	左
负极	蓝	下	前	后
中性线	紫	—	—	—
接地线	紫底黑条	—	—	—

二、低压配电柜安装

配电柜通常安装在基础上。基础大多采用槽钢或角钢，并在土建施工时埋设好。一般来说，基础做法有直接埋设法和预留槽埋设法两种。

1. 直接埋设法

直接埋设法是在土建打混凝土时，直接将基础型钢埋设好，埋设前先将型钢调直，除去铁锈，按图纸尺寸下好料并钻好孔，然后在埋设位置找出型钢的中心线，再按图纸的标高尺寸测量其安装位置，并做上记号。将型钢放在所测量的位置上，使其与记号对准，并用水平尺调好水平。水平误差每米不超过 1mm，全长不超过 5mm。基础型钢一般为两根，埋设时应使其平行，并处于同一水平。也可用水平尺调整，如水平尺不够长，可用一平板尺放在两型钢上面，水平尺放在平板尺上，水平低的型钢可用铁片垫高。埋设的型钢可高出地表面 5～10mm(型钢是否需要高出地面，应根据设计规定)。水平调好后，可将型钢固定。固定方法一般是将型钢焊在钢筋上，也可将型钢用铁丝绑在钢筋上。

另外，为了防止钢筋下沉而影响水平，可在型钢下支设一些钢筋，使其稳固。

2. 预留槽埋设法

预留槽埋设法是在土建打混凝土时，根据图纸的要求，在埋设位置预埋好用钢筋做成的钢筋钩(此钢筋钩用来焊在型钢上，使型钢基础牢固地打在混凝土内)，并且预留出型钢的空位。

预留空位的方法是在浇筑混凝土地面时，在地面上埋入比型钢略大的木盒(一般大 30mm 左右)。待混凝土凝固后，将埋入的木盒取出，再埋设基础型钢。埋设型钢时，应先将预留的空位清扫干净。水平调好后，把预埋的钢筋钩焊在型钢上，使其固定。

快学快用 7　低压配电柜安装注意事项

(1)低压配电柜一般利用人工、滚杠和撬棍将柜体平移稳装就位。

(2)多台低压配电柜应按顺序排列安装，先从始端或终端柜开始，在沟槽上垫好脚手板，按顺序号逐台就位。

(3)用拉线将排列的低压配电柜找平，出现高低差时，可用钢垫片垫于螺栓处找平，并将各柜的固定螺栓拧牢固，同时，将柜与机械调整好后用螺栓连接牢固。

(4)各柜连接应紧密，横平竖起，无明显缝隙，其安装的允许偏差应符合相关规定。

三、配电工程竣工验收

在竣工验收时，应提交以下资料和文件：

(1)工程竣工图。

(2)变更设计的证明文件。

(3)制造厂提供的产品说明书、调试大纲试验方法、试验记录、合格证书及安装图纸等技术文件。

(4)备品备件清单。

(5)电气安装施工记录(表 3-13)。

(6)调整试验记录(表 3-14、表 3-15)。

表 3-13　　电气安装施工记录

单位工程名称		分部、分项名称	
内容：(配线规格、施工方法、接头情况、安装位置、标高等)			

施工技术负责人：　　记录人：　　年　月　日

表 3-14　　断路器试验

工程名称________　高压柜号________　图号________

1. 铭牌资料

	型　号	制造厂	出厂号	额定电压/kV	额定电流/kA	断流容量/(MV·A)
开关						
传动机构	型　号	制造厂	出厂号	分闸线圈 电流 A/电压 V	合闸线圈 电流 A/电压 V	

2. 开关绝缘电阻/MΩ________　摇表电压/V________　环境温度/℃________

A—地	B—地	C—地	A—B	B—C	C—A

3. 测量灭弧室的并联电阻和电容

并联电阻/Ω			并联电容/μF		
A	B	C	A	B	C

4. 每相导电回路电阻/MΩ________　测时壳内有无油________

工作触头	A	B	
消弧触头	A	B	C

5. 开关传动机构试验

名称 项目	合闸线圈	分闸线圈	合闸接触器
绝缘电阻/MΩ			
直流电阻/Ω			
最小动作电压/V			

续表

6. 开关动作时间及速度测定(三次平均值)　测定壳内有无油________,测时电压________

分闸时间/s	合闸时间/s	刚分速度/(m/s)	最大分速/(m/s)	刚合速度/(m/s)	最大合速/(m/s)

7. 开关机构操作检查　　电/气功

操作名称	次数	操作电压/V	动作情况
合　闸			
合　闸			
合　闸			
分　闸			
分　闸			

8. 接地装置检查:

9. 结论

附:速度示波图

试验人员__________　　________年____月____日

表 3-15　　手动开关柜试验

工程名称________________

1. 开关柜资料:

编　号________________用　途______________________型　号__________________

电　压______________ kV　制　造　厂_______________工厂号________________

2. 油断路器铭牌:

型　　号________________制造厂____________________工厂号________________

额定电压________ kV　额定电压________ A　最大遮断容量________ MV·A

3. 油断路器传动装置:

型　　号__________________制造厂__________________工厂号__________________

操作电压__________________ V

续表

4. 油断路器测试数据： 油断路器脱扣时间__________ s　脱扣线圈电阻__________ Ω 三相同时接触误差检查/mmA 相________ B 相________ C 相________ 每相导电回路电阻/MΩ ________ ________ ________
5. 继电保护装置整定：
6. 补充和结论：
调试人员________　　　　________年____月____日

快学快用 8　配电工程竣工验收检查要求

(1)配电柜的固定及接地应可靠，柜漆层完好，清洁、整齐。

(2)柜内所装电器元件应齐全完好，安装位置正确，固定牢固。

(3)所有二次回路接线应准确，连接可靠，标志齐全清晰，绝缘符合要求。

(4)抽屉式开关柜在推入或拉出时灵活，机械闭锁可靠，照明装置齐全。

(5)柜内一次设备的安装质量验收要求应符合现行国家有关标准规范的规定。

(6)用于热带地区的配电柜应具有防潮、抗霉和耐热性能，按国家现行标准要求验收。

(7)配电柜及电缆管道安装后应做好封堵。可能结冰的地区还应有防止管内积水结冰的措施。

(8)操作及联动试验应正确，并应符合设计要求。

第四节　母线加工与安装

母线是指在发电厂和变电站的各级电压配电装置中，将发电机、变压器等大型电气设备与各种电器装置连接的导体。其主要作用是汇集、分配和传送电能。

母线主要包括一次设备部分的主母线和设备连接线、站用电部分的交流母线、直流系统的直流母线、二次部分的小母线等。

一、母线分类

1. 根据母线的使用材料划分

(1)铜母线。铜具有导电率高、机械强度高、耐腐蚀等优点,是很好的导电材料。但铜的贮藏量少,在其他工业中用途很广,但是,在电力工业中应尽量以铝代铜,除在特殊技术上要求必须用铜线外,一般应采用铝母线。

(2)铝母线。铝的导电率仅次于铜,但质轻、价廉、产量高。一般情况下,用铝母线比用铜母线经济,因此,目前我国广泛采用铝母线。

(3)铝合金母线。铝合金母线有铝锰合金和铝镁合金两种。铝锰合金母线载流量大,但强度较差,需要采用一定的补强措施后可广泛使用;铝镁合金母线机械强度大,但载流量小,焊接困难,使用范围较小。

(4)钢母线。钢的电阻率比铜的电阻率大(比铜大 7 倍),用于交流时,有很强的集肤效应,其优点是机械强度高和价廉。钢母线适用于高压小容量回路(如电压互感器)和电流在 200A 以下的低压回路和直流电路以及接地装置中。

2. 根据母线的截面形状划分

(1)矩形截面母线。在 35kV 及以下的户内配电装置中,一般都采用矩形截面母线。矩形截面母线与相同截面面积的圆形母线相比,散热条件好,冷却条件好,集肤效应较小。为了增强散热条件,宜采用厚度较小的矩形母线。但考虑到母线的机械强度,通常铜和铝的矩形截面母线的边长之比为 1∶5～1∶12,单条母线的截面面积应不大于 $10\times120=1200mm^2$。

(2)圆形截面母线。常用在 110kV 及以上的户外配电装置中,以防止发生电晕。

(3)槽形截面母线。常用在 35kV 及以下、持续工作电流在 4000～8000A 的配电装置中。其优点是电流分布均匀,集肤效应小、冷却条件好、金属材料的利用率高、机械强度高。

(4)管形截面母线。常用在 10kV 及以上、持续工作电流在 8000A

以上的配电装置中。其优点是集肤效应小，电晕放电电压高，机械强度高，散热条件好。

(5)绞线圆形软母线。钢芯铝绞线由多股铝线绕单股或多股钢线的外层构成，一般用于35kV及以上室外配电装置中。组合导线由多根铝绞线固定在套环上组合而成，用于发电机与室内配电安置或室外主变压器之间的连接。

3. 根据封闭母线外壳与母线间的结构形式划分

(1)不隔相式封闭母线。三相母线设在没有相间板的公共外壳内，只能防止绝缘子免受污染和外物所造成的母线短路，而不能消除发生相间短路的可能性，也不能减少相间电动力和钢构的发热。

(2)隔相式封闭母线。三相母线设在相间有金属(或绝缘)隔板的金属外壳之内，可较好地防止相间故障，在一定程度上减少母线电动力和周围钢构的发热，但是仍然可能发生因单相接地而烧穿相间隔板造成相间短路的故障。

(3)分相封闭式母线。每相导体分别用单独的铝制圆形外壳封闭。根据金属外壳各段的连接方法，又可分为分段绝缘式和全连式两种。

二、母线矫直与弯曲

1. 母线矫直

一般来说，母线矫直的方法有机械矫直和手工矫直两种。

(1)机械矫直。对于大截面短型母线多用机械矫直。矫正施工时，可将母线的不平整部分放在矫正机的平台上，然后转动操作圆盘，利用丝杠的压力将母线矫正平直。机械矫直较手工矫直更为简单便捷。

(2)手工矫直。手工矫直时，可将母线放在平台或平直的型钢上。对于铜、铝母线应用硬质木锤直接敲打，而不能用铁锤直接敲打。如母线弯曲过大，可用木锤或垫块(铝、铜、木板)垫在母线上，再用铁锤间接敲打平直。敲打时，用力要适当，不能过猛，否则会引起母线再次变形。

2. 母线弯曲

将母线加工弯制成一定的形状，叫作母线弯曲。母线一般宜进行冷弯，但应尽量减少弯曲。如需热弯，对铜加热温度不宜超过350℃，铝不宜超过250℃，钢不宜超过600℃。母线的最小弯曲半径应符合表3-16的规定。

表3-16　母线最小弯曲半径(R)值

母线种类	弯曲方式	母线断面尺寸/mm	最小弯曲半径/mm		
			铜	铝	钢
矩形母线	平弯	50×5及其以下	$2a$	$2a$	$2a$
		125×10及其以下	$2a$	$2.5a$	$2a$
	立弯	50×5及其以下	$1b$	$1.5b$	$0.5b$
		125×10及其以下	$1.5b$	$2b$	$1b$
棒形母线		直径为16及其以下	50	70	50
		直径为30及其以下	150	150	150

母线弯曲有四种形式，即平弯（宽面方向弯曲）、折弯（灯叉弯）、立弯（窄面方向弯曲）、扭弯（麻花弯）。弯曲示意图如图3-17所示，弯曲形式见表3-17。

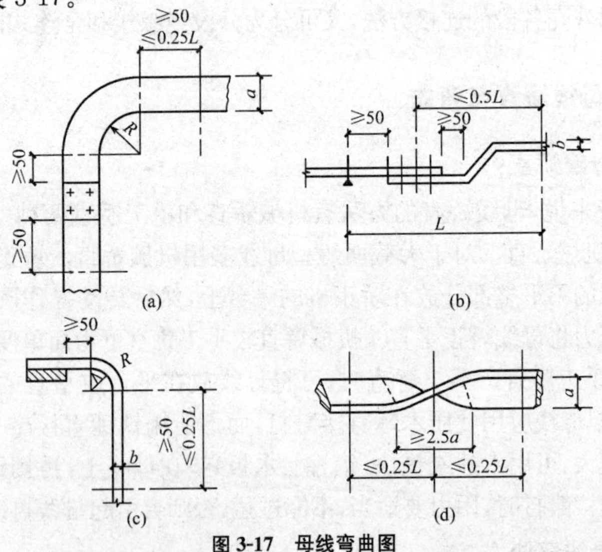

图3-17　母线弯曲图

(a)立弯；(b)折弯；(c)平弯；(d)扭弯

a—母线宽度；b—母线厚度；L—母线两支持点间的距离

表 3-17　　母线弯曲形式

序号	项目	说　明
1	平弯	平弯是先在母线要弯曲的部位画上记号，再将母线插入平弯机的滚轮内，需弯曲的部位放在滚轮下，校正无误后，拧紧压力丝杠，慢慢压下平弯机的手柄，使母线逐渐弯曲
2	折弯	折弯可手工在虎钳上敲打成形，也可用折弯模压成。方法是先将母线放在模子中间槽的钢框内，再用千斤顶加压
3	立弯	立弯是将母线需要弯曲的部位套在立弯机的夹板上，再装上弯头，拧紧夹板螺钉，校正无误后操作千斤顶，使母线弯曲
4	扭弯	扭弯是将母线扭弯部位的一端夹在虎钳上，钳口部分垫上薄铝皮或硬木片。在距钳口大于母线宽度的 2.5 倍处，用母线扭弯器，夹住母线，用力扭转扭弯器手柄，使母线弯曲到所需要的形状为止。这种方法适用于弯曲 100mm×8mm 以下的铝母线。超过这个范围就需将母线弯曲部分加热再行弯曲

三、母线布置形式

一般而言，母线的布置形式有水平布置、垂直布置、槽形母线布置与软母线布置四种，具体见表 3-18。

表 3-18　　母线的布置形式

序号	项目	说　明
1	水平布置	水平布置是三相母线固定在支持绝缘子上，具有同一高度，又分为竖放式水平布置和平放式水平布置。竖放式水平布置散热条件好，母线的额定允许电流较其他放置方式要大，但机械强度不是很好；平放式水平布置载流量不大，但机械强度较高
2	垂直布置	三相母线分层安装，采用竖放式垂直布置，其散热性强，机械强度和绝缘能力较高
3	槽形母线布置	槽形母线均采用竖放式，每相均由两条相同母线之间每隔一段距离用焊接片进行连接，构成一个整体。其机械性能强，且节约金属材料
4	软母线布置	软母线的布置一般为三相水平布置，用绝缘子悬挂

快学快用 9　母线的相序排列

(1)上、下布置的交流母线，由上到下排列为 U、V、W 相；直流母线正极在上，负极在下。

(2)水平布置的交流母线，由盘后向盘面排列 U、V、W 相；直流母线正极在后，负极在前。

(3)引下线的交流母线，由左到右排列为 U、V、W 相；直流母线正极在左，负极在前右。

四、母线安装

1. 母线装置进场检查

(1)母线。母线应矫正平直，切断面应平整。母线表面应光洁平整，不应有裂纹、折皱、夹杂物及变形和扭曲现象。对于成套供应的封闭插接式母线槽，其各段应标志清晰，附件齐全，外壳无变形，内部无损伤。

当铜、铝母线、铝合金管母线无出厂合格证件或资料不全时，以及对材质有怀疑时，应按表 3-19 的要求进行检验。

表 3-19　　母线的机械性能及电阻率

母线名称	母线型号	最小抗拉强度 /(N/mm^2)	最小伸长率 (%)	20℃时最大电阻率 /($\Omega \cdot mm^2/m$)
铜母线	TMY	255	6	0.01777
铝母线	LMY	115	3	0.0290
铝合金管母线	$LF_{21}Y$	137	—	0.0373

(2)金属构件。母线装置采用的设备和器材，在运输与保管中应采用防腐蚀性气体侵蚀及机械损伤包装。

金属构件除锈应彻底，防腐漆应涂刷均匀，黏合牢固，不得有起层、皱皮等缺陷；母线涂漆应均匀，无起层、皱皮等缺陷；在有盐雾、空气相对湿度接近 100%及含腐蚀性气体的场所，室外金属构件应采用

热镀锌;在有盐雾及含有腐蚀性气体的场所,母线应涂防腐涂料。

2. 母线安装作业条件

(1)母线装置安装前,建筑工程应具备下列条件:

1)基础、构架应符合电气设备的设计要求。

2)屋顶、楼板施工完毕,不得渗漏。

3)室内地面基层施工完毕,并在墙上标出抹平标高。

4)基础、构架应达到允许安装的强度,焊接构件的质量符合要求,高层构架的走道板、栏杆、平台齐全牢固。

5)有可能损坏已安装母线装置或安装后不能再进行的装饰工程全部结束。

6)门窗安装完毕,施工用道路通畅。

7)母线装置的预留孔、预埋铁件应符合设计的要求。

(2)配电屏、柜安装完毕且检验合格。

(3)母线桥架、支架、吊架安装完毕,并应符合设计要求和规范的规定。

(4)母线、绝缘子及穿墙套管的瓷件等的材质查核后,应符合设计要求和规范的规定,并具有出厂合格证。

(5)主材应基本到齐,辅材应能够满足连续施工的需要,常用机具应基本齐备。

(6)与封闭、插接式母线安装位置有关的管道、空调及建筑装修工程施工基本结束,确认扫尾施工不会影响已安装的母线,方可安装母线。

3. 母线安装方式

母线安装时,应首先在支柱绝缘子上安装母线固定金具,然后把母线安装在固定金具上。

(1)母线固定方式。母线在支柱绝缘子上的固定方式通常有以下几种:

1)用螺栓直接将母线拧在瓷瓶上[图 3-18(a)],这种方法须事先在母线上设有椭圆形孔,以便当母线温度变化时,使母线有伸缩余地,不致拉坏瓷瓶。

2)用夹板固定[图 3-18(b)]。

3)用卡板固定[图 3-18(c)]。

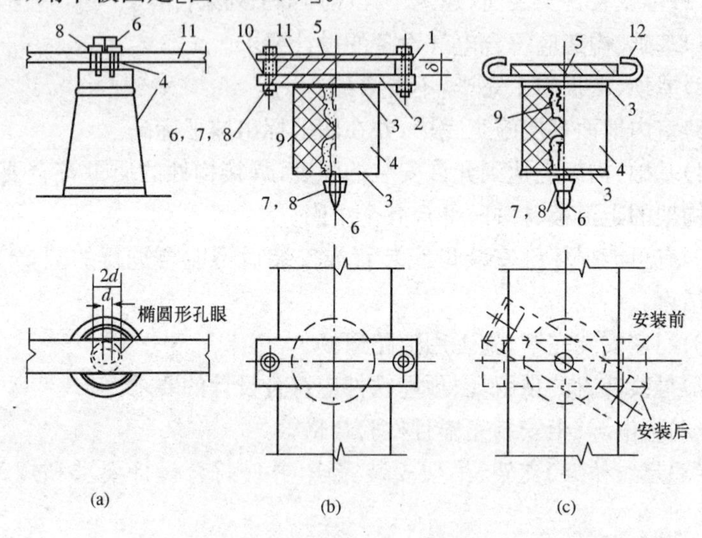

图 3-18　母线在瓷瓶上的固定方法

(a)用螺栓直接将母线拧上瓷瓶上；(b)用夹板固定；(c)用卡板固定

1—上夹板；2—下夹板；3—丝钢纸垫圈；4—绝缘子；5—沉头螺钉；6—螺栓；7—螺母；8—垫圈；9—螺母；10—套筒；11—母线；12—夹板

(2)母线安装要求。

1)母线水平敷设时，应能使母线在金具内自由伸缩，但是在母线全长的中点或两个母线补偿器的中点要加以固定；垂直敷设时，母线要用金具夹紧。

2)为了调整方便，线段中间的绝缘子固定螺栓一般是在母线就位放置妥当后才进一步紧固。

3)母线在支柱绝缘子上的固定死点每一段应设置一个，并宜位于全长或两母线伸缩节中点。

4)母线固定装置应无棱角和毛刺，且对交流母线不应形成闭合磁路。

快学快用 10　单片母线安装注意事项

(1)单片母线用螺栓固定平敷在绝缘子上时，母线上的孔应钻成椭圆形，长轴部分应与母线长度平行。

(2)用卡板固定时，先将母线放置于卡板内，待连接调整后，将卡板顺时针旋转，以卡住母线。

(3)用夹板固定时，夹板上的上压板与母线保持 1～1.5mm 的间隙。

(4)当母线立置时，上部压板应与母线保持 1.5～2mm 的间隙；水平敷设时，母线敷设后不能使绝缘子受到任何机械应力。

4. 补偿器及拉紧装置设置

(1)补偿器设置。补偿器有铜制和铝制两种。其结构如图 3-19 所示(图中螺栓 8 不能拧紧)。补偿器间的母线端有椭圆孔，供温度变化时自由伸缩。母线补偿器由厚度为 0.2～0.5mm 的薄片迭合而成，不得有裂纹、断股和起皱现象；其组装后的总截面不应小于母线截面的 1.2 倍。

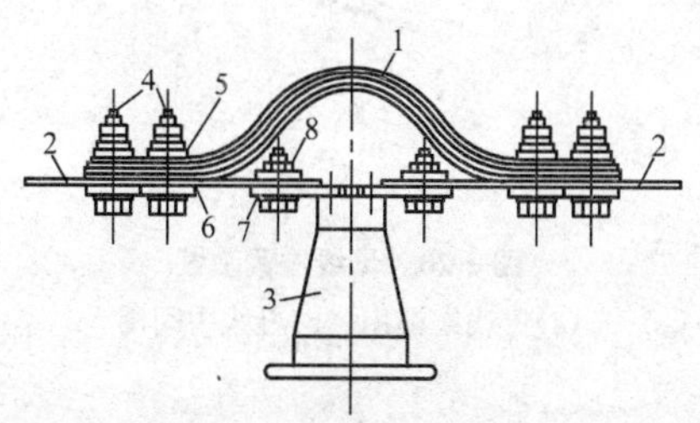

图 3-19　母线伸缩器

1—补偿器；2—母线；3—支柱绝缘子；4—螺栓；

5—垫圈；6—补垫；7—盖板；8—螺栓

快学快用 11　补偿器设置要求

为了使母线热胀冷缩时有可调节的余地，母线敷设应按设计规定装设补偿器(伸缩节)；当设计未规定时，宜每隔下列长度装设一个：

铝母线：20～30m；

铜母线：30～50m；

钢母线：35～60m。

(2)母线拉紧装置设置。硬母线跨柱、梁或跨屋架敷设时，母线在终端及中间分段处应分别采用终端及中间拉紧装置，如图 3-20 所示。终端或中间拉紧固定支架宜装有调节螺栓的拉线，拉线的固定点应能承受拉线张力，且同一挡距内母线的各相弛度最大偏差应小于 10%。

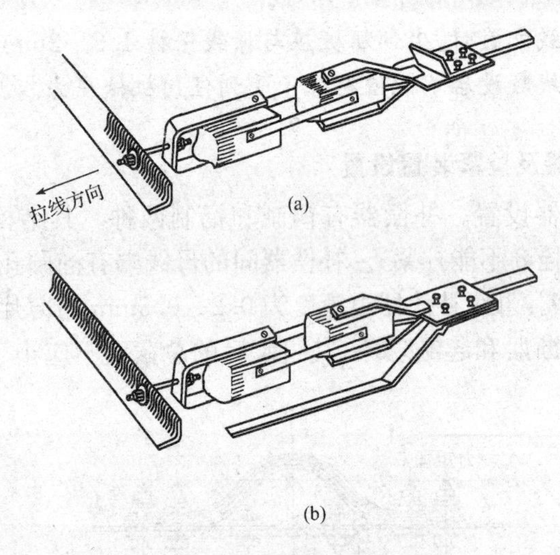

图 3-20　母线拉紧装置

(a)母线终端用；(b)母线中间用

5. 母线连接

(1)母线搭接连接。

1)母线搭接时，常用紧固件有镀锌的螺栓、螺母和垫圈等。当母线平置时，螺栓应由下向上贯穿，螺栓长度应以能露出螺母丝扣 2～3 扣为宜；在其他状态下，螺母应置于维护侧。

2)母线用螺栓连接时，首先应根据不同材料对其接触面进行处理。其接触部分的面积应根据母线工作电流而定。

3)用螺栓连接母线时,母线的连接部分接触面应涂一层中性凡士林油,连接处须加弹簧垫和加厚平垫圈。

4)母线与设备端子连接时,若母线是铝的,设备端子是铜的,应采用铜铝过渡板,以大大减弱接头电化腐蚀和热弹性变质。但安装时,过渡板的焊缝应离开设备端子 3~5mm,以免产生过度腐蚀。

5)当不同规格母线搭接时,应按小规格母线要求进行。母线宽度在 63mm 及以上者,用 0.05mm×10mm 塞尺检查时,塞入深度应小于 6mm;母线宽度在 56mm 及其以下者,塞入深度应小于 4mm。

6)母线搭接时,应使母线在螺母旋紧时受力均匀。通常,母线接头螺孔的直径宜大于螺栓直径 1mm。螺栓与母线规格对应表见表 3-20。钢制螺栓的紧固力矩值见表 3-21。

表 3-20　　螺栓与母线规格对应表　　mm

母线规格	125 以下	117 以下	71 以下	35.5 以下
螺栓规格	$\phi 18$	$\phi 16$	$\phi 12$	$\phi 10$
孔　径	$\phi 19$	$\phi 17$	$\phi 13$	$\phi 11$

表 3-21　　钢制螺栓的紧固力矩值

螺栓规格/mm	力矩值/(N·m)	螺栓规格/mm	力矩值/(N·m)
M8	8.8~10.8	M16	78.5~98.1
M10	17.7~22.6	M18	98.0~127.4
M12	31.4~39.2	M20	156.9~196.2
M14	51.0~60.8	M24	274.6~343.2

7)母线与螺杆形接线端子连接时,母线的孔径不应大于螺杆形接线端子直径 1mm。丝扣的氧化膜必须刷净,螺母接触面必须平整。

(2)矩形母线搭接连接。矩形母线采用螺栓固定搭接时,连接处距离支柱绝缘子的支持夹板边缘不应小于 50mm,上片母线端头与下片母线平弯起始处的距离不应小于 50mm,并应符合表 3-22 的规定。当母线与设备接线端子连接时,应符合现行国家标准《变压器、高压电器和套管的接线端子》(GB/T 5273)的相关规定。

表 3-22　　矩形母线搭接要求

搭接形式	类别	序号	连接尺寸/mm			钻孔要求		螺栓规格
			B	H	A	ϕ/mm	个数	
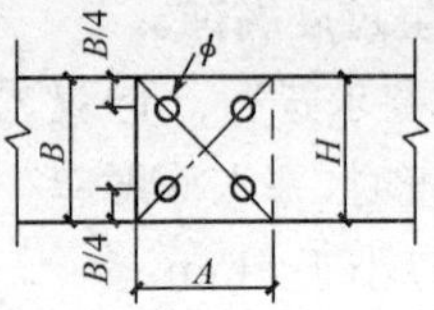	直线连接	1	125	125	B或H	21	4	M20
		2	100	100	B或H	17	4	M16
		3	80	80	B或H	13	4	M12
		4	63	63	B或H	11	4	M10
		5	50	50	B或H	9	4	M8
		6	45	45	B或H	9	4	M8
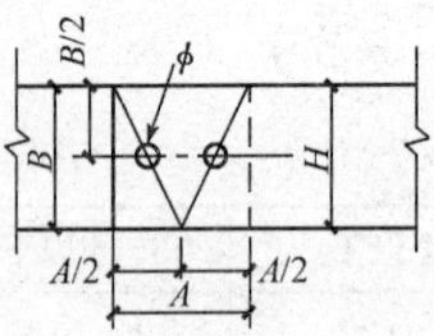	直线连接	7	40	40	80	13	2	M12
		8	31.5	31.5	63	11	2	M10
		9	25	25	50	9	2	M8
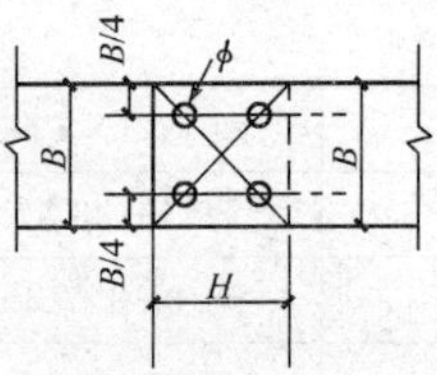	垂直连接	10	125	125		21	4	M20
		11	125	100～80		17	4	M16
		12	125	63		13	4	M12
		13	100	100～80		17	4	M16
		14	80	80～63		13	4	M12
		15	63	63～50		11	4	M10
		16	50	50		9	4	M8
		17	45	45		9	4	M8
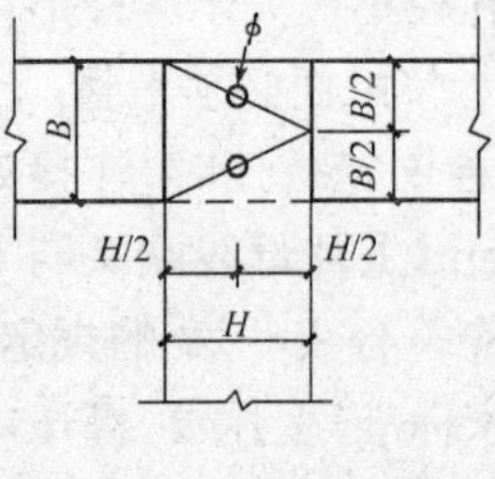	垂直连接	18	125	50～40		17	2	M16
		19	100	63～40		17	2	M16
		20	80	63～40		15	2	M14
		21	63	50～40		13	2	M12
		22	50	45～40		11	2	M10
		23	63	31.5～25		11	2	M10
		24	50	31.5～25		9	2	M8

续表

搭接形式	类别	序号	连接尺寸/mm			钻孔要求		螺栓规格
			B	*H*	*A*	ϕ/mm	个数	
	垂直连接	25	125	31.5～25	60	11	2	M10
	垂直连接	26	100	31.5～25	50	9	2	M8
	垂直连接	27	80	31.5～25	50	9	2	M8
	垂直连接	28	40	40～31.5		13	1	M12
	垂直连接	29	40	25		11	1	M10
	垂直连接	30	31.5	31.5～25		11	1	M10
	垂直连接	31	25	22		9	1	M8

(3)母线焊接连接。

1)母线焊接所用的焊条、焊丝应符合现行规范的有关规定;其表面应无氧化膜、水分和油污等杂物。

2)母线施焊前,焊工必须经过考试合格,只有经考试合格者才能持证上岗焊接母线。

3)焊接前应将母线坡口两侧表面各 50mm 范围内清刷干净,不得有氧化膜、水分和油污;坡口加工面应无毛刺和飞边。

4)焊接前对口应平直,其中心线偏移不应大于 0.5mm[图 3-21(a)];弯折偏移不应大于 0.2%[图 3-21(b)]。

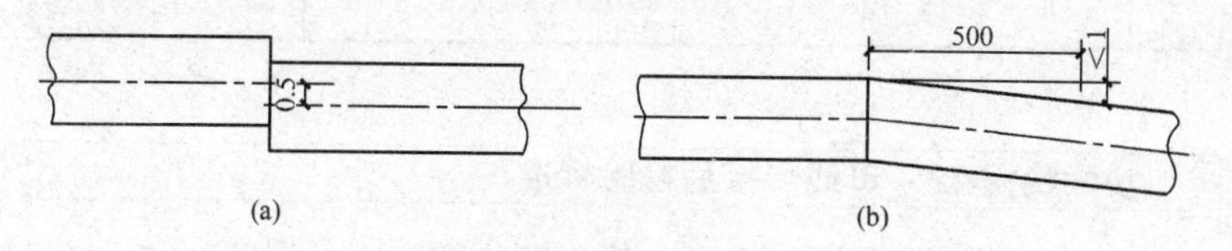

图 3-21 对口中心线允许偏移及对口允许弯曲偏移

5)母线焊接用填充材料,其物理性能和化学性能与原材料应一致。

6)对口焊接的母线，应有 35°～40°的坡口，1.5～2mm 的钝边；对口应平直，其弯折偏差不应大于 1/500，中心线偏移不得大于 0.5mm；还应将对口两侧表面各 20mm 范围内清刷干净，不得有油垢、斑疵及氧化膜等杂物。

7)焊缝应一次焊完，除瞬时断弧外不准停焊；焊缝焊完未冷却前，不得移动或受外力。

8)铝及铝合金管形母线、槽形母线、封闭母线及重型母线应采用氩弧焊。铝及铝合金硬母线对焊时，焊口尺寸应符合表 3-23 的规定；管形母线的补强衬管的纵向轴线应位于焊口中央，衬管与管母线的间隙应小于 0.5mm。

表 3-23　　对口焊焊口尺寸　　mm

母线类别	焊口形式	母线厚度 d	间　隙 c	钝边厚度 b	坡口角度 $\alpha/°$
矩形母线		<5	<2		
		5	1～2	1.5	65～75
		6.3～12.5	2～4	1.5～2	65～75
管形母线		3～6.3	1.5～2	1	60～65
		6.3～10	2～3	1.5	60～75
		10～20	3～5	2～3	65～75

快学快用 12　母线焊接后检验标准

(1)焊接接头的对口、焊缝应符合现行规范的有关规定；铜母线焊缝的抗拉强度不低于 140MPa，铝母线不应低于 120MPa。

(2)焊接接头表面应无肉眼可见的裂纹、凹陷、缺肉、未焊透、气孔、夹渣等缺陷。

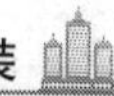

(3)咬边深度不得超过母线厚度(管形母线为壁厚)的10%,且其总长度不得超过焊缝总长度的20%。

(4)直流电阻应不大于截面面积和长度均相同的原金属的电阻率。铜母线电阻率≤0.0179Ω·mm^2/m;铝母线电阻率≤0.029Ω·mm^2/m。

6. 封闭插接式母线安装

封闭插接式母线的固定形式有垂直和水平安装两种,其中水平安装分为直立式和侧卧式两种。垂直安装有弹簧支架固定以及母线槽沿墙支架固定两种。

(1)封闭插接式母线组装和固定位置应正确;外壳与底座间、外壳各连接部位和母线的连接螺栓应按产品技术文件的要求正确选择,连接紧固。

(2)封闭插接母线应按设计和产品技术文件规定进行组装,每段母线组对接续前绝缘电阻测试合格,绝缘电阻值大于20MΩ,才能安装组对。

(3)支座必须安装牢固,母线应按分段图、相序、编号、方向和标志正确放置,每相外壳的纵向间隙应分配均匀。

(4)母线槽沿墙水平安装时,安装高度应符合设计要求,无要求时距离地面不应小于2.2m,母线应可靠固定在支架上。垂直敷设时,距离地面1.8m以下部分应采取防止机械损伤措施,但敷设在电气专用房间内(如配电室、电气竖井、技术层等)时除外。

(5)母线槽的端头应装封闭罩,引出线孔的盖子应完整。各段母线槽的外壳的连接应是可拆的,外壳之间应有跨接线,并应接地可靠。

(6)悬挂式母线槽的吊钩应有调整螺栓,固定点之间距离不得大于3m。悬挂吊杆的直径应按产品技术文件的要求正确选择。

(7)母线与设备连接采用软连接。母线紧固螺栓应由厂家配套供应,应用力矩扳手紧固。

(8)封闭母线不得用裸钢丝绳起吊和绑扎,母线不得任意堆放和在地面上拖拉,外壳上不得进行其他作业,外壳内和绝缘子必须擦拭干净,外壳内不得有遗留物。

(9)橡胶伸缩套的连接头、穿墙处的连接法兰、外壳与底座之间、外壳各连接部位的螺栓应采用力矩扳手紧固,各接合面应密封良好。

(10)封闭式母线敷设长度超过 40m 时,应设置伸缩节,跨越建筑物的伸缩缝或沉降缝处,宜采取适当的措施(图 3-22)。

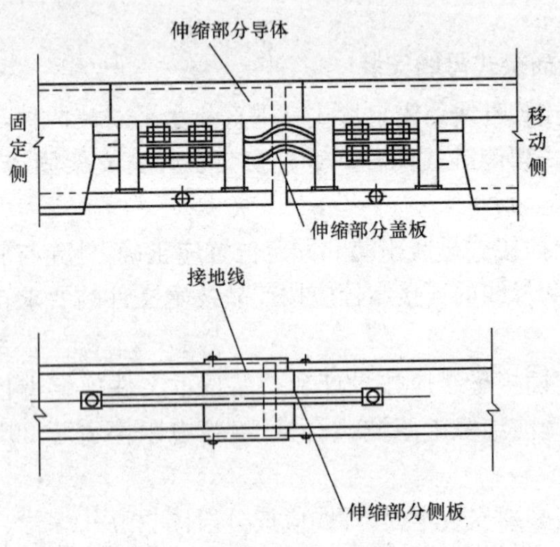

图 3-22　封闭式母线伸缩补偿示意图

(11)封闭式母线插接箱安装应可靠固定,垂直安装时,安装高度应符合设计要求,设计无要求时,插接箱底口宜为 1.4m。

(12)封闭式母线垂直安装距离地面 1.8m 以下时应采取保护措施。

7. 重型母线安装

(1)母线与设备连接处宜采用软连接,连接线的截面不应小于母线截面。

(2)母线的紧固螺栓。铝母线宜用铝合金螺栓,铜母线宜用铜螺栓;紧固螺栓时应用力矩扳手。

(3)在运行温度高的场所,母线不能有铜铝过渡接头。

(4)母线在固定点的活动滚杆应无卡阻,部件的机械强度及绝缘电阻值应符合设计要求。

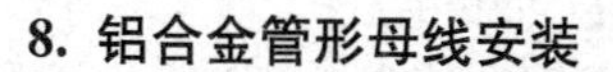

8. 铝合金管形母线安装

(1)管形母线应采用多点吊装,不得伤及母线。

(2)母线终端应有防电晕装置,其表面应光滑、无毛刺或凹凸不平。

(3)同相管段轴线应处于一个垂直面上,三相母线管段轴线应互相平行。

快学快用 13 母线刷相色漆注意事项

(1)室外软母线、封闭母线应在两端和中间适当部位涂相色漆。

(2)单片母线的所有面及多片、槽形、管形母线的所有可见面均应涂相色漆。

(3)钢母线的所有表面应涂防腐相色漆。

(4)刷漆应均匀,无起皱、起层等缺陷,并应整齐一致。

(5)母线的螺栓连接及支持连接处,母线与电器的连接处以及距所有连接处 10mm 以内的部位。

(6)供携带式接地线连接用的接触面上,不刷漆部分的长度应为母线的宽度或直径,且不应小于 50mm,并在其两侧涂以宽度为 10mm 的黑色标志带。

五、母线试验与试运行

1. 母线试验

母线和其他供电线路一样,安装完毕后,要做电气交接试验。必须注意,6kV 以上(含 6kV)的硬母线试验时与穿墙套管要断开,因为有时两者的试验电压是不同的。

(1)穿墙套管、支柱绝缘子和母线的工频耐压试验,其试验电压标准如下:

35kV 及以下的支柱绝缘子,可在母线安装完毕后一起进行。试验电压应符合表 3-24 的规定。

表 3-24　穿墙套管、支柱绝缘子及母线的工频耐压试验电压标准[1min 工频耐受电压(kV)有效值]　kV

额定电压		3	6	10
支柱绝缘子		25	32	42
穿墙套管	纯瓷和纯瓷充油绝缘	18	23	30
	固体有机绝缘	16	21	27

(2)母线绝缘电阻。母线绝缘电阻不作规定,也可参照表 3-25 的规定。

表 3-25　常温下母线的绝缘电阻最低值

电压等级/kV	1 以下	3～10
绝缘电阻/MΩ	1/1000	≥10

(3)抽测母线焊(压)接头的直流电阻。对焊(压)接接头有怀疑或采用新施工工艺时,可抽测母线焊(压)接接头的 2%,但不少于 2 个,所测接头的直流电阻值应不大于同等长度母线的 1.2 倍(对软母线的压接头应不大于 1);对大型铸铝焊接母线,则可抽查其中的 20%～30%,同样应符合上述要求。

(4)高压母线交流工频耐压试验必须按现行国家标准《电气装置安装工程　电气设备交接试验标准》(GB 50150—2006)的规定进行,并交接试验合格。

(5)低压母线的交接试验应符合下列规定:

1)规格、型号应符合设计要求。

2)相间和相对地间的绝缘电阻值应大于 0.5MΩ。

3)母线的交流工频耐压试验电压为 1kV,当绝缘电阻值大于 10MΩ 时,可采用 2500V 绝缘电阻表摇测替代,试验持续时间 1min,无击穿闪络现象。

2. 母线试运行

(1)试运行条件。变配电室已达到送电条件,土建及装饰工程及其他工程全部完工,并清理干净。与插接式母线连接设备及连线安装完毕，绝缘良好。

(2)通电准备。对封闭式母线进行全面的整理，清扫干净，接头连接紧密，相序正确，外壳接地(PE)或接零(PEN)良好。绝缘摇测和交流工频耐压试验合格，才能通电。

(3)试验要求。低压母线的交流耐压试验电压为1kV，当绝缘电阻值大于10MΩ时，可用2500V绝缘电阻表摇测替代，试验持续时间1min，无闪络现象；高压母线的交接耐压试验，必须符合现行国家标准《电气装置安装工程 电气设备交接试验标准》(GB 50150—2006)的规定。

(4)结果判定。送电空载运行24h无异常现象，办理验收手续，交建设单位使用，同时提交验收资料。

第四章　架空配电线路敷设

第一节　架空配电线路结构及施工程序

一、架空配电线路结构

架空配电线路主要由电杆、导线、横担、绝缘子、金具及拉线等组成。

1. 电杆

电杆是架空配电线路的重要组成部分，是用来安装横担、绝缘子和架设导线的，其截面有圆形和方形。按材质不同，电杆可分为木杆、钢筋混凝土杆和金属杆。金属杆一般使用在线路的特殊位置，木杆由于木材供应紧张且易腐烂，除部分地区个别线路外，新建线路已均不使用，普遍使用的是钢筋混凝土电杆。钢筋混凝土电杆具有经久耐用及抗腐蚀等优点，但比较笨重。

电杆在线路中所处的位置不同，它的作用和受力情况就不同，杆顶的结构形式也就有所不同。一般按其在配电线路中的作用和所处位置可将电杆分为直线杆、耐张杆、转角杆、终端杆、分支杆和跨越杆六种形式。

快学快用 1　圆形空心电杆的外观检查

圆形空心电杆安装前应进行外观检查，且应符合下列规定：

(1)钢筋混凝土电杆表面应光滑，内外壁厚均匀，不应有露筋、跑浆等现象。

(2)不应出现纵向裂纹，横向裂纹的宽度不应超过 0.2mm，长度不应超过周长的 1/3。

(3)钢圈连接的混凝土电杆，焊缝不得有裂纹、气孔、结瘤和凹坑。

(4)混凝土杆顶应封口，防止雨水浸入。

(5)混凝土杆身弯曲不应超过杆长的 2/1000。

2. 导线

由于架空配电线路经常受到风、雨、雪、冰等各种载荷及气候的影响，以及空气中各种化学杂质的侵蚀，因此要求导线应有一定的机械强度和耐腐蚀性能。架空配电线路中常用裸绞线的种类有：裸铜绞线(TJ)、裸铝绞线(LJ)、钢芯铝绞线(LGJ)和铝合金线(HLJ)。低压架空配电线路也可采用绝缘导线。

导线型号一般由两部分组成，前面字母表示导线的材料，即 T—铜线；L—铝线；LG—钢芯铝线；HL—铝合金线；J—绞线。后面的数字表示导线的标称截面，例如：

TJ—25 表示标称截面为 25mm^2 的铜绞线；

LJ—35 表示标称截面为 35mm^2 的铝绞线；

LGJ—25/4 表示标称截面为 25mm^2 的钢芯铝绞线(25 指铝线截面，4 指钢线截面)；

LGJQ—150 表示标称截面为 150mm^2 的轻型钢芯铝绞线；

LGJJ—185 表示标称截面为 185mm^2 的加强型钢芯铝绞线。

3. 横担

架空配电线路的横担较为简单。横担装设在电杆的上端，用于安装绝缘子、固定开关设备、电抗器及避雷器等，因此，要求有足够的机械强度和长度。

架空配电线路的横担，按材质可分为木横担、铁横担和陶瓷横担三种；按使用条件或受力情况可分为直线横担、耐张横担和终端横担。架空配电线路普遍使用角钢横担。横担的选择与杆型、导线规格及线路挡距有关。

4. 绝缘子

绝缘子(俗称瓷瓶)是用于固定导线,并使导线与导线、导线与横担、导线与电杆间保持绝缘的。

绝缘子的类型较多,主要有低压线路针式绝缘子、低压线路蝶式绝缘子、悬式绝缘子以及低压线路线轴式绝缘子,其构造也较复杂。绝缘子的主要技术数据,见表4-1。

表4-1　绝缘子的主要技术数据

序号	型号	瓷件弯曲强度/kN	主要尺寸/mm			参考质量/kg	安装环境与要求
			瓷件直径	螺纹直径	安装长度		
低压线路针式绝缘子	PD—1T	8	80	16	35	1.05	用于工频交流或直流电压1kV以下低压架空电力线路中,作绝缘和固定导线之用
	PD—1M	8	80	16	110	1.30	
	PD—1—1T	10	88	16	35	0.94	
	PD—1—1M	10	88	16	110	1.05	
	PD1—T	10	76	12	35	0.32	
	PD1—M	10	76	12	110	0.55	
	PD—2T	5	70	12	35	0.45	
	PD—2M	5	70	12	105	0.52	
	PD—2W	5	70	12	55	0.55	
	PD—1—2T	8	71	12	35	0.62	
	PD—1—2M	8	71	12	110		
	PD—1—3T	3	54	10	35	0.27	
	PD—1—3M	3	54	10	110		
低压线路碟式绝缘子	ED—1	12	100	90	22	0.75	用作工频交流或直流电压1kV以下低压架空线路终端、耐张和转角杆上作绝缘和固定之用,同时亦被广泛地用在线路中支持导线
	163001	18	120	100	22	1.0	
	ED—2	10	80	75	20	0.40	
	163002	13	89	76	20	0.5	
	163003	15	90	80	20	0.5	
	163004	13	80	80	22	0.25	
	ED—3	8	70	65	16	0.25	
	163005	10	75	65	16	0.25	
	ED—4	5	60	50	16	0.15	

续表

序号	型号	瓷件弯曲强度/kN	主要尺寸/mm			参考质量/kg	安装环境与要求
			瓷件直径	螺纹直径	安装长度		
低压线路轴式绝缘子	EX－1	15	85	90	22	0.83	用作工频交流或直流电压1kV以下低压架空电力线路终端、耐张和转角杆上绝缘和固定导线之用
	166001	27	102	105	17.5		
	EX－2	12	70	75	20	0.50	
	166002	13	80	76	17.5	0.55	
	166003	20	80	76	17.5	0.6	
	166004	18	80	76	17.5	0.6	
	166005	20	76	81	17.5	1.15	
	EX－3	10	65	65	16	0.38	
	166006	18	78	66	17.5	0.21	
	EX－4	7	55	50	16	0.20	
	166007	9	57	54	17.5	0.21	
	166008	9	57	54	17.5	0.24	
	166009	9	57	32	17.5	0.13	
低压线路瓷横担绝缘子	SD1－1	0.2	535	2	400	2.0	用作低压架空电力线路中绝缘和固定导线用
	SD2－2	0.2	570	2	380	2.0	
	168501	0.5	360	3	93	1.7	
	168502	0.5	430	3	93	2.15	
	168503	0.5	470	3	93	1.47	
	168001	0.5	305	2	155	1.96	

(1)低压线路针式绝缘子。低压线路针式绝缘子由瓷件和钢脚装配构成。瓷件表面涂有一层白色瓷釉，金属附件表面全部镀锌。钢脚形式有木担直脚、铁担直脚和弯脚三种，如图4-1所示。

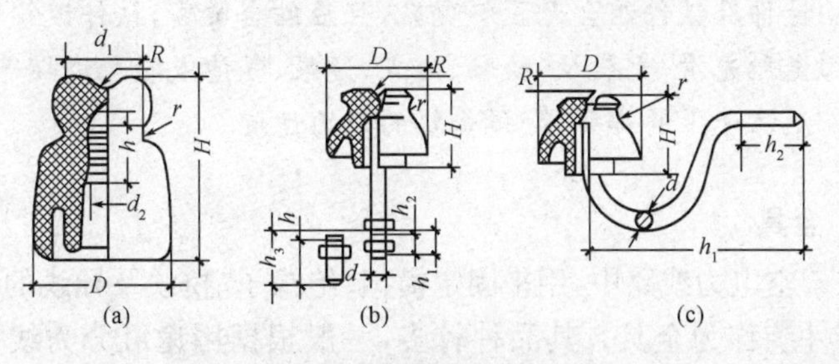

图4-1　低压线路针式绝缘子

(a)瓷件；(b)铁担直脚绝缘子；(c)弯脚绝缘子

(2)低压线路蝶式瓷绝缘子。低压线路蝶式瓷绝缘子由瓷件、穿针和铁板构成。瓷件带有两个较大的伞裙，表面涂一层棕色或白色瓷釉，如图 4-2 所示。

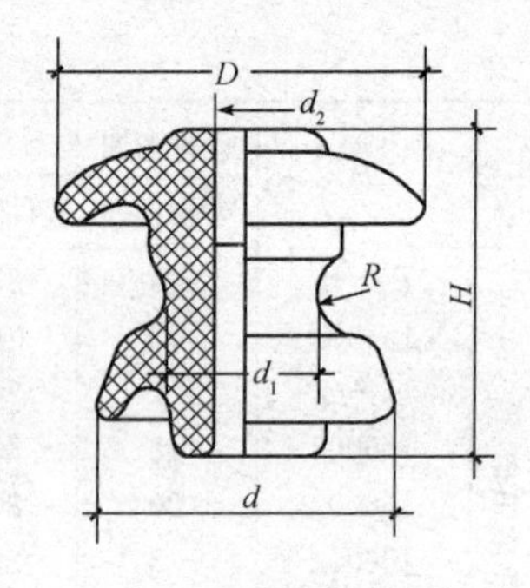

图 4-2　低压线路蝶式绝缘子

(3)悬式绝缘子。悬式绝缘子一般组装成绝缘子串使用，我国生产的悬式绝缘子有普通型和防污型两类。

1)普通型悬式绝缘子。普通型悬式绝缘子有新系列(XP)、旧系列(X)和钢化玻璃系列(LPX)三大类。新系列产品尺寸小、质量小、性能好、金属附件连接结构标准化，它将逐步取代老系列产品。钢化玻璃缘子除有新系列优点外，还具有强度高、爬距大、不易老化、维护方便等优点。普通悬式绝缘子按其连接方法可分为球形和槽形两种。

2)防污型悬式绝缘子。防污型悬式绝缘子按其伞型结构不同可分为双层伞型和钟罩型两种。

(4)低压线路线轴式绝缘子。低压线路线轴式瓷绝缘子由瓷件、穿钉和铁板构成。具有圆柱形外形，有一个轴向穿通的安装孔及两个或多个用来固定导线的圆周槽。瓷件表面涂白色或棕色瓷釉。

快学快用 2　绝缘子安装前的外观检查

进行绝缘子及瓷横担绝缘子安装前的外观检查，是保证安全运行的必要条件。

(1)瓷件及铁件组合无歪斜现象，且应结合紧密，铁件镀锌良好。

(2)瓷釉光滑，无裂纹、缺釉、斑点、烧痕、气泡或瓷釉烧坏等缺陷。

(3)绝缘子上的弹簧锁、弹簧垫的弹力适宜。

5. 金具

在架空电力线路中，用来固定横担、绝缘子、拉线及导线的各种金属联结件统称为金具。其品种较多，一般根据用途可分为线夹类金具、连接金具、接续金具、保护金具和拉线金具五大类。

(1)线夹类金具。线夹类金具用于杆搭上架空线固定,可分为悬垂线夹和耐张线夹两种。

1)悬垂线夹。悬垂线夹用于直线杆塔导线固定、其他杆型悬垂绝缘子串跳线中部固定以及直线杆塔避雷线支架上避雷线的固定。悬垂线夹常用定型产品,目前,只保留了U形螺栓式固定悬垂一种,如图4-3所示。

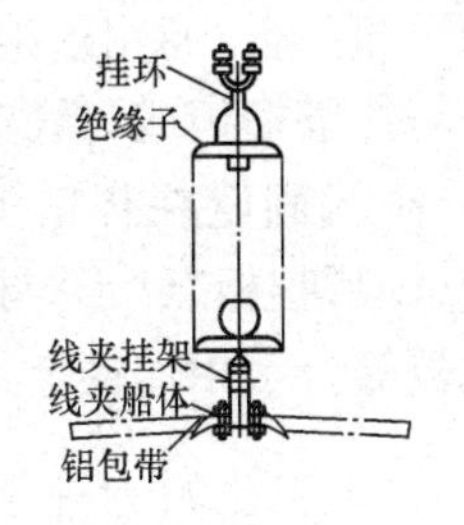

图4-3　固定型悬垂线夹

2)耐张线夹。耐张线夹用于承力杆塔导线及避雷线的固定。用在导线上的耐张线夹一般分为两类:

第一类为螺栓型耐张线夹。导线通过螺丝压紧固定,线夹只承受导线全部张力,而不导通电流。

第二类为压缩型耐张线夹。采用液压机或爆炸压接方法将导线的铝股、钢芯与线夹锚压在一起,线夹本身除承受导线的全部机械荷载外,还可作为导电体,这类线夹适用于大截面导线安装。用在避雷线上的耐张线夹按其结构可分为楔型和压缩型两种,楔型耐张线夹可用于避雷线终端固定,也可用于杆塔拉线的固定。各类耐张线夹如图4-4所示。

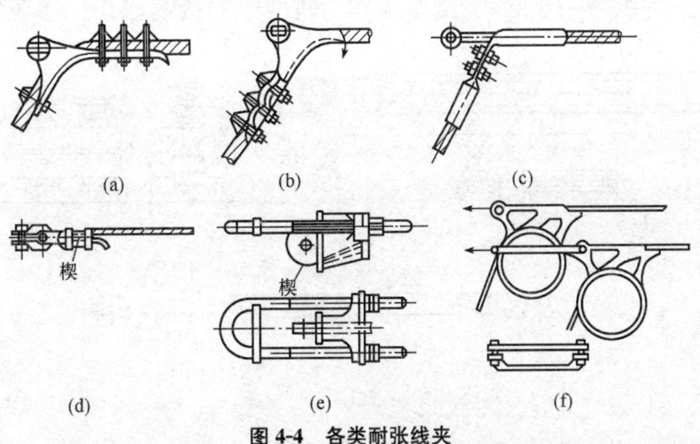

图4-4　各类耐张线夹

(a)正装螺栓式;(b)倒装螺栓式;(c)压缩式;(d)楔式(地线用);
(e)UT式(拉线用);(f)螺旋式

(2)连接金具。连接金具分专用连接金具和通用连接金具两类。专用连接金具可直接用于连接绝缘子,故其连接部位的结构尺寸与绝缘子相配合;通用连接金具将绝缘子组成两串、三串或多串,并将绝缘子与杆塔横担或与线夹之间连接,也用于将避雷线紧固或悬挂在杆塔上,拉线固定在杆塔上等。根据其用途不同分为U形挂环、U形螺栓、U形挂板、U形拉板、直角挂板、平行挂板、延长环、环板、调整板和联板等。常用连接金具如图4-5所示。

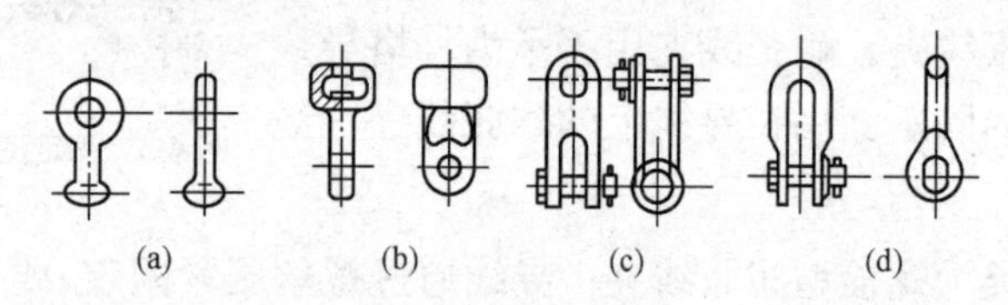

图4-5　常用连接金具

(a)球头挂环;(b)碗头挂板;(c)直角挂板;(d)U形挂环

(3)接续金具。接续金具用于导线、避雷线、承力杆塔跳线接续及导线、避雷线损伤修补。如接续管、预绞丝补修条、并沟线夹等。接续管中的圆形接续管用于大截面导线接续及避雷线的接续,椭圆形接续管用于中、小截面导线的接续;预绞丝补修条用于导线、避雷线的损伤补修;并沟线夹用于导线、避雷线作为跳线时的接续,如图4-6所示。

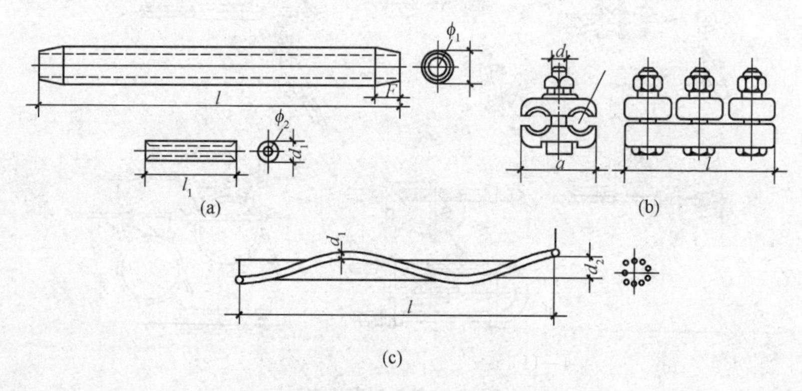

图4-6　接续金具

(a)接续管;(b)并沟线夹;(c)预绞丝补修条

(4)保护金具。保护金具用于导线、避雷线及绝缘子的防损伤保护。常用的保护金具有防振锤、护线条、均压环、重锤和间隔棒等。其中,防振锤具有抑制导线、避雷线振动的作用;护线条可增强导线的耐振性能;均压环能改善绝缘子串上的电位分布,延长绝缘子的使用寿命;重锤起抑制悬垂绝缘子串及跳线绝缘子串摇摆度过大和直线杆塔上导线、避雷线上拔的作用;间隔棒主要用于固定分裂导线排列的几何形状,防止导线相互鞭击而损伤,如图 4-7 所示。

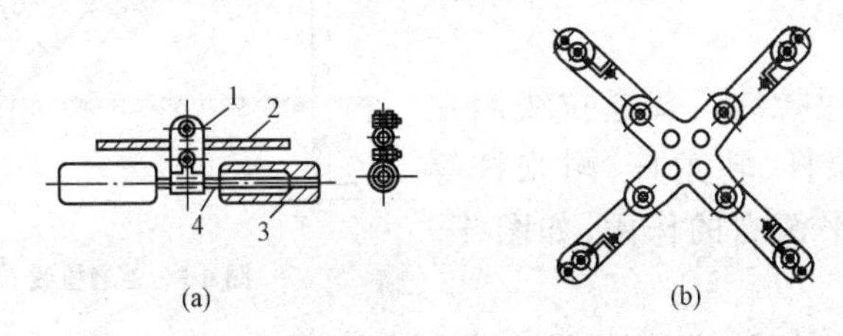

图 4-7　保护金具

(a)防振锤;(b)500kV 四分裂导线的间隔棒

1—压板;2—导线;3—锤头;4—钢绞线

(5)拉线金具。拉线金具用于拉线的紧固、连接和调整。常用的拉线金具有 UT 形线夹、楔形线夹、拉线二联板等,如图 4-8 所示。

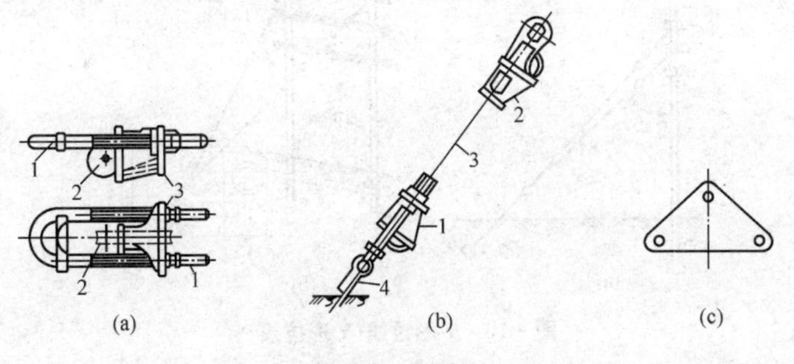

图 4-8　拉线金具

(a)可调式 UT 形线夹

1—U 形螺丝;2—楔子;3—线夹本体

(b)拉线组装图

1—UT 形线夹;2—楔形线夹;3—钢绞线;4—拉线棒

(c)拉线二联板

6. 拉线

拉线的作用是平衡电杆各方向的拉力，防止电杆弯曲或倾倒。因此，在承力杆（终端杆和转角杆）上，均需装设拉线。拉线的类型很多，主要有普通拉线、两侧拉线、V形拉线、过道拉线、弓形拉线以及共同拉线六大类。

（1）普通拉线。普通拉线用在线路的终端杆、转角杆、耐张杆等处，主要起平衡力的作用，如图4-9所示。

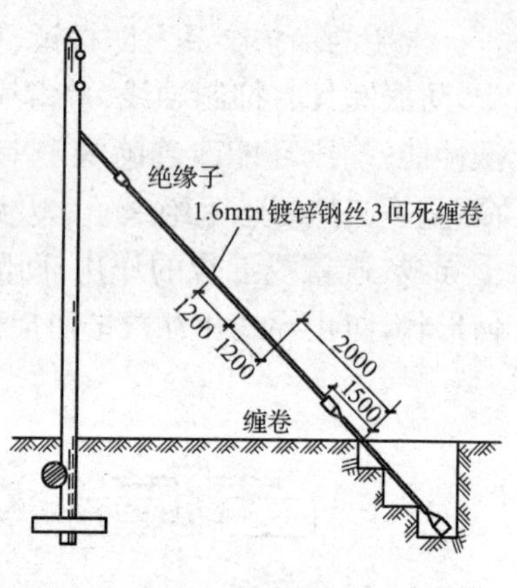

图4-9 普通拉线

（2）两侧拉线。两侧拉线也称人字拉线或防风拉线，多装设在直线杆的两侧，用以增强电杆抗风吹倒的能力。

（3）V形拉线。V形拉线可分为垂直V形和水平V形两种，主要用在电杆较高、横担较多、架设导线条数较多时，在拉力合力点上下两处各安装一字拉线。在Ⅱ形杆安装水平V形接线，如图4-10所示。

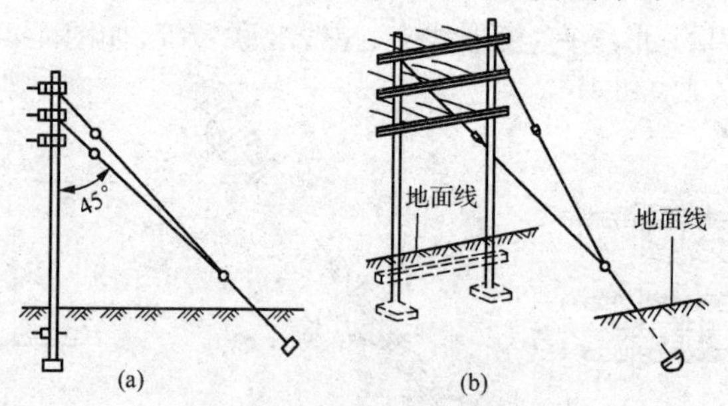

图4-10 V形拉线（Y形拉线）

（a）垂直；（b）水平

（4）过道拉线。过道拉线也称水平拉线，由于电杆距离道路太近，不能就地安装拉线，或需跨越其他设备时，则采用过道拉线。即在道路的另一侧立一根拉线杆，在此杆上作一条过道拉线和一条普通拉线。过道

拉线应保持一定高度，以免妨碍行人和车辆的通行，如图 4-11 所示。

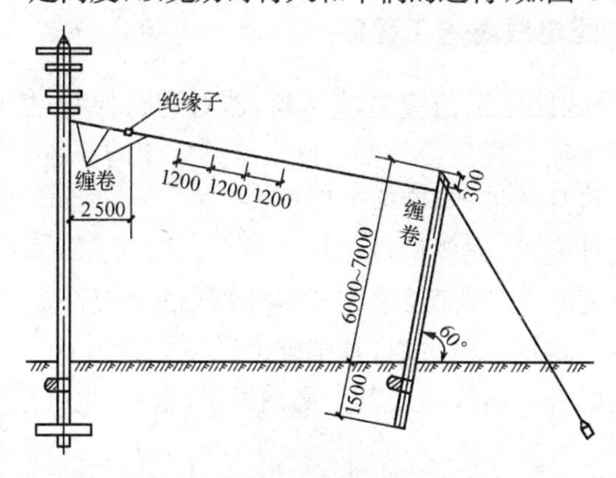

图 4-11　过道拉线

(5)弓形拉线。弓形拉线也称自身拉线，多用于木电杆上。为防止电杆弯曲，因地形限制不能安装拉线时可采用弓形拉线，此时电杆的地中横木需要适当加强。弓形拉线两端拴在电杆的上下两处，中间用拉线支撑顶在电杆上，如同弓形，如图 4-12 所示。

图 4-12　弓形拉线

(6)共同拉线。在直线路的电杆上产生不平衡拉力时，因地形限制不能安装拉线时，可采用共同拉线，即将拉线固定在相邻电杆上，用以平衡拉力，如图 4-13 所示。

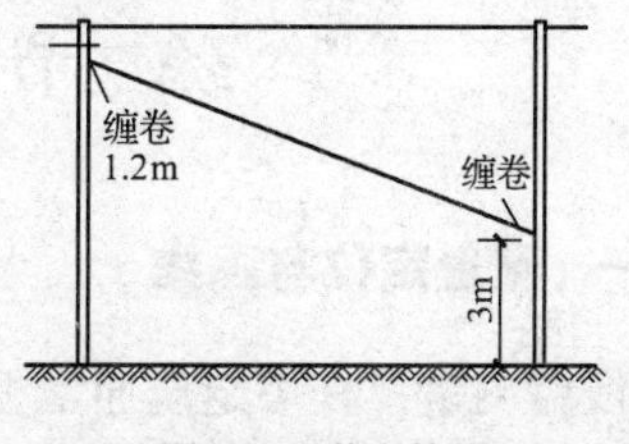

图 4-13　共同拉线

二、架空配电线路施工程序

架空配电线路施工前应对原材料、器材进行检验，使问题暴露在安装之前，以保证工程质量。架空配电线路施工的一般步骤如下：

(1)熟悉设计图纸，明确施工要求。

(2)按设计要求，准备材料和机具。

(3)测量定位。按图纸要求，结合施工现场的情况，确定电杆的杆位。

(4)挖坑。根据杆位，进行基础施工。

(5)组装电杆。将横担及其附属绝缘子、金具、电杆组装在一起。

(6)立杆。

(7)制作并安装拉线或撑杆。

(8)架空线架设与驰度观察。

(9)杆上设备、接户线安装。

(10)架空线路的竣工验收。

快学快用3　架空线路架设位置的确定

架空线路的架设位置，既要考虑到地面道路照明、线路与两侧建筑物和树木之间的安全距离以及接户线接引等因素，又要顾及电杆杆坑和拉线坑下有无地下管线，且要留出必要的各种地下管线检修移位时因挖土防电杆倒伏的位置，只有这样才能满足功能要求，这样做也才是安全可靠的。因而在架空线路施工时，线路方向及杆位、拉线坑位的定位是关键，若不依据设计图纸位置埋桩确认，后续工作是无法展开的。

第二节　电杆安装

一、测量定位与画线

线路测量及杆塔定位通常根据设计部门提供的线路平、断面图和杆塔明细表。架空电杆的基坑主要有圆杆坑和梯形坑两种形式，如

图 4-14、图 4-15 所示。

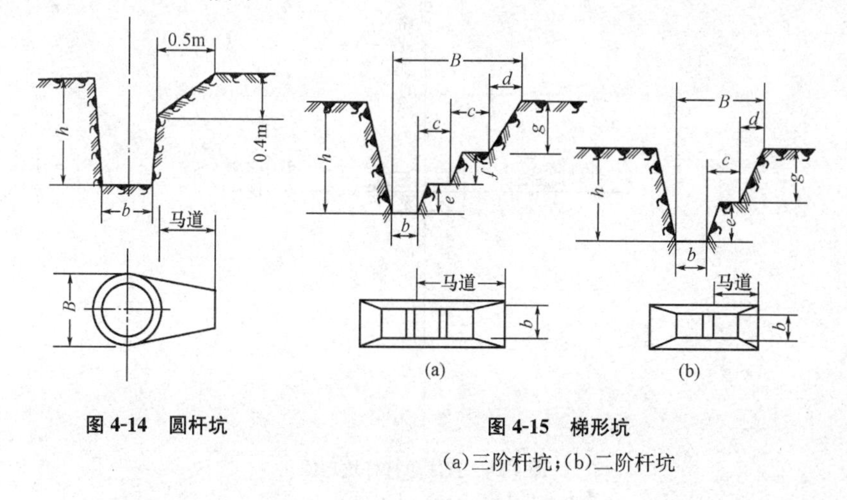

图 4-14 圆杆坑

图 4-15 梯形坑

(a)三阶杆坑;(b)二阶杆坑

1. 直线单杆杆坑定位与画线

(1)杆位标桩检查。在需要检查的标桩及其前后相邻的标桩中心点上各立一根测杆,从一侧看过去,要求三根测杆都在线路中心线上,则被检查的标桩位置才正确;此时,在标桩前后沿线路中心线各钉一辅助标桩,以确定其他杆坑位置。

(2)用大直角尺找出线路中心线的垂直线,将直角尺放在标桩上,使直角尺中心 A 与标桩中心点重合,并使其垂边中心线 AB 与线路中心线重合,此时直角尺底边 CD 即为路线中心线垂直线(图 4-16),在此垂直线上于标桩的左右侧各钉一辅助标桩。

(3)根据表 4-2 中的公式计算出坑口宽度和周长(坑口四个边的总长度),用皮尺在标桩的左右侧沿线路中心线的垂直线各量出坑口宽度的一半(即为坑口宽度),钉上两个小木桩,再用皮尺量取坑口周长的一半,折成半个坑口形状,将皮尺的两个端头放在坑宽的小木桩上,拉紧两个折点,使两折点与小木桩的连线平行于线路中心线,此时两折点与小木桩和两折点间的连接即为半个坑口尺寸,依此画线后,将尺翻过来按上述方法划出另半个坑口尺寸,这样即完成了坑口画线工作,如图 4-16 所示。

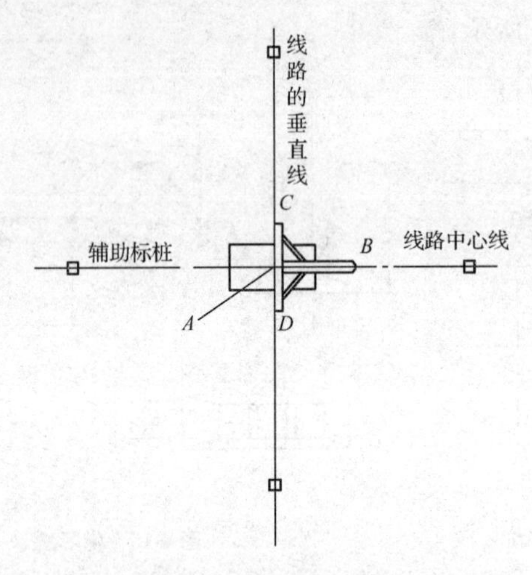

图 4-16　直线单杆杆坑定位

表 4-2　坑口尺寸加大的计算公式

土质情况	坑壁坡度	坑口尺寸
一般黏土、砂质黏土	10%	$B=b+0.4+0.1h\times2$
砂砾、松土	30%	$B=b+0.4+0.3h\times2$
需用挡土板的松土	—	$B=b+0.4+0.6$
松石	15%	$B=b+0.4+0.15h\times2$
坚石	—	$B=b+0.4$

注：a—坑底尺寸，$a=b+0.4$m；

h—坑的深度(m)；

b—杆根宽度(m)。不带地中横木、卡盘或底盘者；或地中横木或卡盘长度者(带地中横木或卡盘者)；或底盘宽度(带底盘者)。

2. 直线Ⅱ杆杆坑定位与画线

(1)检查杆位标桩，其方法同上述“1.”所述。

(2)找出线路中心线的垂直线，其方法同上述“1.”所述。

(3)用皮尺在标桩的左右侧沿线路中心线的垂直线各量出根开距离(两根杆中心线间的距离)的一半，各钉一杆中心桩。

(4)将皮尺放在两杆坑中心桩上，量出每个坑口的宽度，然后按前述方法画出两坑口尺寸，如图 4-17 所示。

(5)如为接腿杆时，根开距离应加上主杆与腿杆中心线间的距离，以使主杆中心对正杆坑中心。

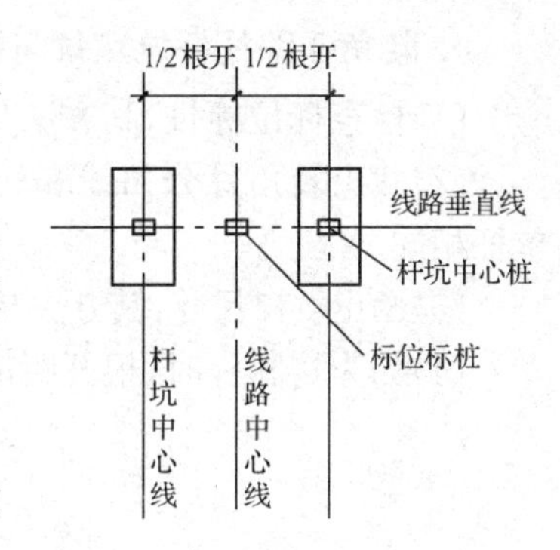

图 4-17　直线Ⅱ杆杆坑定位

3. 转角单杆杆坑定位与画线

(1)检查转角杆的标桩时，在被检查的标桩前、后邻近的四个标桩中心点上各立直一根测杆，从两侧各看三根测杆(被检查标桩上的测杆从两侧看均包括它在内)，若转角杆标桩上的测杆正好位于所看两直线的交叉点上，则表示该标桩位置正确。然后沿所看两直线上的标桩前后侧的相等距离处各钉一辅助标桩，以备电杆及拉线坑画线和校验杆坑挖掘位置是否正确之用。

(2)将大直角尺底边中点 A 与标桩中心点重合，并使直角尺底边与两辅助标桩连线平行，画出转角二等分线 CD 和转角二等分线的垂直线(即直角尺垂边中心线 AB，此线与横担方向一致)，然后在标桩前后左右于转角等分线的垂直线和转角等分角线各钉一辅助标桩，以备校验杆坑挖掘位置是否正确和电杆是否立直之用。

(3)用皮尺在转角等分角线的垂直线上量出坑宽并画出坑口尺寸，其方法与直线单杆相同，如图 4-18 所示。

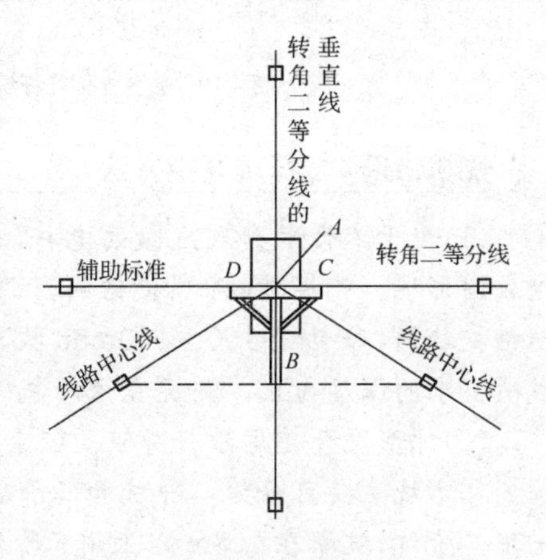

图 4-18　转角单杆杆坑的定位与画线

(4)如为接腿杆时，则使杆坑中心线向转角内侧移出主杆与腿杆中心线间的距离。

4. 转角Ⅱ型杆杆坑定位与画线

(1)检查杆位标桩,其方法与转角单杆杆坑相同。

(2)找出转角等分角线和转角等分角线的垂直线,其方法与转角单杆相同。

(3)画出坑口尺寸,其方法与直线Ⅱ型杆杆坑相同,如图4-19所示。

(4)如为接腿杆时,根开距离应加上主杆与腿杆中心线间的距离。

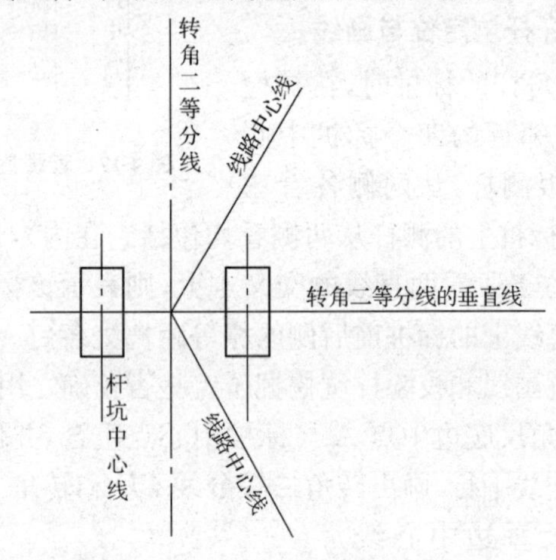

图4-19　转角Ⅱ型杆杆坑的定位与画线

快学快用4　杆坑开挖方法

(1)对于不带卡盘或底盘的电杆,可用螺旋钻洞器、夹铲等工具,挖成圆形坑。挖掘时,将螺旋钻洞器的钻头对准杆位标桩,由两人推动横柄旋转,每钻进150～200mm,拔出钻洞器,用夹铲清土,直到钻成所要求的深度为止。圆坑直径比电杆根径大100mm为宜。

(2)梯形坑开挖用于杆身较高较重及带卡盘和底盘的杆坑或拉线坑。梯形坑主要可分为二阶坑和三阶坑两种,坑深在1.8m及以下者采用二阶坑;坑深在1.8m以上用三阶坑。

二、挖坑

杆坑中心位置确定后,即可根据中心桩位,依据图纸规定尺寸,量出挖坑范围，用白灰在地面上画出白粉线，坑口横断面如图 4-20 所示，坑口尺寸应根据基础埋深及土质情况来决定，其计算公式见表 4-3。

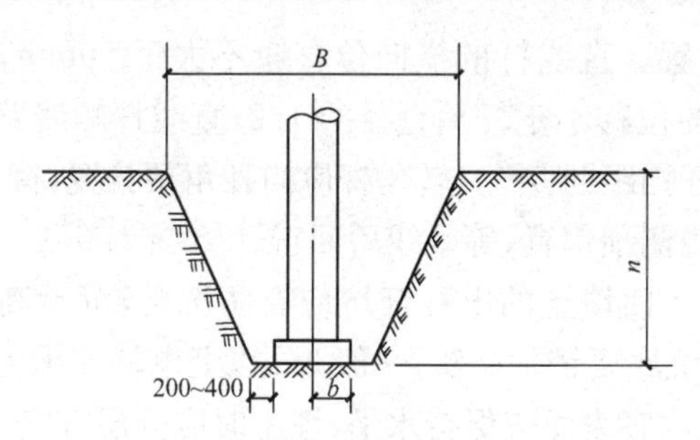

图 4-20　杆坑横断面图

表 4-3　坑口尺寸计算公式

土质情况	坑宽尺寸/m
一般黏土、砂质黏土	$B=b+0.6+0.2h\times2$
砂砾、松土	$B=b+0.6+0.3h\times2$
需用挡土板的松土	$B=b+0.6+0.6$
松　石	$B=b+0.4+0.16h\times2$
坚　石	$B=b+0.4$

注：式中：B—坑口宽度(m)；b—底盘宽度；h—基础埋深。

电杆的埋设深度在设计未规定时，可按表 4-4 列数值选择，或按电杆长度的 1/10 再加 0.7m 计算。当遇有土质松软、流砂、地下水位较高等情况时，应做特殊处理。

表 4-4　单回路电杆埋设深度　m

杆长	8.0	9.0	10.0	11.0	12.0	13.0	15.0
埋深	1.5	1.6	1.7	1.8	1.9	2.0	2.3

三、电杆组装

组装，就是根据图纸将杆型装置、杆塔本体、横担、金具、绝缘子等撞在一起。一般来说，组装电杆的施工程序如下：

1. 电杆组立

(1)坐标位置。直线杆的横向位移应不大于 50mm，电杆的倾斜位移应使杆梢的位移小于杆梢直径的 1/2，直线杆顺线路方向位移不得超过设计电杆挡距的 5%。转角杆应向外角预偏置，待紧线后回正，终端杆应向拉线侧预偏置，等紧线后回正。

(2)回填土。回填土的电杆杆坑应有防沉台，沉台高度应超过地面 300mm。杆坑底要铲平夯实，一般 9m 以上电杆或承力杆应采用底盘，采用底盘的坑底表面应保持水平，埋土时应分层夯实。

2. 电杆焊接

电杆在焊接前应核对桩号、杆号、杆型与水泥杆杆段编号、数量、尺寸是否相符，并检查电杆的弯曲和裂缝情况。

用直角尺检查分段杆的钢圈平面与杆身平面应垂直，并用钢丝刷将焊口处的油脂、铁锈、泥污等物清除干净。钢圈连接的钢筋混凝土电杆进行焊接连接时，电杆杆身下面两端应最少各垫道木一块。

快学快用 5 电杆焊接注意事项

(1)应由经过焊接专业培训并经考试合格的焊工操作，焊完后的电杆经自检合格后，在规定部位打上焊工的代号钢印。

(2)电杆钢圈的焊口对接处，应仔细调整对口距离，达到钢圈上下平直一致，同时又保持整个杆身平直。钢圈对齐找正时，中间应留有 2～5mm 的焊口缝隙。当钢圈有偏心时，其错口不应大于 2mm 缝隙。

(3)钢圈焊口上的油脂、铁锈、泥垢等物应清除干净。焊口符合要求后，先点焊 3～4 处，然后对称交叉施焊。点焊所用焊条应与正式焊接用的焊条相同。

(4)钢圈厚度大于 6mm 时，应采用 V 形坡口多层焊接，焊接中应特别注意焊缝接头和收口质量。多层焊缝的接头应错开，收口时应将熔池填满。焊缝中严禁堵塞焊条或其他金属。

(5)焊接时转动杆身可用绳索，也可用木棒及铁钎在下面垫以道木撬拔，不准用铁钎穿入杆身内撬动。

(6)焊完后的电杆其分段弯曲度及整杆弯曲度均不得超过对应长度的2/1000，超过时，应割断重新焊接。

(7)电杆的钢圈焊接头应按设计要求进行防腐处理。设计无规定时，可将钢圈表面铁锈和焊缝的焊渣与氧化层除净，先涂刷一层红樟丹，干燥后再涂刷一层防锈漆处理。

3. 电杆封堵

钢筋混凝土电杆顶端要封堵良好。电杆上端的封堵主要是为了防止电杆投入运行后杆内的积水，侵蚀钢筋，导致电杆损伤。

关于钢筋混凝土电杆下端封堵问题，由于一些地区或某一地段地下水位较高，且气候寒冷，电杆底部不封堵，进水后，在寒冷的季节中，有造成电杆冻裂、损坏现象，应考虑地区情况，按设计要求进行。当设计无要求时，电杆下端可不封堵。

四、立杆

立杆的方法很多，架空配电线路施工中常用立杆方法如下：

1. 汽车起重机吊立杆

此种方法可减轻劳动强度、加快施工进度，但在使用上有一定的局限性，只能在有条件停放吊车的地方使用。立杆时，先将汽车起重机开到距坑道适当的位置加以稳固，然后在电杆(从根部量起)的1/3～1/2处系一根起吊钢丝绳，再在杆顶向下500mm处临时系三根调整绳。起吊时，坑边站两人负责电杆根部进坑，另由三人各拉一根调整绳，以坑为中心，站位呈三角形，由一人负责指挥。当杆顶吊离地面500mm时，对各处绑扎的绳扣进行一次安全检查，确认无问题后再继续起吊。

2. 撑杆(架杆)立杆

对10m以下的钢筋混凝土电杆可用3副架杆，轮换着将电杆顶起，使杆根滑入坑内。此立杆方法劳动强度较大，适用于长度不超过10m的电杆。

3. 抱杆立杆

抱杆立杆可分为固定式抱杆和倒落式抱杆。倒落式抱杆立杆采用人字抱杆，可以起吊各种高度的单杆或双杆，是立杆最常用的方法。人字抱杆立杆法示意图，如图4-21所示。

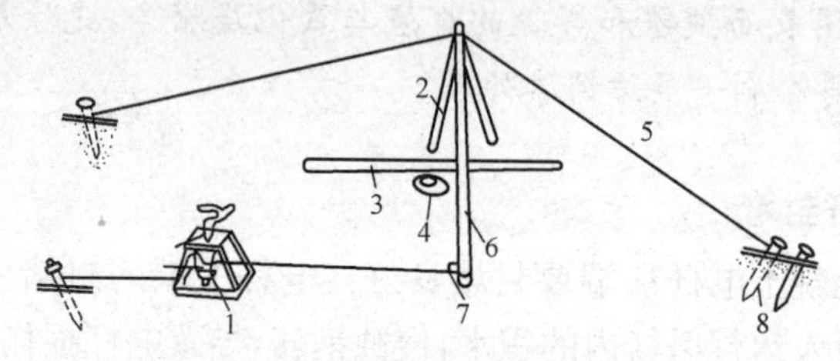

图4-21　人字抱杆立杆法示意图

1—绞磨（或手摇卷扬机）；2—滑轮组；3—电杆；4—杆坑；5—钢丝牵引绳；6—固定式抱杆；7—转向滑轮；8—锚固用钢钎

4. 三脚架立杆法

三脚架立杆法是主要依靠装在三脚架上的小型卷扬机上下两只滑轮、牵引钢丝绳等吊立电杆，如图4-22所示。立杆时，首先将电杆移到电杆坑边，立好三脚架，做好防止三脚架根部活动和下陷的措施。然后在电杆梢部系三根拉绳，以控制杆身。在电杆杆身1/2处系一根短的起吊钢丝绳，套在滑轮吊钩上。用手摇卷扬机起吊时，当杆梢离地500mm时，对绳扣做一次安全检查，确无问题后方可继续起吊。将电杆竖起落于杆坑中，最后调整杆身，填土夯实。

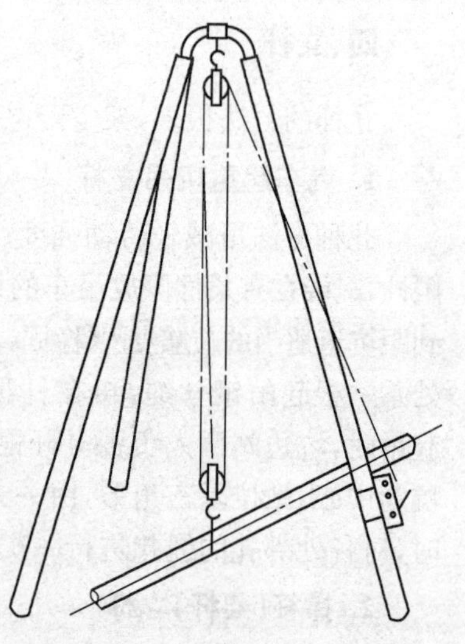

图4-22　三脚架立杆法示意图

5. 倒落式立杆法

立杆用的工具主要有抱杆、滑轮、卷扬机（或绞磨）、丝绳等。立杆前，

先将制动用钢丝绳一端系在电杆根部，另一端在制动桩上绕3～4圈，再将起吊钢丝绳一端系在抱杆顶部的铁帽上，另一端绑在电杆长度的2/3处。在电杆顶部接上临时调整绳三根，按三个角分开控制。总牵引绳的方向要与制动桩、坑中心、抱杆铁帽处于同一直线上。图4-23所示为倒落式立杆法示意图。

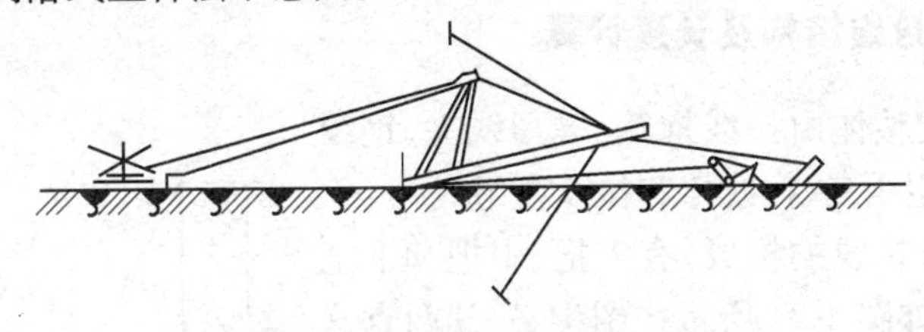

图4-23　倒落式立杆法示意图

6. 架腿立杆法

架腿立杆法是利用撑杆来竖立电杆，也称为撑式立杆。这种方法使用工具比较简单，但劳动强度大，立杆少又缺乏立杆机具的情况下可以采用，但只能竖立木杆和9m以下的混凝土电杆。

用这种方法立杆，先将杆根移至坑边，对正马道，坑壁竖一块木滑板，电杆梢部系三根拉绳，以控制杆身，防止在起吊过程中倾倒。然后将电杆梢抬起到适当高度时用撑杆交替进行，向坑心移动，电杆即逐渐竖起。

快学快用6　杆身调整的方法

一人站在相邻未立杆的杆坑线路方向上的辅助标桩处(或其延长线上)，面对线路向已立杆方向观测电杆，或通过垂球观测电杆，指挥调整杆身，或使与已立正直的电杆重合。如为转角杆，观测人站在与线路垂直方向或转角等分角线的垂直线(转角杆)的杆坑中心辅助桩延长线上，通过垂球观测电杆，指挥调正杆身，此时横担轴向应正对观测方向。调整杆位，一般可用杠子拔，或用杠杆与绳索联合吊起杆根，使移至规定位置。调整杆面，可用转杆器弯钩卡住，推动手柄使杆旋转。

第三节　拉线安装

一、拉线结构及长度计算

拉线整体由拉线抱箍、楔形线夹、钢绞线、UT 型线夹、拉线棒和拉线盘组成。

一条拉线的构成，有上把、中把和下把三部分，如图 4-24 所示。图中 A、B 两点这段长度（包括下部拉线棒出土部分）实际需要的拉线长度，除拉线装成长度外，还要增加上下把折面缠绕所需的长度，即拉线的余割量。其计算方法如下：

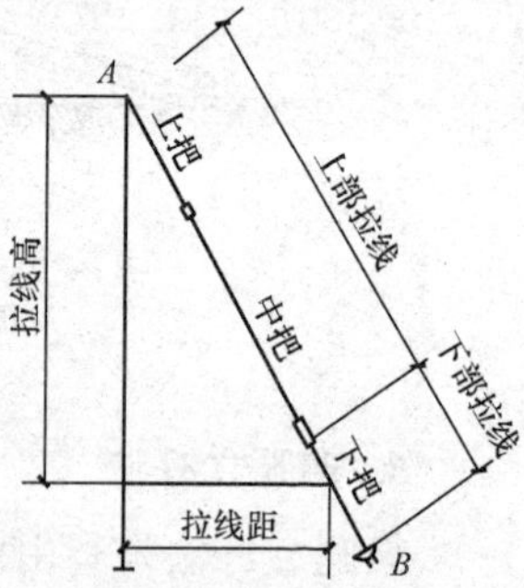

图 4-24　拉线的结构

上部拉线的余割量＝拉线装成长度＋上把与中把附加长度－下部拉线出土长度

如果拉线上加装拉紧绝缘子及花篮螺丝，则拉线余割量的计算方法是：上部拉线余割量＝拉线装成长度＋上把与中把附加长度＋绝缘子上、下把附加长度－下部拉线出长度－花篮螺丝长度。

在一般平地上，计算拉线装成长度，可以用查表的方法确定。查表时，先要知道拉距和拉线高度。随后使用表 4-5 查得。例如，已知拉距是 4.5m，拉高是 6m，则距高比是 0.75（即 3/4）。查表 4-5 可知：

拉线装成长度＝拉距×1.7＝4.5×1.7＝7.65m

表 4-5　　换算拉线装成长度表

距高比	拉线装成长度
2	拉距×1.1
1.5（即 3/2）	拉距×1.2
1.25	拉距×1.3
1	拉距×1.4

续表

距高比	拉线装成长度
0.75(即3/4)	拉距×1.7
0.66(即2/3)	拉距×1.8
0.55(即1/2)	拉距×2.2
0.33(即1/3)	拉距×3.2
0.25(即1/4)	拉距×4.1

二、拉线截面计算

拉线截面可按下述公式和表4-6～表4-8中所列数值进行计算。

(1)普通拉线终端杆：

$$拉线股数=导线根数\times N_1-N_1'$$

(2)普通拉线转角：

$$拉线股数=导线根数\times N_1\times \mu-N_1'$$

N_1、N_1'和μ的数值，可以从表4-6～表4-8中查出。

表4-6　　每根导线需要的拉线股数

导线规格	水平拉线股数 N_2	普通拉线 N_1	
		$\alpha=30°$	$\alpha=45°$
LJ－16	0.34	0.68	0.48
LJ－25	0.53	1.06	0.75
LJ－35	0.73	1.47	1.04
LJ－50	1.06	2.12	1.50
LJ－70	1.16	2.32	1.64
LJ－95	1.55	3.12	2.20
LJ－150	1.85	3.70	2.62
LJ－185	2.29	4.58	3.24
LGJ－120	2.56	5.11	3.62
LGJ－150	3.26	6.52	4.61
LGJ－185	4.02	8.04	5.68
LGJ－240	5.25	10.50	7.43

注：1. 表中所列数值采用ϕ4.0镀锌铁丝所做的拉线。

2. α为拉线与电杆的夹角。

表 4-7　　钢筋混凝土电杆相当的拉线股数

电杆梢径/mm—电杆高度/m	水平拉线股数 N_2	普通拉线股数 N'_1	
		$\alpha=30°$	$\alpha=45°$
ϕ150—9.0	0.50	0.99	0.70
ϕ150—9.0	0.45	0.89	0.68
ϕ150—10.0	0.75	1.47	1.04
ϕ170—8.0	0.54	1.07	0.76
ϕ170—9.0	0.48	0.97	0.63
ϕ170—10.0	0.79	1.58	1.12
ϕ170—11.0	1.03	2.06	1.46
ϕ170—12.0	0.96	1.92	1.36
ϕ190—11.0	1.10	2.19	1.55
ϕ190—12.0	1.02	2.04	1.44

注：1. 钢筋混凝土电杆本身强度，可起到一部分拉线作用。此表所列数值即为不同规格的电杆可起到的拉线截面(以拉线股数表示)的作用。

2. 表中所列数值采用 ϕ4.0 镀锌铁线所做的拉线。

3. α 为拉线与电杆的夹角。

表 4-8　　转角的折算系数

转角 φ	15°	30°	45°	60°	75°	90°
折算系数 μ	0.261	0.578	0.771	1.000	1.218	1.414

三、拉线装设

1. 拉线坑开挖

拉线坑应开挖在标定拉线桩位处，其中心线及深度应符合设计要求。在拉线引入一侧应开挖斜槽，以免拉线不能伸直，影响拉力。其截面和形式可根据具体情况确定。拉线坑深度应根据拉线盘埋设深度确定，拉线盘埋设深度应符合工程设计规定；若工程设计无规定时，可参见表 4-9 数值确定。

表 4-9　拉线盘埋设深度

拉线棒长度/m	拉线盘长×宽/mm	埋设深度/m
2	500×300	1.3
2.5	600×400	1.6
3	800×600	2.1

2. 拉线盘埋设

在埋设拉线盘之前，首先应将下把拉线棒组装好，然后进行整体埋设。拉线坑应有斜坡，回填土时应将土块打碎后夯实。拉线坑宜设防沉层。拉线棒一般采用直径不小于 16mm 的镀锌圆钢。下把拉线棒装好后，将拉线盘放正，将拉线棒方向对准已立好的电杆，拉线棒与拉线盘应垂直，并使拉线棒的拉环露出地面 500～700mm。随后就可分层填土，回填土时应将土块打碎后夯实。

拉线盘的选择及埋设深度，以及拉线底把所采用的镀锌线和镀锌钢绞线与圆钢拉线棒的换算可参照表 4-10。

表 4-10　拉线盘的选择及埋设深度

拉线所受拉力/kN	选用拉线规格		拉线盘规格/m	拉线盘埋设深度/m
	ϕ4.0 镀锌铁线/股数	镀锌钢绞线/mm^2		
15 及以下	5 及以下	25	0.6×0.3	1.2
21	7	35	0.8×0.4	1.2
27	9	50	0.8×0.4	1.5
39	13	70	1.0×0.5	1.6
54	2×3	2×50	1.2×0.6	1.7
78	2×13	2×70	1.2×0.6	1.9

3. 安装拉线上把

拉线一般采用截面面积不小于 25mm^2 的钢绞线。拉线上把装在电杆上，需用拉线抱箍及螺栓固定（也可在横担上焊接拉线环）。组装时，先用一只螺栓将拉线抱箍抱在电杆上，然后把预制好的上把拉线环放在两块抱箍的螺孔间，穿入螺栓拧上螺母加以固定。

在来往行人较多的地方，拉线上应装设拉线绝缘子。其安装位置应使拉线断线而沿电杆下垂时，绝缘子距离地面的高度在2.5m以上，不致触及行人。同时，绝缘子与电杆最近距离不小于2.5m，使人在杆上操作时不触及接地部分，如图4-25所示。

4. 安装拉线中把

在埋设好下部拉线盘，做好拉线上把后，便可收紧拉线做中把，使上部拉线和下部拉线棒连接起来，形成一个整体，以发挥拉线的作用。

收紧拉线可使用紧线钳，其方法如图4-26所示。在收紧拉线前，先将花篮螺丝的两端螺杆旋入螺母内，使它们之间保持最大距离。以备继续旋入调整。然后将紧线钳的钢丝绳伸开，一只紧线钳夹握在拉线高处，再将拉线下端穿过花篮螺丝的拉环，放在三角圈槽里，向上折回，并用另一只紧线钳夹住，花篮螺丝的另一端套在拉线棒的拉环上。所有准备工作做好之后，将拉线慢慢收紧，紧到一定程度时，检查一下杆身和拉线的各部位，如无问题后，再继续收紧，把电杆校正，如图4-26(b)所示。对于终端杆和转角杆，拉线收紧后，杆顶可向拉线侧倾斜电杆梢径的1/2。最后，用自缠法或另缠法绑扎。

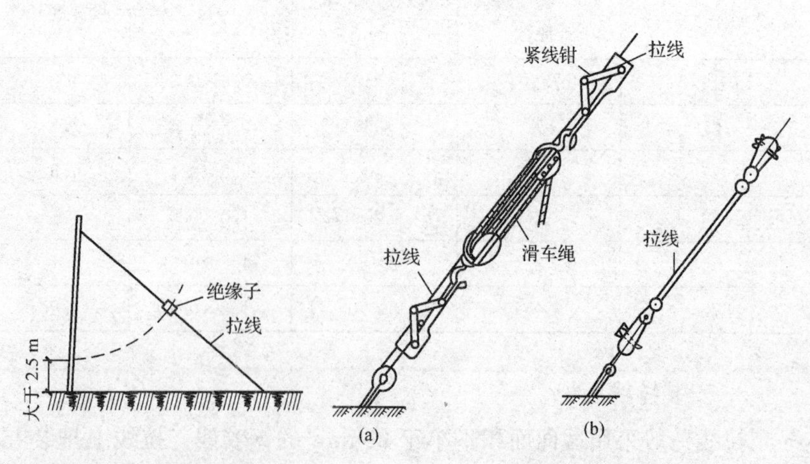

图4-25　拉紧绝缘子安装位置

图4-26　收紧拉线中把方法

第四节　导线架设与连接

导线架设是架空线路施工中的一道大工序，又是在一个距离较长的施工现场同时作业，有时还要通过一些交叉跨越物。因此，在施工中所有施工人员必须密切配合。

一般来说，导线架设施工程序如下：

一、放线

放线就是将成卷的导线沿电杆两侧展放，为将导线架设在横担上做准备。常用的放线方法有施放法和展放法两种。施放法即是将线盘架设在放线架上拖放导线；展放法则是将线盘架设在汽车上，行驶中展放导线。

1. 放线准备工作

(1)根据现场制订放线措施。

(2)合理布线。

(3)对重要的交叉跨越，如铁路、公路、电力线、通信线等均应与有关部门联系，取得支持，并搭好跨越架等相关安全措施。

(4)需要拆迁的房屋及其他障碍物应全部拆除完毕。

(5)需要装临时拉线的杆塔必须将临时拉线做好，并安装就位。

(6)放线前应清除沿线的一切障碍物。对于跨越公路、铁路、一级通信线路和不能停电的电力线路应搭设跨越架。跨越架搭设，应保证放线时，导线同被跨越物之间的最小安全距离，见表4-11。

表4-11　跨越架与被跨越物的最小距离　m

被跨越物	铁路	公路	110kV送电线	66kV送电线	35kV送电线	10kV配电线	低压线	通信线
最小垂直距离	7	6	3	2	1.5	1	1	1
最小水平距离	3～3.5	0.5	4	3～3.5	3～3.5	1.5～2	0.5	0.5

2. 放线操作步骤

如图 4-27 所示为导线放线操作示意图。其具体操作步骤如下：

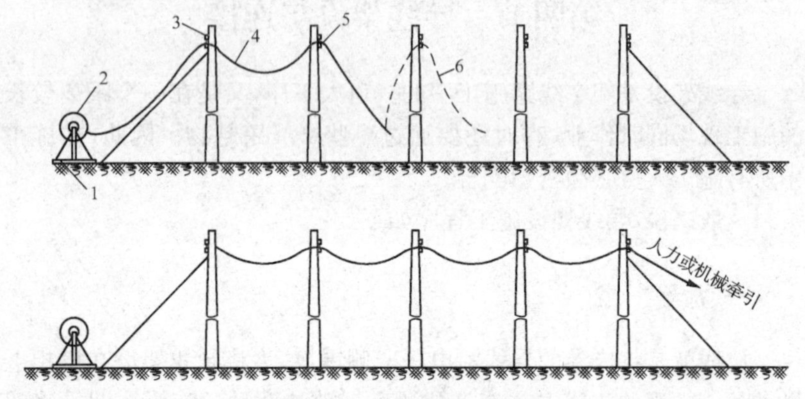

图 4-27　导线放线操作示意图

1—放线架；2—线轴；3—横担；4—导线；5—放线滑轮；6—牵引绳

(1)放线前，应选择合适位置放置放线架和线盘，线盘在放线架上要使导线从上方引出。如采用拖放法放线，施工前应沿线路清除障碍物，石砾地区应垫以隔离物(草垫)，以免磨损导线。

(2)在放线段内的每根电杆上挂一个开口放线滑轮(滑轮直径应不小于导线直径的 10 倍)。铝导线必须选用铝滑轮或木滑轮，这样既省力又不会磨损导线。

(3)在放线过程中，线盘处应有专人看守，负责检查导线的质量并防止放线架倾倒。放线速度应尽量均匀，不宜突然加快。

(4)当发现导线存在问题而又不能及时进行处理时，应作显著标记，如缠绕红布条等，以便导线展放停止后，专门进行处理。

(5)展放导线时，还必须有可靠的联络信号，沿线还须有人看护导线不受损伤，不使导线发生环扣(导线自己绕成小圈)。在导线跨越道路和跨越其他线路处也应设人看守。

(6)放线时，线路的相序排列应统一，对设计、施工、安全运行以及检修维护都是有利的。高压线路：面向负荷侧从左侧起，导线排列相序为 L1、L2、L3；低压线路：面向负荷侧从左侧起，导线排列相序为

L1、N、L2、L3。

(7)在展放导线的过程中，对已展放的导线应进行外观检查，导线应不存在磨伤、断股、扭曲、金钩、断头等现象；如有损伤，可根据不同损伤情况进行修补处理。1kV以下电力线路采用绝缘导线架设时，展放中不应损伤导线的绝缘层或出现扭、弯等现象，对破口处应进行绝缘处理。

(8)导线沿线路展放在电杆根旁的地面上以后，可由施工人员登上电杆，将导线用绳子提升至电杆横担上，分别摆放好。对截面较小的导线，可将一个耐张段全长的4根导线一次吊起提升至横担上；导线截面较大时，用绳子提升可一次吊起两根。

快学快用7　架线前的检查工作

架线前，应检查导线的规格是否符合设计要求，有无严重的机械损伤，有无断股、破股、导线扭曲等，特别是铝导线有无严重的腐蚀现象。导线在同一处(即导线的一个节距内)单股损伤深度小于直径的1/2或钢芯铝绞线、钢芯铝合金绞线损伤截面小于导电部分截面面积的5%，且强度损失小于4%以及单金属绞线损伤截面面积小于4%时，应将损伤处棱角与毛刺用0号砂纸磨光，可不做修补。

二、导线连接

架空线路导线连接的质量，直接影响导线的机械强度和电气性能。导线放完后，导线的断头都要连接起来，使其成为连通的线路。

导线的连接方法，常用钳接法；特殊地段和部位利用爆炸压接法。

(1)钳接法。钳接法就是将要连接的两根导线的端头穿入铝压接管中，利用压钳的压力使铝管变形，把导线挤压钳紧。目前，铝绞线及钢芯铝绞线的连接多采用钳压法。铜导线可仿照铝导线压接方法进行压接。

快学快用8　钳接法的操作要求

1)导线与钳接用连接管的配合见表4-12。

表 4-12 钳压接用连接管与导线的配合表

型　号	截面/mm²	型　号	截面/mm²	型　号	截面/mm²
QLG－35	35	QL－16	16	QT－16	16
QLG－50	50	QL－25	25	QT－25	25
QLG－70	70	QL－35	35	QT－35	35
QLG－95	95	QL－50	50	QT－50	50
QLG－120	120	QL－70	70	QT－70	70
QLG－150	150	QL－95	95	QT－95	95
QLG－185	185	QL－120	120	QT－120	120
QLG－240	240	QL－150	150	QT－150	150
		QL－185	185		

注："QLG"、"QL"、"QT"分别适用于钢芯铝绞线、铝绞和铜线。

2)将准备连接的两个线头，用绑线扎紧再锯齐。

3)导线连接部分表面，连接管内壁用汽油清洗干净，清洗导线长度等于可连接部分长度的1.25倍。

4)清除导线表面和连接管内壁的氧化膜。由于铝在空气中氧化速度很快，在短时间内即可形成一层表面氧化膜，这样就增加了连接处的接触电阻，故在导线连接前，需清除氧化膜。刷完后，如果电力复合脂较为干净，可不要擦掉；如电力复合脂已被沾污，则应擦掉重新涂一层擦刷，最后带电力复合脂进行压接。

5)根据导线截面选择压模，调整压接钳上支点螺丝，使适合于压模深度。

(2)爆炸压接法。钢芯铝绞线的连接除了采用钳压法连接外，还可采用钳压管爆炸压接法，即用钳压管原来长度的1/4～1/3，经炸药起爆后，将导线连接起来的一种方法，适用于野外作业。

爆炸压接法的主要材料有以下几种：

1)炸药：应用最普通的岩石2号硝铵炸药。炸药如存放过期，须检查是否合乎标准，如受潮、结块、变质及混有石块、铁屑等坚硬物质时，不得使用。

2)雷管：应使用8号纸壳工业雷管。

3)导火线:应使用正确燃速为180～210cm/min、缓燃速为100～120cm/min的导火线。导火线不得有破损、曲折和沾有油脂及涂料不均等现象。

4)爆压管:钢芯铝线截面为50～95mm^2,所用爆压管的长度为钳压管长的1/3;导线截面为120～240mm^{2}时,为钳压管长的1/4。

快学快用9 爆炸压接法的操作要求

(1)药包运到现场后,在穿线前应清除爆压管内的杂物、灰尘、水分等。

(2)将连接的导线调直,并从爆压管两端分别穿过,导线端头应露出压管20mm。

(3)将已穿好导线的炸药包,绑在1.5mm高的支架上,并用破布将靠近药包100mm处的导线包缠好,以防爆炸时损伤导线。

(4)将已连好导火线的雷管,插入药包靠近外壳的大头内10～15mm,并做好点燃准备,然后点火起爆。起爆时,人应距离起爆点30m以外。

三、导线紧线与驰度观测

1. 导线紧线

导线紧线架空配电线路的紧线和驰度观测同时进行。紧线方法通常采用单线法、双线法和三线法。单线法是一线一紧,所用紧线时间较长,但其使用最为普遍;双线法是两根线同时收紧,施工中常用于同时收紧两根边导线;三线法是三根线同时收紧,如图4-28所示。

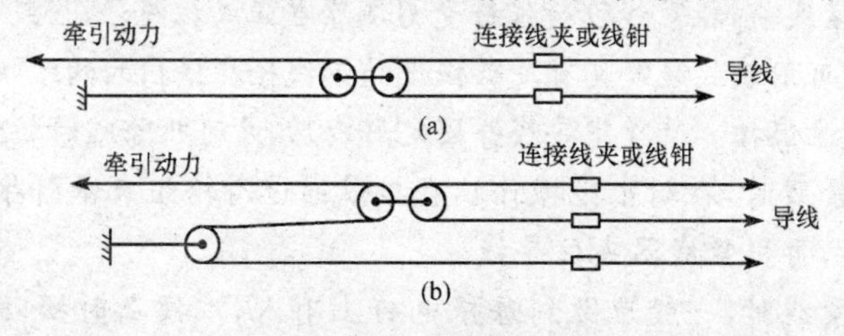

图4-28 紧线图

(a)两线同时收紧;(b)三线同时收紧

紧线通常在一个耐张段进行。紧线前必须先做好耐张杆、转角杆和终端杆的拉线，然后分段紧线。大挡距线路应验算耐张杆强度，以确定是否需增设临时拉线。临时拉线可拴住横担的两端，以防止紧线时横担发生偏转。待紧完导线并固定好之后，再将临时拉线拆除。

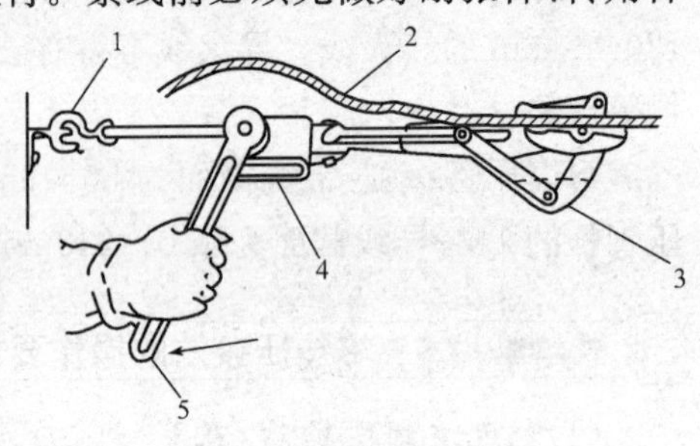

图 4-29　紧线钳紧线

1—定位钩；2—导线；3—夹线钳头；4—收紧齿轮；5—导柄

紧线钳多适用于一般中小型铝绞线和钢芯铝绞线紧线，如图 4-29 所示。先将导线通过滑轮组用人力初步拉紧，然后将紧线钳上的钢丝绳松开，固定在横担上，另一端夹住导线（导线上包缠麻布）。紧线时，横担两侧的导线应同时收紧，以免横担受力不均而歪斜。

快学快用 10　导线紧线操作要求

（1）紧线前必须先做好耐张杆、转角杆和终端杆的本身拉线，然后分段紧线。

（2）在展放导线时，导线的展放长度应比挡距长度略有增加，平地时一般可增加 2%，山地可增加 3%，还应尽量在一个耐张段内。导线紧好后再剪断导线，避免造成浪费。

（3）紧线前，在一端的耐张杆上，先把导线的一端在绝缘子上做终端固定，然后在另一端用紧线器紧线。

（4）紧线前，在紧线段耐张杆受力侧除在正式拉线外，应装设临时拉线。一般可用钢丝绳或具有足够强度的钢线拴在横担的两端，以防紧线时横担发生偏扭。待紧完导线并固定好以后，才可拆除临时拉线。

（5）紧线时，在耐张段操作端直接或通过滑轮组来牵引导线，使导线收紧后，再用紧线器夹住导线。

（6）紧线时，一般应做到每根电杆上有人，以便及时松动导线，使导线接头能顺利地越过滑轮和绝缘子。

2. 驰度观测

驰度观测通常是与紧线工作同时配合进行的。测量的目的为使安装后的导线能达到最合理的驰度。驰度的大小应根据当时的环境温度，从电力部门给定的弧垂表和曲线表中查出，不可随意增大或减小。施工中常用观测驰度的方法为等长法及张力表法两种。

(1)等长法。当采用等长法测定弧垂时，应首先按当时环境温度，从当地电力部门给定的弧垂表或曲线表中查得弧垂值，然后在观测挡两侧直线杆上的导线悬挂点各向下量一般垂直距离，使其等于该挡的观测弧垂值，并在该处固定弧垂板尺，如图 4-30 所示。为使目标看得清楚，板尺上应涂以明显的颜色。观测时，观测人员的眼睛从 A 杆的板尺以水平方向瞄准到 B 杆的板尺同一水平线上，即可求出所要求的弧垂值。

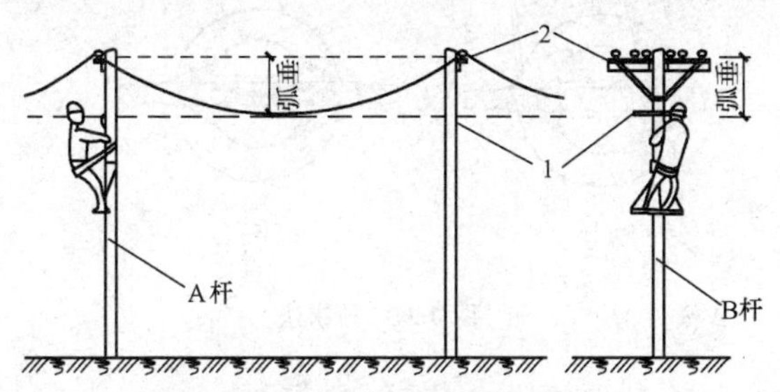

图 4-30　等长法测定导线弧垂

1—弧垂板尺；2—导线悬挂点

(2)张力表法。当采用张力表法测定导线弧垂时，可按当时的环境温度，从电力部门给定的弧垂表或曲线表上查得相应张力的数值。其方法是，先将张力表连在收紧导线或钢丝绳上，然后在紧线时从张力表中直接观测导线的张力数值，当这个数值与表中查得的数值相符时，即为所要求的弧垂。

四、导线固定

导线在绝缘子上的固定方法，通常有顶绑法、侧绑法、终端绑扎法和用耐张线夹固定法。

1. 顶绑法

导线在直线杆针式绝缘子上的固定多采用顶绑法，如图 4-31 所示。绑扎时，首先在导线绑扎处绑铝带 150mm。所用铝带为 10mm，厚为 1mm。绑线材料应与导线的材料相同，其直径分别见表 4-13、表 4-14。

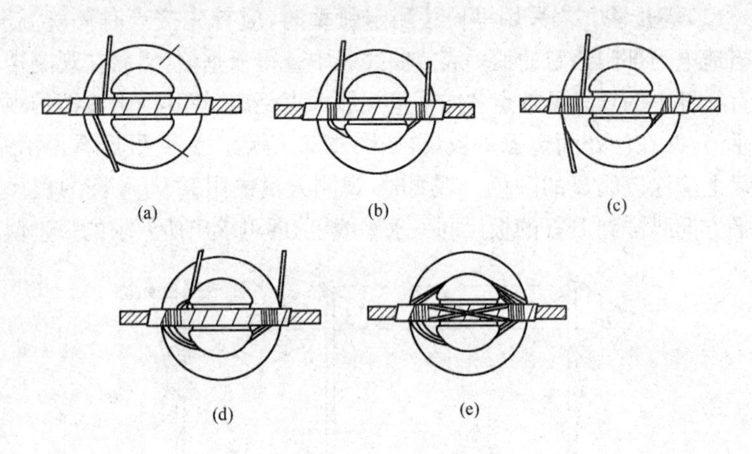

图 4-31　顶绑法

表 4-13　　铜导线在绝缘子上绑扎用绑线直径和用量

绝缘子类型 ＼ 绑线长度/m ＼ 绑线直径/mm ＼ 导线截面或直径		95mm²	50mm²	22mm² 或 5.0mm	14mm² 或 4.0mm	8mm² 或 3.2mm	5.5mm² 或 2.6mm
高压针式绝缘子		2.0	1.8	1.5	—	—	—
		1.6	1.5	—	—	—	
低压针式绝缘子		—	—	1.4	1.4	1.0	0.85
	2.0	6.0	4.0	—	—	—	—
高压蝴蝶形绝缘子		—	—	0.5	—	—	—
		5.0	4.0	—	—	—	—
低压蝴蝶形绝缘子		—	—	2.2	1.5	1.0	0.85

表 4-14　　铝导线在蝴蝶形绝缘子上绑扎用量表

绑扎长径/mm 绑线和铝带长度/m	绑线直径/mm							
	3.0		2.6		2.0		1×10 铝带	
	导线截面/mm²							
	70～120	50及以下	70～120	50及以下	70～50	35及以下	50及以下	70～120
＞200	5	4	6	4.5	6	5.5	1.5	2
＞150	3.5	2.7	4.5	3.5	4.5	4	1.5	2

快学快用 11　导线顶绑法的绑扎步骤

(1)把绑线绕成卷，在绑线一端留出一个长为 250mm 的短头，用短头在绝缘子左侧的导线上绑 3 圈，方向是从导线外侧经导线上方，绕向导线内侧，如图 4-31(a)所示。

(2)用绑线在绝缘子颈部内侧绕到绝缘子右侧的导线上绑 3 圈，其方向是从导线下方，经外侧绕向上方，如图 4-31(b)所示。

(3)用绑线在绝缘子颈部外侧，绕到绝缘子左侧导线上再绑 3 圈，其方向是由导线下方经内侧绕到导线上方，如图 4-31(c)所示。

(4)用绑线从绝缘子颈部内侧，绕到绝缘子右侧导线上，并再绑 3 圈，其方向是由导线下方经外侧绕向导线上方，如图 4-31(d)所示。

(5)用绑线从绝缘子外侧绕到绝缘子左侧导线下面，并从导线内侧上来，经过绝缘子顶部交叉压在导线上，然后，从绝缘子右侧导线内侧绕到绝缘子颈部内侧，并从绝缘子左侧导线的下侧，经导线外侧上来，经过绝缘子顶部交叉压在导线上，此时，在导线上已有一个十字叉。

(6)重复以上方法再绑一个十字叉，把绑线从绝缘子右侧导线内侧，经下方绕到绝缘子颈部外侧，与绑线另一端的短头，在绝缘子外侧中间扭绞成 2～3 圈的麻花线，余线剪去，留下部分压平，如图 4-31(e)所示。

2. 侧绑法

导线在转角杆针式绝缘子上的固定多采用侧绑法；有时由于针式

绝缘子顶槽太浅，在直线杆上也可采用侧绑法，如图 4-32 所示。

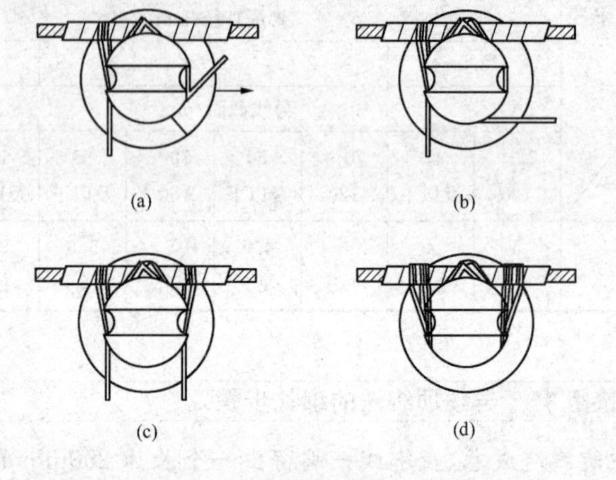

图 4-32 侧绑法

快学快用 12 导线侧绑法的绑扎步骤

(1)把绑线绕成卷，在绑线一端留出 250mm 的短头。用短头在绝缘子左侧的导线绑 3 圈，方向是从导线外侧，经过导线上方，绕向导线内侧，如图 4-32(a)所示。

(2)绑线从绝缘子颈部内侧绕过，绕到绝缘子右侧导线上方，交叉压在导线上，并从绝缘子左侧导线的外侧，经导线下方，绕到绝缘子颈部内侧，接着再绕到绝缘子右侧导线的下方，交叉压在导线上，再从绝缘子左侧导线上方，绕到绝缘子颈部内侧，如图 4-32(b)所示。此时导线外侧形成一个十字叉。随后，重复上法再绑一个十字叉。

(3)把绑线绕到右侧导线上，并绑3 圈，方向是从导线上方绕到导线外侧，再到导线下方，如图 4-32(c)所示。

(4)把绑线从绝缘子颈部内侧，绕回到绝缘子左侧导线上，并绑 3 圈，方向是从导线下方，经过外侧绕到导线上方，然后，经过绝缘子颈部内侧，回到绝缘子右侧导线上，并再绑 3 圈，方向是从导线上方，经过外侧绕到导线下方，最后回到绝缘子颈部内侧中间，与绑线短头扭绞成 2～3 圈的麻花线，余线剪去，留下部分压平，如图 4-32(d)所示。

第五节　杆上变压器及变压器台安装

一、杆上变压器组装与安装

1. 变压器组装

(1)立杆。与电杆立杆的方法相同。

(2)组装构架。变压器支架通常由槽钢支撑,一般有斜支撑,用U形抱箍与电杆连接,支架安装要牢固,变压器安装在平台的横担上,使油枕侧稍高,为1%～1.5%的坡度。

(3)组装电气元件。

1)跌开式熔断器安装。跌开式熔断器安装于高压侧丁字形横担上,用针式绝缘子的螺杆固定连接,再把熔断器固定在连板上,其间隔不小于500mm,熔管轴线与地面的垂线夹角为15°～30°,排列整齐,高低一致。

2)避雷器安装。避雷器通常安装于距变压器高压侧最近的横担上,可用直瓶螺钉或单独固定。其间隔不小于350mm,轴线应与地面垂直,排列整齐,高低一致,安装牢固,抱箍处垫2～3mm厚绝缘耐压胶垫。

3)低压隔离开关安装。更求安装牢固,操动机构灵活无卡阻现象,隔离刀刃合闸后接触紧密,分闸时有足够的电气间隙,三相联动动作同步,动作灵活可靠。

2. 变压器安装

(1)变压器的吊装。有条件时应用汽车吊进行吊装,无汽车吊或条件不具备时采用人字抱杆吊装。

(2)变压器接线。

1)变压器接线时必须紧密可靠,螺栓应有平垫和弹簧垫;变压器与跌开式熔断器、低压隔离开关的连接必须压接接线端子过渡连接,与母线的连接用T形线夹,与避雷器的连接可直接压接连接。与高压母线连接如采用绑扎法,其绑扎长度不应小于200mm。

2)变压器接线时应短而直,必须满足接线间及对地的安全距离,跨接弓子线在最大风摆时应满足安全距离。

3)避雷器和接地的连接线通常使用绝缘铜线，连接线截面应符合表4-15的规定。

表4-15　避雷器和接地的连接线

连接线绝缘线种类	连接线	导线截面/mm^2	连接线绝缘线种类	连接线	导线截面/mm^2
铜线	避雷器上引线	16	铝线	避雷器上引线	25
	避雷器下引线	25		避雷器下引线	35
	接地线	25		接地线	35

二、落地变压器台安装

落地变压器台是将变压器安装在地面上的混凝土台上，其标高大于500mm，台上装有与主筋连接的角钢或槽钢轨道，油枕侧偏高。安装时装上止轮器或去掉底轮，其他安装同杆上变压器。

落地变压器台安装好后，应在变压器周围装设防护遮拦，高度不低于1.70m，与变压器的距离应不小于2.0m。

三、箱式变电所安装

1. 基础施工

(1)基础施工时应按照图纸要求做好电缆的预留孔或预留管路，地面浇筑时将箱体的基础槽钢预埋好。

(2)做基础散水前将4根接地引线(－40mm×4mm镀锌扁钢)埋入，箱体超过6m时增设2根，并与基础槽钢焊接牢固。

2. 接地装置施工

在基础边缘1.5m以外，将接地极打入－800mm的地沟内，用－40mm×4mm镀锌扁钢焊接连通，与接地引线焊接，敷设完毕，测试接地电阻应小于4Ω。

3. 箱体组装

一般来说，由于墙体、门及门口、屋顶为配套产品，因此用止口结合，用胶圈密封。

第五章 电缆线路敷设

第一节 电缆线路附属设施加工与敷设

一、电缆管加工及敷设

1. 电缆管加工

电缆管不应有穿孔、裂缝和显著的凹凸不平，内壁应光滑；金属电缆管不应有严重锈蚀。硬质塑料管不得用在温度过高或过低的场所。在易受机械损伤的地方和在受力较大处直埋时，应采用足够强度的管材。电缆加工时应符合以下要求：

(1)管口应无毛刺和尖锐棱角，管口宜做成喇叭形。

(2)电缆管在弯制后，不应有裂缝和显著的凹瘪现象，其弯扁程度不宜大于管子外径的 10%；电缆管的弯曲半径不应小于所穿入电缆的最小允许弯曲半径。

(3)金属电缆管应在外表涂防腐漆或涂沥青，镀锌管锌层剥落处也应涂以防腐漆。

2. 电缆管连接与敷设

(1)电缆管的连接。金属电缆管连接应牢固，密封应良好，两管口应对准。套接的短套管或带螺纹的管接头的长度，不应小于电缆管外径的 2.2 倍。金属电缆管不宜直接对焊。

硬质塑料管在套接或插接时，其插入深度宜为管子内径的 1.1～1.8 倍。在插接面上应涂以胶合剂粘牢密封；采用套接时套管两端应封焊。

(2)电缆管的敷设。敷设混凝土、陶土、石棉水泥等电缆管时，其地基应坚实、平整，不应有沉陷。电缆管的敷设应符合下列要求：

1）电缆管的埋设深度不应小于 0.7m；在人行道下面敷设时，不应小于 0.5m。

2）电缆管应有不小于 0.1%的排水坡度。

3）电缆管连接时，管孔应对准，接缝应严密，不得有地下水和泥浆渗入。

二、电缆支架配制

1. 电缆支架种类

(1)圆钢电缆支架。圆钢电缆支架是指采用圆钢制作成立柱与格架后焊接而成，如图 5-1 所示。这种支架相对节省钢材，但加工复杂，强度差，因此，只适用于电缆数量少的吊架或小电缆沟支架。

(2)角钢电缆支架。角钢电缆支架制作简便，强度大，一般在现场加工制作，支架立柱采用 50mm×5mm 的角钢，格架采用 40mm×4mm 的角钢，格架层间距离为 150～200mm，如图 5-2 所示。

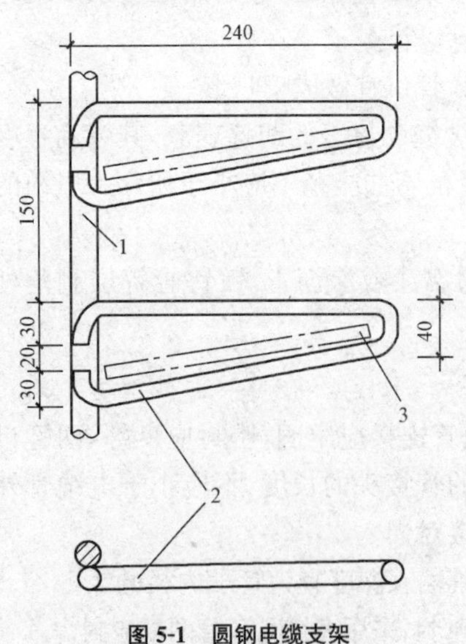

图 5-1 圆钢电缆支架

1—立柱；2—格架；3—隔热板

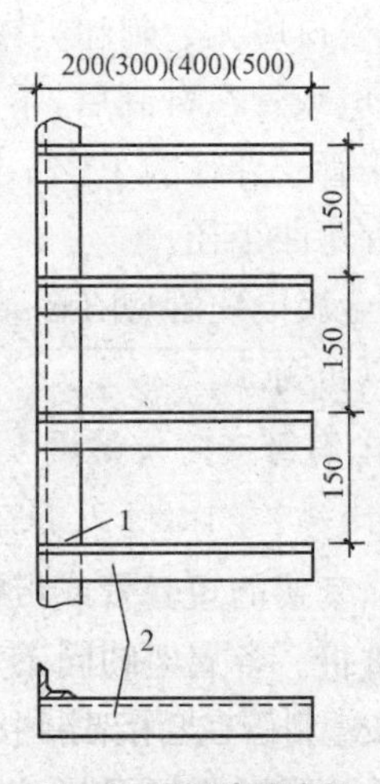

图 5-2 角钢电缆支架

1—立柱；2—格架

2. 电缆支架加工

(1)钢材应平直,无明显扭曲。下料误差应在 5mm 范围内,切口应无卷边、毛刺。

(2)支架应焊接牢固,无显著变形。各横撑间的垂直净距与设计偏差不应大于 5mm。

(3)金属电缆支架必须进行防腐处理。位于湿热、盐雾以及有化学腐蚀地区时,应根据设计做特殊的防腐处理。

(4)电缆支架的层间允许最小距离,当设计无规定时,可采用表 5-1 的规定。但层间净距不应小于 2 倍电缆外径加 10mm,35kV 及以上高压电缆不应小于 2 倍电缆外径加 50mm。

表 5-1　　电缆支架的层间允许最小距离　　mm

电缆类型和敷设特征		支(吊)架	桥架
控制电缆		120	200
电力电缆	10kV 及以下(除 6~10kV 交联聚乙烯绝缘外)	150~200	250
	6~10kV 交联聚乙烯绝缘	200~250	300
	35kV 单芯		
	35kV 三芯 110kV 及以上,每层多于 1 根	300	350
	110kV 及以上,每层 1 根	250	300
电缆敷设于槽盒内		h+80	h+100

注:h 表示槽盒外壳高度。

3. 电缆支架安装

电缆支架应安装牢固,横平竖直;托架支吊架的固定方式应按设计要求进行。各支架的同层横挡应在同一水平面上,其高低偏差不应大于 5mm。托架支吊架沿桥架走向左右的偏差不应大于 10mm。

电缆支架最上层及最下层至沟顶、楼板或沟底、地面的距离,当设计无规定时,不宜小于表 5-2 所列的数值。

表 5-2　　电缆支架最上层及最下层至沟顶、楼板或沟底、地面的距离

敷设方式	电缆隧道及夹层	电缆沟	吊架	桥架
最上层至沟顶或楼板	300～350	150～200	150～200	350～450
最下层至沟底或地面	100～150	50～100	—	100～150

第二节　电缆敷设

一、电缆敷设前准备工作

1. 电缆敷设前检查工作

(1)电缆通道畅通,排水良好。金属部分的防腐层完整。隧道内照明、通风应符合设计要求。

(2)电缆型号、电压、规格应符合设计要求。

(3)电缆外观应无损伤、绝缘良好,当对电缆的密封有怀疑时,应进行潮湿判断;直埋电缆与水底电缆应经试验合格。

(4)充油电缆的油压不宜低于 0.15MPa;供油阀门应在开启位置,动作应灵活;压力表指示应无异常;所有管接头应无渗漏油;油样应试验合格。

(5)电缆放线架应放置稳妥,钢轴的强度和长度应与电缆盘质量和宽度相配合。

(6)敷设前应按设计和实际路径计算每根电缆的长度,合理安排每盘电缆,减少电缆接头。

(7)在带电区域内敷设电缆,应有可靠的安全措施。

(8)采用机械敷设电缆时,牵引机和导向机构应调试完好。

需要注意的是,电缆各支持点间的距离应符合设计要求。当设计无要求时,不应大于表 5-3 中所列数值。电缆的最小弯曲半径应符合表 5-4 的规定。黏性油浸纸绝缘电缆最高点与最低点之间的最大位差,不应超过表 5-5 的规定,当不能满足要求时,应采用适应于高位差

的电缆。用机械敷设电缆时的最大牵引强度应符合表 5-6 的规定，充油电缆总拉力不应超过 27kN。

表 5-3　　电缆各支持点间的距离

<table>
<tr><th colspan="2" rowspan="2">电缆种类</th><th colspan="2">敷设方式</th></tr>
<tr><th>水平</th><th>垂直</th></tr>
<tr><td rowspan="3">电力电缆</td><td>全塑型</td><td>400</td><td>1000</td></tr>
<tr><td>除全塑型外的中低压电缆</td><td>800</td><td>1500</td></tr>
<tr><td>35kV 及以上高压电缆</td><td>1500</td><td>2000</td></tr>
<tr><td colspan="2">控制电缆</td><td>800</td><td>1000</td></tr>
</table>

表 5-4　　电缆最小弯曲半径

<table>
<tr><th colspan="3">电缆形式</th><th>多芯</th><th>单芯</th></tr>
<tr><td colspan="3">控制电缆</td><td>10D</td><td></td></tr>
<tr><td rowspan="3">橡皮绝缘电力电缆</td><td colspan="2">无铅包、钢铠护套</td><td colspan="2">10D</td></tr>
<tr><td colspan="2">裸铅包护套</td><td colspan="2">15D</td></tr>
<tr><td colspan="2">钢铠护套</td><td colspan="2">20D</td></tr>
<tr><td colspan="3">聚氯乙烯绝缘电力电缆</td><td colspan="2">10D</td></tr>
<tr><td colspan="3">交联聚乙烯绝缘电力电缆</td><td>15D</td><td>20D</td></tr>
<tr><td rowspan="3">油浸纸绝缘电力电缆</td><td colspan="2">铅包</td><td colspan="2">30D</td></tr>
<tr><td rowspan="2">铅包</td><td>有铠装</td><td>15D</td><td>20D</td></tr>
<tr><td>无铠装</td><td>20D</td><td></td></tr>
<tr><td colspan="3">自容式充油(铅包)电缆</td><td></td><td>20D</td></tr>
</table>

注：表中 D 为电缆外径。

表 5-5　　黏性油浸纸绝缘铅包电力电缆的最大允许敷设位差

<table>
<tr><th>电压/kV</th><th>电缆护层结构</th><th>最大允许敷设位差/m</th></tr>
<tr><td rowspan="2">1</td><td>无铠装</td><td>20</td></tr>
<tr><td>铠装</td><td>25</td></tr>
<tr><td>6～10</td><td>铠装或无铠装</td><td>15</td></tr>
<tr><td>35</td><td>铠装或无铠装</td><td>5</td></tr>
</table>

表 5-6　　电缆最大牵引强度　　N/mm²

牵引方式	牵引头		钢丝网套		
受力部位	铜芯	铝芯	铅套	铝套	塑料护套
允许牵引强度	70	40	10	40	7

快学快用 1　电缆敷设注意事项

电缆敷设时，电缆应从盘的上端引出，不应使电缆在支架上及地面摩擦拖拉。电缆上不得有铠装压扁、电缆绞拧、护层折裂等未消除的机械损伤。

机械敷设电缆的速度不宜超过 15m/min，110kV 及以上电缆或在较复杂路径上敷设时，其速度应适当放慢。机械敷设电缆时，应在牵引头或钢丝网套与牵引钢缆之间装设防捻器。

2. 电缆接头布置

一般来说，电力电缆接头的布置应符合下列要求：

(1)并列敷设的电缆，其接头的位置宜相互错开。

(2)电缆明敷时的接头，应用托板托置固定。

(3)直埋电缆接头盒外面应有防止机械损伤的保护盒(环氧树脂接头盒除外)。位于冻土层内的保护盒，盒内宜注以沥青。

快学快用 2　电缆标志牌装设要求

(1)生产厂房及变电站内应在电缆终端头、电缆接头处装设电缆标志牌。

(2)城市电网电缆线路应在下列部位装设电缆标志牌：

1)电缆终端及电缆接头处。

2)电缆两端，人孔及工作井处。

3)电缆隧道内转弯处、电缆分支处、直线段每隔 50～100m。

(3)标志牌上应注明线路编号。当无编号时，应写明电缆型号、规格及起讫地点；并联使用的电缆应有顺序号。标志牌的字迹应清晰不易脱落。

(4)标志牌规格宜统一，并应能防腐，挂装应牢固。

二、电缆线路敷设方式

电缆线路的敷设方式较多，一般有电缆的直埋敷设、电缆构筑物中电缆的敷设、桥梁上电缆的敷设、水底电缆的敷设、电缆的架空敷设以及电缆保护管的敷设等。采用哪种敷设方式，应根据电缆的根数、电缆线路的长度以及周围环境条件等因素决定。一般在电缆根数较少，且敷设距离较长时可采用直埋敷设的方式；当电缆与地下管网交叉不多，地下水位较低且无高温介质和熔化金属液体流入可能的地区，同一路径的电缆根数为 18 根以下时，宜采用电缆沟敷设；18 根以上时，宜采用电缆隧道敷设。

1. 电缆直埋敷设

电缆直埋敷设就是沿选定的路径挖沟，然后将电缆埋设在沟内。此方法适用于沿同一路径敷设的室外电缆根数在 8 根及以下且场地有条件的情况。电缆直埋敷设施工简便，费用较低，电缆散热好，但土方量大，电缆还易受到土壤中酸碱物质的腐蚀。

电缆直埋敷设时，首先应根据选定的路径挖沟，电缆沟的宽度与沟里埋设电缆的根数有关。电缆沟的形状基本上是一个梯形，对于一般土质，沟顶应比沟底宽 200mm。电缆之间，电缆与其他管道、道路、建筑物等之间平行和交叉时的最小净距，应符合表 5-7 的规定。电缆直埋敷设时，保护管的内径应比电缆的外径大 1.5 倍。如选用钢管，则应在埋设前将管口加工成喇叭形，电缆钢保护管的直径可按表 5-8 选择。

表 5-7　　电缆之间、电缆与管道、道路、建筑物之间平行和交叉时的最小允许净距

序号	项　目	最小允许净距/m		备　注
		平　行	交　叉	
1	电力电缆间及其与控制电缆间 10kV 及以下	0.10	0.50	(1)控制电缆间平行敷设的间距不作规定；序号 1、3 项，当电缆穿管或用隔板隔开时，平行净距可降低为 0.1m
2	电力电缆间及其控制电缆间 10kV 及以上	0.25	0.50	

续表

序号	项目	最小允许净距/m 平行	最小允许净距/m 交叉	备注
3	控制电缆	—	0.50	(2)在交叉点前后 1m 范围内，如电缆穿入管中或用隔板隔开，交叉净距可降低为 0.25m。 (3)对序号第 4 项，应采取隔热措施，使电缆周围土壤的温升不超过 10℃。 (4)电缆与管径大于 800mm 的水管，平行间距应大于 1m，如不能满足要求，应采取适当防电化腐蚀措施，特殊情况下，平行净距可酌减
3	不同使用部门的电缆间	0.50	0.50	
4	热力管道(管沟)及热力设备	2.0	0.50	
5	油管道(管沟)	1.0	0.50	
6	可燃气体及易燃液体管道(管沟)	1.0	0.50	
7	其他管道(管沟)	0.50	0.50	
8	铁路路轨	3.0	1.0	
9	电气化铁路路轨 交流	3.0	1.0	
9	电气化铁路路轨 直流	10.0	1.0	
10	公路	1.50	1.0	
11	城市街道路面	1.0	0.7	
12	电杆基础(边线)	1.0	—	
13	建筑物基础(边线)	0.6	—	
14	排水沟	1.0	0.5	
15	独立避雷针集中接地装置与电缆间	5.0		

注：当电缆穿管或者其他管道有防护设施(如管道保温层等)时，表中净距应从管壁或防护设施的外壁算起。

表 5-8 电缆钢保护管的直径选择表

钢管直径/mm	纸绝缘三芯电力电缆截面面积/mm² 1kV	纸绝缘三芯电力电缆截面面积/mm² 6kV	纸绝缘三芯电力电缆截面面积/mm² 10kV	四芯电力电缆截面面积/mm²
50	≤70	≤25	—	≤50
70	95～150	35～70	≤60	70～120
80	185	95～150	70～120	150～185
100	240	185～240	150～240	240

严禁将电缆平行敷设于管道的上方或下方。特殊情况下应按下列规定执行：

(1)电力电缆间及其与控制电缆间或不同使用部门的电缆间，当电缆穿管或用隔板隔开时，平行净距可降低为0.1m。

(2)电力电缆间、控制电缆间以及它们相互之间，不同使用部门的电缆间在交叉点前后1m范围内，当电缆穿入管中或用隔板隔开时，其交叉净距可降为0.25m。

(3)电缆与热管道(沟)、油管道(沟)、可燃气体及易燃液体管道(沟)、热力设备或其他管道(沟)之间，虽净距能满足要求，但检修管路可能伤及电缆时，在交叉点前后1m范围内，尚应采取保护措施；当交叉净距不能满足要求时，应将电缆穿入管中，其净距可减为0.25m。

(4)电缆与热力管线交叉或接近时，如不能满足表5-8所列数值要求，应在接近段或交叉点前后1m范围内做隔热处理，其方法如图5-3所示，使电缆周围土壤的温升不超过10℃。

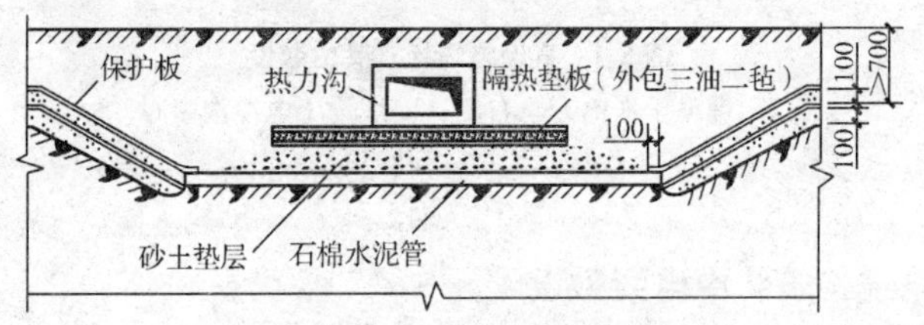

图5-3　电缆与热力管线交叉隔热做法

电缆与热管道(沟)及热力设备平行、交叉时，应采取隔热措施，使电缆周围土壤的温升不超过10℃。

(5)当直流电缆与电气化铁路路轨平行、交叉其净距不能满足要求时，应采取防电化腐蚀措施。

(6)直埋电缆穿越城市街道、公路、铁路，或穿过有载重车辆通过的大门时，进入建筑物的墙角处，进入隧道、人井，或从地下引出到地面时，应将电缆敷设在满足强度的管道内，并将管口堵好。

(7)高电压等级的电缆宜敷设在低电压等级电缆的下面。

快学快用3　直埋电缆回填土要求

(1)直埋电缆的上、下部应铺以不小于100mm厚的软土或沙层，并加盖保护板，其覆盖宽度应超过电缆两侧各50mm，保护板可采用混凝土盖板或砖块。软土或沙子中不应有石块或其他硬质杂物。

(2)回填土前,沟内如有积水则应抽干。覆盖土要分层夯实,最后清理场地,做好电缆走向记录,并应在电缆引出端、终端、中间接头、直线段每隔 100m 处和走向有变化的部位挂标志牌。标志牌可采用 C15 钢筋混凝土预制,安装方法如图 5-4 所示。

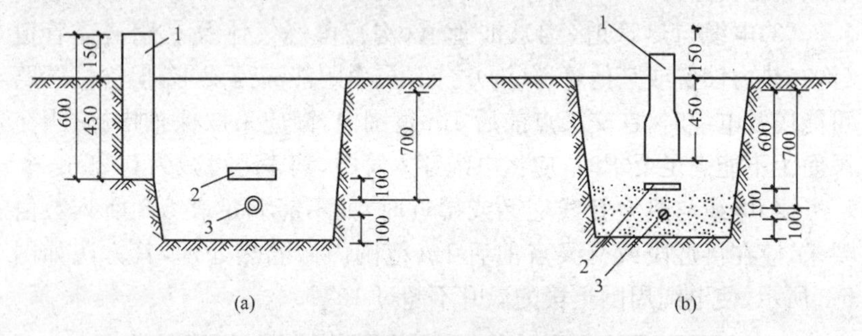

图 5-4 直埋电缆标志牌的装设

(a)埋设于送电方向右侧;(b)埋设于电缆沟中心

1—电缆标志牌;2—保护板;3—电缆

2. 电缆构筑物中电缆敷设

(1)电缆的排列。电缆的排列应符合下列要求:

1)电力电缆和控制电缆不应配置在同一层支架上。

2)高低压电力电缆,强电、弱电控制电缆应按顺序分层配置,一般情况宜由上而下配置;但在含有 35kV 以上高压电缆引入柜盘时,为满足弯曲半径要求,可由下而上配置。

(2)电缆在支架上的敷设。

1)控制电缆在普通支架上,不宜超过 1 层;桥架上不宜超过 3 层。

2)交流三芯电力电缆,在普通支、吊架上不宜超过 1 层;桥架上不宜超过 2 层。

3)交流单芯电力电缆,应布置在同侧支架上,并加以固定。当按紧贴的正三角形排列时,应每隔一定的距离用绑带扎牢,以免松散。

4)明敷在室内及电缆沟、隧道、竖井内带有麻护层的电缆,应剥除麻护层,并对其铠装加以防腐。

5)电缆敷设完毕后，应及时清除杂物，盖好盖板。必要时，尚应将盖板缝隙密封。

3. 桥梁上电缆敷设

木桥上的电缆应穿管敷设。在其他结构的桥上敷设的电缆，应在人行道下设电缆沟或穿入由耐火材料制成的管道中。在人不易接触处，电缆可在桥上裸露敷设，但应采取避免太阳直接照射的措施。悬吊架设的电缆与桥梁架构之间的净距不应小于0.5m。

4. 水底电缆敷设

水底电缆应采用专门适宜水中敷设的电缆，电缆整根不能有硬接头。一般来说，水底电缆敷设时应符合以下要求：

(1)通过河流的电缆，应敷设于河床稳定及河岸很少受到冲损的地方。在码头、锚地、港湾、渡口及有船停泊处敷设电缆时，必须采取可靠的保护措施。当件允许时，应深埋敷设。

(2)水底电缆的敷设，必须平放水底，不得悬空。当条件允许时，宜埋入河床(海底)0.5m以下。

(3)水底电缆平行敷设时的间距不宜小于最高水位水深的2倍；当埋入河床(海底)以下时，其间距按埋设方式或埋设机的工作活动能力确定。

(4)水底电缆引到岸上的部分应穿管或加保护盖板等保护措施，其保护范围，下端应为最低水位时船只搁浅及撑篙达不到之处；上端高于最高洪水位。在保护范围的下端，电缆应固定。

(5)电缆线路与小河或小溪交叉时，应穿管或埋设在河床下足够深处。

(6)在岸边水底电缆与陆上电缆连接的接头，应装有锚定装置。

(7)水底电缆的敷设方法、敷设船只的选择和施工组织的设计，应按电缆的敷设长度、外径、质量、水深、流速和河床地形等因素确定。

(8)水底电缆的敷设，当全线采用盘装电缆时，根据水域件，电缆盘可放在岸上或船上，敷设时可用浮筒浮托，严禁使电缆在水底拖拉。

(9)水底电缆不能盘装时，应采用散装敷设法。其敷设程序应先将电缆圈绕在敷设船舱内，再经舱顶高架、滑轮、刹车装置至入水槽下水，用拖轮绑拖，自舱敷设或用钢缆牵引敷设。

(10)水底电缆敷设应在小潮汛、憩流或枯水期进行，并应视线清晰，风力小于5级。

(11)水底电缆敷设时，两岸应按设计设立导标。敷设时应定位测量，及时纠正航线和校核敷设长度。

(12)水底电缆引到岸上时，应将余线全部浮托在水面上，再牵引至陆上。浮托在水面上的电缆应按设计路径沉入水底。

5. 电缆架空敷设

当地下情况复杂不宜采用电缆直埋敷设且用户密度高、用户的位置和数量变动较大，今后需要扩充和调整以及总图无隐蔽要求时，可采用架空电缆，但在覆冰严重地面不宜采用架空电缆。架空电缆与公路、铁路、架空线路交叉跨越时，应符合表5-9的规定。

表5-9　架空电缆与公路、铁路、架空线路交叉跨越时最小允许距离　m

交叉设施	最小允许距离	备注
铁路	7.5	—
公路	6	—
电车路	3/9	至承力索或接触线/至路面
弱电流线路	1	—
电力线路	1/2/3/4/5	电压(kV)1以下/6～10/35～110/154～220/330
河道	6/1	5年一遇洪水位/至最高航行水位的最高船桅顶
索道	1	—

架空电缆的金属护套、铠装及悬吊线均应有良好的接地，杆塔和配套金具均应进行设计，并应满足规程及强度要求。

对于较短且不便直埋的电缆可采用架空敷设，架空敷设的电缆截面不宜过大，考虑到环境温度的影响，架空敷设的电缆载流量宜按小一规格截面的电缆载流量考虑。

支撑架空电缆的钢绞线应满足荷载要求，并全线良好接地，在转角处需打拉线或顶杆。

快学快用 4　架空电缆敷设要求

(1)架空敷设的电缆不宜设置电缆接头。

(2)架空电缆与架空线路同杆敷设时,电缆应在架空线路的下面,电缆与最下层的架空线路横担的垂直间距应不小于 0.6m。

(3)架空电缆在吊线上以吊钩吊挂,吊钩的间距应不大于 0.5m。

6. 电缆保护管敷设

(1)电缆保护管使用范围。在建筑电气工程中,电缆保护管的使用范围如下:

1)电缆进入建筑物、隧道,穿过楼板或墙壁的地方及电缆埋设在室内地下时需穿保护管。

2)电缆从沟道引至电杆、设备,或者室内行人容易接近的地方、距离地面高度 2m 以下的一段电缆需装设保护管。

3)电缆敷设于道路下面或横穿道路时需穿管敷设。

4)从桥架上引出的电缆,或者装设桥架有困难及电缆比较分散的地方,均应在保护管内敷设电缆。

快学快用 5　电缆保护管的选用要求

电缆保护管一般用金属管者较多,其中镀锌钢管防腐性能好,因此被普遍用作电缆保护管。

(1)电缆保护钢管或硬质聚氯乙烯管的内径与电缆外径之比不得小于 1.5 倍。

(2)硬质聚氯乙烯管因质地较脆,应不用在温度过低或过高的场所。敷设时,温度不宜低于 0℃,最高使用温度应不超过 50～60℃。

(3)无塑料护套电缆尽可能少用钢保护管,因为电缆金属护套和钢管之间有电位差时,容易因腐蚀导致电缆发生故障。

(2)电缆保护管敷设。

1)明敷电缆保护管。

①明敷电缆保护管与土建结构平行时，通常采用支架固定在建筑结构上，保护管装设在支架上。支架应均匀布置，支架间距不宜大于表5-10中的数值，以免保护管出现垂度。

表5-10　　电缆管支持点间最大允许距离　　mm

电缆管直径	硬质塑料管	钢管		电缆管直径	硬质塑料管	钢管	
		薄壁钢管	厚壁钢管			薄壁钢管	厚壁钢管
20及以下	1000	1000	1500	40～50	—	2000	2500
25～32	—	1500	2000	50～70	2000	—	—
32～40	1500	—	—	70以上	—	2500	3000

②如明敷的保护管为塑料管，其直线长度超过30m时，宜每隔30m加装一个伸缩节，以消除由于温度变化引起管子伸缩带来的应力影响。

③保护管与墙之间的净空距离不得小于10mm；与热表面距离不得小于200mm；交叉保护管净空距离不宜小于10mm；平行保护管间净空距离不宜小于20mm。

④明敷金属保护管的固定不得采用焊接方法。

2)混凝土内保护管敷设。对于埋设在混凝土内的保护管，在浇筑混凝土前应按实际安装位置量好尺寸，下料加工。管子敷设后应加以支撑和固定，以防止浇筑混凝土时受振而移位。

3)电缆保护钢管顶过路敷设。当直埋敷设线路时，其通过的地段有时会与铁路或交通频繁的道路交叉，由于不可能较长时间断绝交通，因此常采用不开挖路面的顶管方法。

不开挖路面的顶管方法，即在铁路或道路的两侧各挖掘一个作业坑，一般可用顶管机或油压千斤顶将钢管从道路的一侧顶到另一侧。顶管时，应将千斤顶、垫块及钢管放在轨道上用水准仪和水平仪将钢管找平调整，并应对道路的断面有充分了解，以免将管顶坏或顶坏其他管线。被顶钢管不宜做成尖头，以平头为好，因为尖头容易在碰到硬物时产生偏移。

4)电缆保护钢管接地。用钢管作电缆保护管时，如利用电缆的保护钢管作接地线时，应先焊好接地跨接线，再敷设电缆。应避免在电缆敷设后再焊接地线时烧坏电缆。

钢管有丝扣的管接头处，在接头两侧应用跨接线焊接。用圆钢作跨接线时，其直径不宜小于 12mm；用扁钢作跨接线时，扁钢厚度不应小于 4mm，截面面积不应小于 100mm^2。当电缆保护钢管接地采用套管焊接时，不需再焊接地跨接线。

快学快用 6　特殊地点的电缆保护管敷设要求

在下列地点，需敷设具有一定机械强度的保护管保护电缆：

(1)电缆进入建筑物及墙壁处；保护管伸入建筑物散水坡的长度不应小于 250mm，保护罩根部不应高出地面。

(2)从电缆沟引至电杆或设备，距地面高度 2m 及以下的一段，应设钢保护管保护，保护管埋入非混凝土地面的深度不应小于 100mm。

(3)电缆与地下管道接近和交叉时的距离不能满足有关规定时。

(4)当电缆与道路、铁路交叉时。

(5)其他可能受到机械损伤的地方。

7. 电缆排管敷设

电缆排管敷设方式，适用于电缆数量不多(一般不超过 12 根)，而与道路交叉较多，路径拥挤，又不宜采用直埋或电缆沟敷设的地段。穿电缆的排管大多是水泥预制块，也可采用混凝土管(图 5-5)或石棉水泥管。

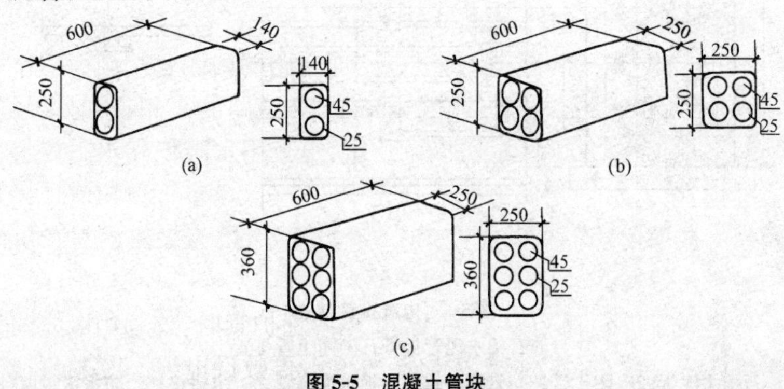

图 5-5　混凝土管块

(a)2 孔；(b)4 孔；(c)6 孔

电缆排管的结构是将预先准备好的管子按需要的孔数排成一定的形式，用水泥浇成一个整体。每节排管的长度为 2～4m。管子的排列形式有方形和长方形两种，方形结构比较经济，但中间孔散热较差，因此这几个孔大多留作敷设控制电缆之用。可按照电缆排管目前和将来的发展需要，根据地下建筑物的情况，决定敷设排管的孔数（或管子的根数）和管子排列的形式。电缆排管制作成的结构如图 5-6 所示，管子数目及排列尺寸见表 5-11。

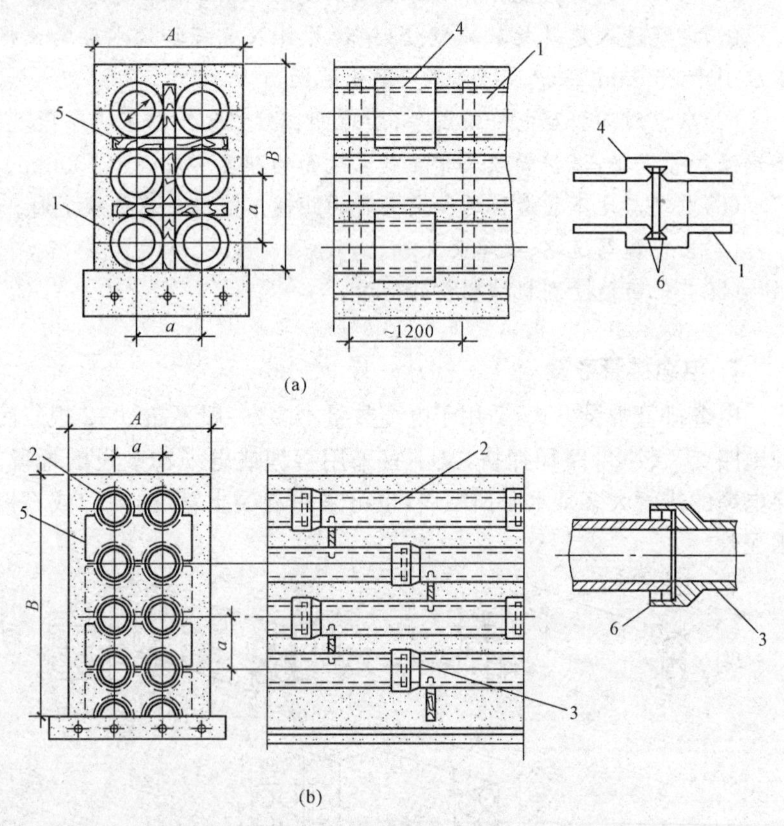

图 5-6　电缆排管结构

(a)石棉水泥管排管；(b)陶土管排管

1—石棉水泥管；2—陶土管；3—管接头；4—石棉水泥套管；5—木衬垫；6—防水密封填料

表 5-11　　　　管子排列的方式及排管的尺寸　　　　mm

管子排列方式				垂直排列					水平排列				
水平管子数(根)				2	2	2	2	2	3	3	4	5	6
垂直管子数(根)				2	3	4	5	6	1	2	2	2	2
尺寸	陶土管	$D=100$ $a=195$	A	555	555	555	555	555	750	750	945	1130	1325
			B	510	705	900	1095	1280	315	510	510	510	510
		$D=125$ $a=230$	A	630	630	630	630	630	860	860	1090	1320	1550
			B	590	820	1050	1280	1510	360	590	590	590	590
		$D=150$ $a=265$	A	690	690	690	690	690	960	960	1230	1490	1760
			B	670	935	1200	1465	1730	390	670	670	670	670
	石棉水泥管	$D=100$ $a=146$	A	370	370	370	370	370	520	520	650	800	940
			B	320	460	610	760	900	170	320	320	320	320
		$D=125$ $a=171$	A	410	410	410	410	410	585	585	755	925	1100
			B	370	540	710	880	1050	200	370	370	370	370
		$D=150$ $a=198$	A	470	470	470	470	470	670	670	865	1060	1260
			B	420	620	820	1030	1220	230	420	420	420	420

快学快用 7　石棉水泥管排管敷设要求

石棉水泥管排管敷设，就是利用石棉水泥管以排管的形式周围用混凝土或钢筋混凝土包封敷设。

(1)石棉水泥管混凝土包封敷设。石棉水泥管排管在穿过铁路、公路及有重型车辆通过的场所时，应选用混凝土包封的敷设方式。

1)在电缆管沟沟底铲平夯实后，先用混凝土打好 100mm 厚底板，在底板上再浇筑适当厚度的混凝土后，再放置定向垫块，并在垫块上敷设石棉水泥管。

2)定向垫块应在管接头处两端 300mm 处设置。

3)石棉水泥管混凝土包装敷设时，要预留足够的管孔，管与管之间的相互间距不应小于 80mm。如采用分层敷设时，应分层浇筑混凝土并捣实。

(2)石棉水泥管钢筋混凝土包封敷设。对于直埋石棉水泥管排管，如果敷设在可能发生位移的土壤中(如流砂层、8度及以上地震基本烈度区、回填土地段等)，应选用钢筋混凝土包封敷设方式。

快学快用8 混凝土管块包封敷设要求

当混凝土管块穿过铁路、公路及有重型车辆通过的场所时，混凝土管块应采用混凝土包封的敷设方式，如图5-7所示。

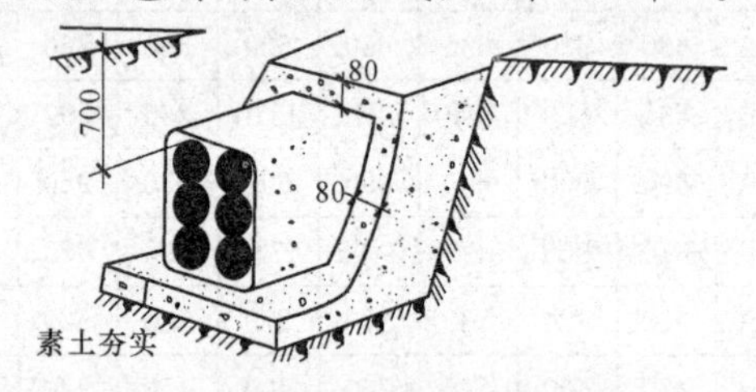

图5-7 混凝土管块用混凝土包封示意图

(1)混凝土管块的混凝土包封敷设时，应先浇筑底板，然后放置混凝土管块。

(2)在混凝土管块接缝处，应缠上宽度为80mm、长度为管块周长加上100mm的接缝砂布、纸条或塑料胶粘布，以防止砂浆进入。

(3)缠包严密后，先用1∶2.5水泥砂浆抹缝封实，使管块接缝处严密，然后在混凝土管块周围灌注强度不小于C10的混凝土进行包封，如图5-8所示。

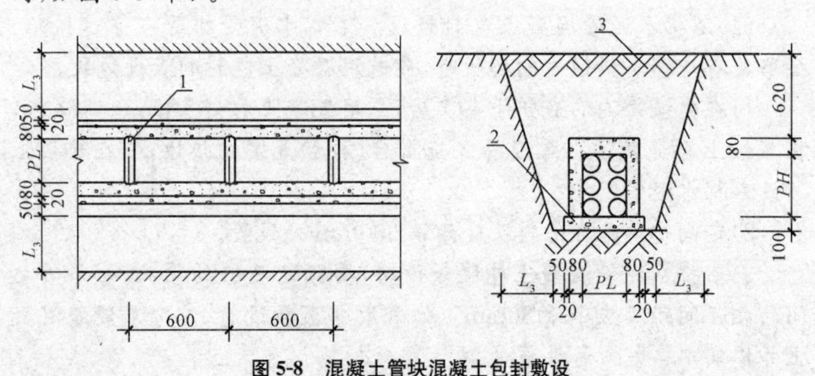

图5-8 混凝土管块混凝土包封敷设

1—接口处缠纱布后用水泥砂浆包封；2—C10混凝土；3—回填土

(4)混凝土管块敷设组合安装时,管块之间上下左右的接缝处,应保留 15mm 的间隙,用 1∶25 水泥砂浆填充。

8. 电缆在桥架内敷设

(1)电缆桥架的组成。电缆桥架一般由直线段、弯通、桥架附件和支、吊架四部分组成。

1)直线段。直线段是指一段不能改变方向或尺寸的用于直接承托电缆的刚性直线部件。

2)弯通。弯通是指一段能改变电缆桥架方向或尺寸的一种装置,是用于直接承托电缆的刚性非直线部件,也是由冷轧(或热轧)钢板制成的。

3)桥架附件。桥架附件是用于直线段之间、直线段与弯通之间的连接,以构成连续性刚性的桥架系统所必需的连接固定或补充直线段、弯通功能的部件,既包括各种连接板,又包括盖板、隔板、引下装置等部件。

4)桥架支、吊架。桥架支、吊架是直接支承托盘、梯架的主要部件。按部件功能分为托臂、立柱、吊架及其固定支架。

快学快用 9　电缆桥架的选择要求

(1)电缆桥架最大允许荷载见表 5-12。

表 5-12　　电缆桥架最大允许荷载

电缆桥架型号	每层允许荷载/(N/m)	立柱最大间距/m	备　注
QDj－1	500(300)	1.2(1.5)①	沿壁架设
QSj－2	500(300)/1000(750)	1.5(2)②	垂直吊装/沿壁架设

① 间距 1.5m 时,允许荷载为 300N/m;

② 间距 2.0m 时,允许荷载为 300N/m(垂直吊装)和 750N/m(沿墙壁架设)。

(2)电缆桥架安装在室外时应加保护盖板,并应考虑冰荷载和风荷载。

(3)选择电缆桥架的宽度时,应预留 20%～30%的空位,以备增添电缆。

(4)对需要隔离屏蔽的电缆可采用槽形桥,也可以采用梯形桥。槽形电缆桥和梯形电缆桥在车间内可以混合使用(但边高需一致)。

(5)电缆桥层间距在符合规范规定的条件下允许不统一,可按照各类电缆需要而定,以便充分利用空间。

(6)立柱固定宜用预埋件,以减轻工人劳动强度与施工困难,从而加快施工进度。

(7)电缆桥架按成套设备订货,编入设备清单内。

(2)电缆桥架的结构类型。电缆桥架按结构形式可划分为梯架式、托盘式和线槽式三种。其结构特点如下:

1)梯架式桥架。梯架式桥架是用薄钢板冲压成槽板和横格架(横撑)后,再将其组装成由侧边与若干个横档构成的梯形部件,如图 5-9 所示。

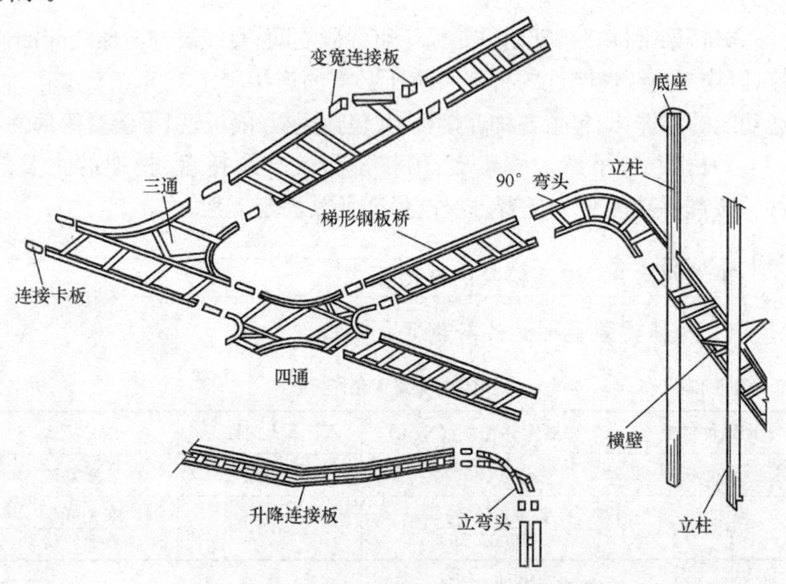

图 5-9 梯形电缆桥架部件组合图

2)托盘式桥架。托盘式桥架是用薄钢板冲压成基板,再将基板作为底板和侧板组装成托盘。基板有带孔眼和不带孔眼等形式,不同的底板与侧板又可组装成不同的形式,如封闭式托盘和非封闭式托盘等。

①有孔托盘。有孔托盘是由带孔眼的底板和侧边所构成的槽形

部件或由整块钢板冲孔后弯制成的部件。

②无孔托盘。无孔托盘是由底板与侧边构成的或由整块钢板制成的槽形部件,如图 5-10 所示。

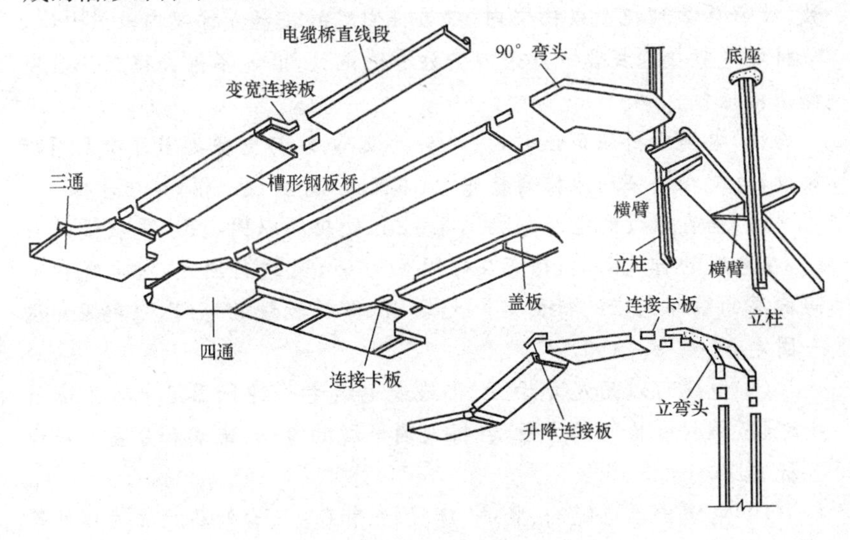

图 5-10　槽形电缆桥架部件组合示意图

③组装式托盘。组装式托盘是由适用于工程现场任意组合的有孔部件用螺栓或插接方式连接成托盘的部件,也称为组合式托盘。

(3)线槽式桥架。线槽式桥架的线槽是用薄钢板直接冲压而成。

快学快用 10　电缆在桥架内敷设要求

(1)电缆在桥架内敷设时,应保持一定的间距;多层敷设时,层间应加隔栅分隔,以利通风。

(2)为了保障电缆线路运行安全,避免相互间的干扰和影响,下列不同电压、不同用途的电缆不宜敷设在同一层桥架上;如果受条件限制需要安装在同一层桥架上,应用隔板隔开。

(3)在有腐蚀或特别潮湿的场所采用电缆桥架布线时,宜选用外护套具有较强的耐酸、碱腐蚀能力的塑料护套电缆。

(4)电缆沿桥架敷设前应防止电缆排列不整齐,出现严重交叉现象,必须事先就将电缆敷设位置排列好,规划出排列图表,按图表进行施工。

(5)施放电缆时,对于单端固定的托臂可以在地面上设置滑轮施放,放好后拿到托盘或梯架内;双吊杆固定的托盘或梯架内敷设电缆,应将电缆直接在托盘或梯架内安放滑轮施放,电缆不得直接在托盘或梯架内拖拉。

(6)电缆沿桥架敷设时,应单层敷设,电缆与电缆之间可以无间距敷设,电缆在桥架内应排列整齐,应不交叉,并敷设一根,整理一根。

(7)垂直敷设的电缆每隔1.5～2m处应加以固定;水平敷设的电缆,在电缆的首尾两端、转弯及每隔5～10m处进行固定,对电缆在不同标高的端部也应进行固定。大于45°倾斜敷设的电缆,每隔2m设一固定点。

(8)电缆可以用尼龙卡带、绑线或电缆卡子进行固定。为了运行中巡视、维护和检修的方便,在桥架内电缆的首端、末端和分支处应设置标志牌。

(9)电缆出入电缆沟、竖井、建筑物、柜(盘)、台处及导管管口处等应做密封处理。出入口、导管管口的封堵目的是防火、防小动物入侵、防异物跌入的需要,均是为安全供电而设置的技术防范措施。

(10)在桥架内敷设电缆,每层电缆敷设完成后应进行检查;全部敷设完成后,经检验合格才能盖上桥架的盖板。

第三节　电缆头制作与接线

电缆敷设完成以后,其两端要剥出一定长度的线芯,以便分相与设备接线端子连接,做终端头;在电缆施工中,往往会由于电缆的长度不够,需要将两根电缆的两端连接起来,这也需要做接头。

一、电缆头类型

电缆线路两末端的接头称为终端头,中间的接头称为中间接头,终端头和中间接头统称为电缆头。电缆头一般是在电缆敷设就位后

在现场进行制作。它的主要作用是使电缆保持密封，使线路畅通，并保证电缆接头处的绝缘等级，使其能够安全可靠的运行。

电缆终端头、接头的种类、型号较多，对于不同的材料，其操作技术要求也各不相同。在建筑电气工程中，常用的电缆有橡塑绝缘电缆和油浸纸绝缘电缆。其终端头和接头的形式如下：

1. 橡塑绝缘电缆终端头和接头形式

橡塑绝缘电缆常用的终端头和接头形式有自黏带绕包型、热缩型、预制型、模塑型、弹性树脂浇筑型等。

（1）自黏带绕包型是用自黏性橡胶带绕包制作的电缆终端和接头。

（2）热缩型是由热收缩管件如各种热收缩管材料、热收缩分支套、雨裙等和配套用胶在现场加热收缩组合成的电缆终端和接头。

（3）预制型是由橡胶模制的一些部件如应力锥、套管、雨罩等组成，现场套装在电缆末端构成的电缆终端和接头。

（4）模塑型是用辐照交联热缩膜绕包后用模具加热，使其熔融成整体作为加强绝缘构成的电缆终端和接头。

（5）弹性树脂浇筑型是用热塑性、弹性体树脂现场成型的电缆终端和接头。

快学快用 11　电缆头的质量要求

（1）电缆头必须有良好的导电性，应与电缆本体一样，能长久稳定地传输允许载流量规定的电流，且不引起局部发热。

（2）电缆头要求结构简单、轻巧，要保证相间和相对外壳之间的电气距离，以避免短路或击穿。

（3）电缆头应有优良的防护结构，要求具有耐气候性和防腐性。

（4）电缆头的绝缘强度应保证不低于电缆本身的绝缘强度，而且要有足够的机械强度。电缆芯线接头必须接触良好，抗拉强度不低于电缆芯线强度的70%。

2. 油浸纸绝缘电缆常用的传统形式

油浸纸绝缘电缆常用的传统形式如壳体灌注型、环氧树脂型。由于沥青、环氧树脂、电缆油等与橡塑绝缘材料不相容(两种材料的硬度、膨胀系数、黏结性等性能指标相差较大),一般不适合用于橡塑绝缘电缆。

二、电缆头连接部件

制作电缆终端头和中间接头所需要的连接部件有接线端子、连接管、终端盒和接头盒等。

1. 接线端子

接线端子又称接线耳,其作用是连接电缆导体与设备端子,有铜端子、铝端子和铜铝过渡端子之分。选用时,可视电缆导体材料及与设备的连接方式而定。

2. 连接管

连接管主要有焊接铜连接管、压接铝连接管、压接铜连接管和铜铝连接管等。其主要作为连接电缆中间接头。使用时,可根据不同的连接方法和电缆导体材料选定。

3. 终端盒

WDC 型电缆终端盒适用于 10kV 及以下三芯或四芯油浸纸绝缘电力电缆。三芯电缆线芯截面 16～95mm^2 的使用 WDC－31 型;120～240mm^2 使用 WDC－32 型;四芯电缆使用 WDC－4 型。WDC 型终端盒主要外形结构与尺寸如图 5-11 及表 5-13 所示。

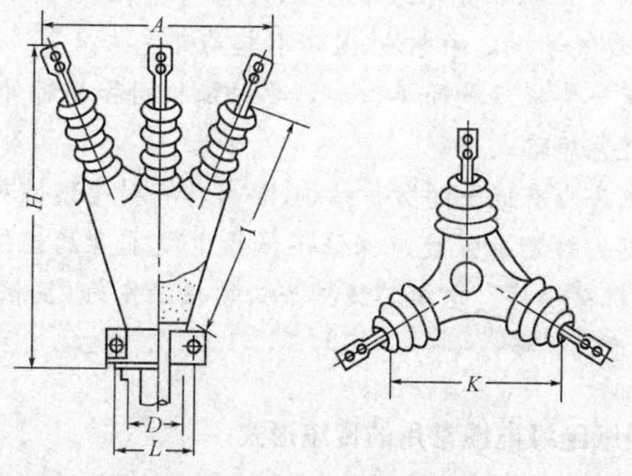

图 5-11　WDC 型终端盒外形结构

表 5-13　　WDC 型外形尺寸

型号	电压/kV	电缆芯数	适用电缆线芯截面面积/mm^2	尺寸/mm					
				A	D	L	K	H	J
WDC－31	10	3	95 及以下	320	80	170	210	450	310
WDC－32	10	3	120～240	360	100	200	215	510	350
WDC－4	1	4	3×185＋1×50 及以下	300	80	170	110	500	325

注：WDC 型的代表符号：W—室外，D—鼎足式，C—瓷质。WDC 型终端盒具有体积小，质量轻，结构简单，安装方便，成本低等特点；与环氧树脂和其他高分子材料相比较，还具有优异的化学稳定性、耐电晕性、耐电弧性以及耐大气老化性能。

4. 接头盒

塑料橡胶电缆中间接头盒适用于直埋地下或需要承受不大的径向压力的场所。连接盒为塑料盒，分为可灌电缆胶和不可灌胶两种形式，规格尺寸相同。为了防止塑料盒受热变形及破坏绝缘，所灌用的电缆胶应选浇灌温度较低的 1 号沥青绝缘胶。连接盒的连接处均有耐油橡胶密封圈密封。

控制电缆终端套用于油浸纸绝缘控制电缆的封端。终端套的形状及规格，如图 5-12 及表 5-14 所示。

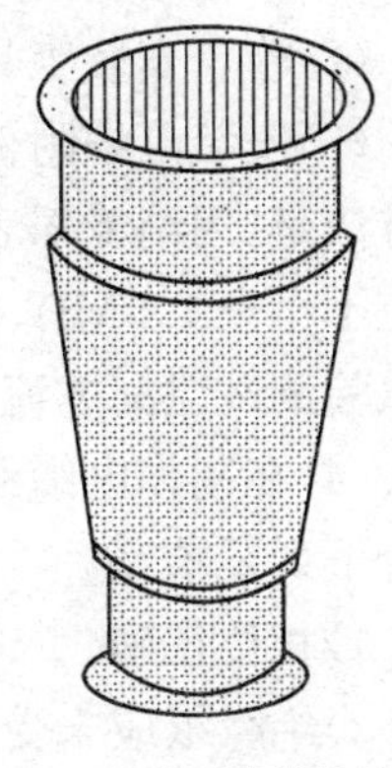

图 5-12　控制电缆终端套

表 5-14　　控制电缆终端套适用范围表

型　号	终端套内径/mm	适用范围股数×直径/mm
KT2－1	12	4×1.5、5×1.5、4×2.5
KT2－2	13	6×1.5、5×2.5、7×1.5
KT2－3	14	6×2.5、4×6、8×1.5
KT2－4	15	8×2.5、6×4、7×4
KT2－5	16.5	10×1.5、8×4、7×6、6×6
KT2－6	18	14×1.5、10×2.5、8×6
KT2－7	19.5	19×1.5、14×2.5、10×4、4×10
KT2－8	21	19×2.5、10×6
KT2－9	24	24×1.5、6×10、7×10、30×1.5
KT2－10	26	8×10、25×2.5、37×1.5、30×2.5

三、电缆头制作

电缆终端头或电缆接头制作工作，应由经过培训有熟练技巧的技工担任，或在前述人员的指导下进行工作。

1. 技术准备

在电缆终端头和电缆接头制作前，应熟悉电缆头制作的工艺要求与工艺参数；对于充油电缆，还应熟悉油务及真空工艺等有关规程的规定。

(1)检查电缆附件部件和材料应与被安装的电缆相符。

(2)检查安装工具，应齐全、完好，便于操作。

(3)安装电缆附件前，应先检验电缆是否受潮，是否受到损伤。检查方法是：用绝缘摇表摇测电缆每相线芯的绝缘电阻，1kV 及以下电缆应不小于 100MΩ，6kV 及以上电缆应不小于 200MΩ；或者做直流耐压试验测试泄漏电流。

(4)在制作电缆终端头与电缆中间接头前应做好检查工作，并应符合下列要求：

1)相位正确。

2)绝缘纸应未受潮，充油电缆的油样应合格。

3)所用绝缘材料应符合要求。

4)电缆终端头与电缆中间接头的配件应齐全，并应符合要求。

2. 热缩电缆头制作

热缩式电力电缆头是由聚烯烃、硅酸胶和多种添加剂共混得到多相聚合物，经过 γ 射线或电子束等高能射线辐照而成的多相聚合物辐射交联热收缩材料，电缆头是由辐射交联热收缩电缆附件制成的。

热收缩电缆附件适用于 0.5～10kV 交联聚乙烯电缆及各种类型的电缆头制作安装，应区分户内式、户外式和区分热缩式电缆终端头、热缩式电缆中间接头，以及区分高压(≤10kV)和低压(≤1kV)。

(1)材料和设备。热缩型电缆头分为纸绝缘电缆型和交联电缆型两大类。前者适用于浸渍纸电缆；后者适用于交联和塑料电缆。热缩型油浸纸绝缘电缆终端头主要材料表，见表 5-15；热缩型交联聚乙烯绝缘电缆终端头材料表，见表 5-16；热缩型塑料绝缘电缆终端头材料表，见表 5-17；热缩型塑料绝缘电缆接头材料，见表 5-18。

表 5-15　热缩型油浸纸绝缘电缆终端头主要材料表

序号	材料名称	规格/mm	数量
1	三指套	ϕ50～ϕ80	1
2	绝缘管(户内)	(ϕ30～ϕ40)×450	3
3	绝缘管(户外)	(ϕ30～ϕ40)×550	3
4	应力管	(ϕ30～ϕ40)×150	3
5	隔油管(户内)	(ϕ25～ϕ35)×450	3
6	隔油管(户外)	(ϕ25～ϕ35)×550	3
7	四氟带	100～400 圈	—
8	耐油填充胶	210～310 克	—
9	导电护套	(ϕ60～ϕ100)×250	1
10	相色管	(ϕ30～ϕ40)×50	3
11	密封管	(ϕ30～ϕ40)×150	3
12	涂胶纱布带	3～5m	
13	单孔雨裙(户外)	ϕ30～ϕ40	6
14	三孔雨裙(户外)	ϕ30～ϕ40	1
15	接线端子	与电缆线芯相配，采用 DL 或 DT 系列	—
16	接地线	—	—

表 5-16　热缩型交联聚乙烯绝缘电缆终端头主要材料表(户内)

序号	材料名称	备　注
1	三指套	(ϕ70～ϕ110)
2	绝缘管	(ϕ30～ϕ40)×450
3	应力控制管	(ϕ25～ϕ35)×150
4	绝缘副管	(ϕ35～ϕ40)×100

续表

序号	材料名称	备　注
5	相色管	(ϕ35～ϕ40)×50
6	填充胶	—
7	接地线	—
8	接线端子	与电缆线芯相配，采用DL或DT系列
9	绑扎铜丝	1/ϕ2.1mm
10	焊锡丝	—

表5-17　　热缩型塑料绝缘电缆终端头主要材料表

序号	材料名称	备　注
1	接线端子	与电缆线芯相配，采用DL或DT系列
2	三指套(或四指)	与电缆线芯截面相配
3	外绝缘管	(ϕ10～ϕ35)×300
4	相色聚氯乙烯带	红、黄、绿、黑四色
5	接地线	—
6	填充胶	—
7	绑扎铜丝	1/ϕ2.1mm
8	焊锡丝	—

表5-18　　0.6/1kV塑料电缆头主要材料表

序号	名称	规格/mm	长度/mm	数量
1	热缩绝缘管	ϕ10～ϕ35	400	3或4
2	热缩护套管	ϕ50～ϕ100	1000	1
3	填充胶	—	—	—
4	接地铜线	—	1000	1
5	连接管	—	—	3或4
6	PVC带	宽25mm	—	—

(2)制作工艺。热缩型交联绝缘终端头制作，如图5-13所示。

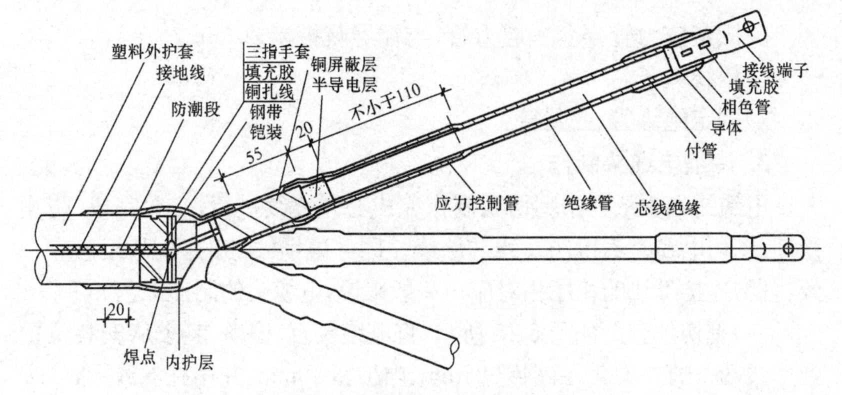

图 5-13　热缩型交联绝缘终端头制作

1)剥切。校直电缆后,按规定的尺寸剥切外护套,如图 5-14 所示。从外护套切口处留 30mm 钢铠,去漆,用铜线绑扎后,锯除其余部分,在钢带切口处留 20mm 内衬层,除去填充物,分开线芯。

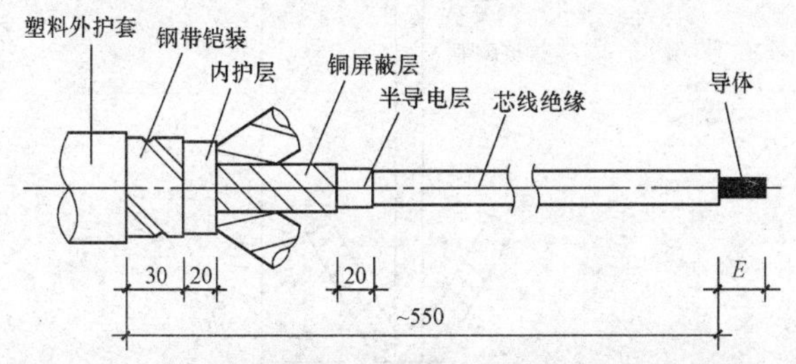

图 5-14　热缩型交联聚乙烯绝缘电缆终端头剥切示意图

(注:E=接线端子孔深+5mm。)

2)安装接地线。用铜线将接地线紧紧地绑扎在去漆的钢铠上,用焊锡焊牢,扎丝不得少于 3 道焊点。

3)填充胶、固定手套。用电缆填充胶填充三叉根部空隙,外形似橄榄状。钢铠向下擦净 60mm 外护套,绕包一层密封胶。将手套套入,从三叉根部加热收缩固定,加热时,扶手套根部依次向两端收缩固定。整齐剥离其余部分,但半导电层保留 20mm,不要损加热收缩固定。

4)剥离。从手指部向上保留 55mm 铜屏蔽层,伤主绝缘,然后用溶剂清洁芯线绝缘。

5)固定应力管。套入应力管,与铜屏蔽搭接 20mm。

6)压线鼻子。

7)固定绝缘管、密封管。

3. 冷缩电缆头制作

电缆终端头从开始剥切到制作完成必须连续进行,一次完成,防止受潮;剥切电缆时不得伤及线芯绝缘。同一电缆线芯的两端,相色应一致,且与连接母线的相序相对应。一般来说,电缆头的制作工艺如下:

(1)剥切外套。如图 5-15 所示,将电缆校直、擦净,剥去从安装位置到接线端子的外护套,留钢铠 25mm、内护套 10mm,并用扎丝或 PVC 带缠绕钢铠以防松散。铜屏蔽端头用 PVC 带缠紧,防止松散脱落,铜屏蔽皱褶部位用 PVC 带缠绕,以防划伤冷缩管。电缆头剥切尺寸见表 5-19。

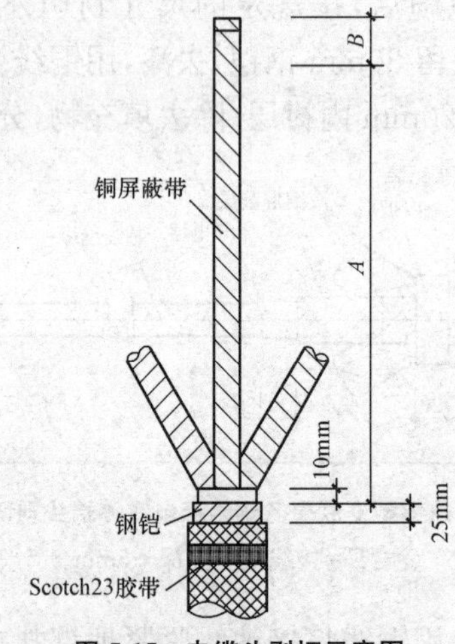

图 5-15　电缆头剥切示意图

表 5-19　　电缆头剥切尺寸

导体截面/mm²	绝缘外径/mm	A/mm	B
25～70	14～22	560	接线端子孔深+5mm
95～240	20～33	680	
300～500	28～46	680	

注:由于开关尺寸和安装方式的不同,A 尺寸供参考,具体的电缆外护套开剥长度应根据现场实际情况定。

(2)接地处理。将三角垫锥用力塞入电缆分岔处,钢铠去漆,用恒力弹簧将钢铠地线固定在钢铠上。为了牢固,地线要留 10～20mm 的头,恒力弹簧将其绕一圈后,把露的头反折回来,再用恒力弹簧缠绕,如图 5-16 所示。

(3)缠填充胶。自断口以下 50mm 至整个恒力弹簧、钢铠及内护用填充胶缠绕两层,三岔口处多缠一层。

(4)固定铜屏蔽地线(图 5-17)。将一端分成三股的地线分别用三个小恒力弹簧固定在三相铜屏蔽上,缠好后尽量把弹簧往里推,将钢铠地线与铜屏蔽地线分开,不能短接。

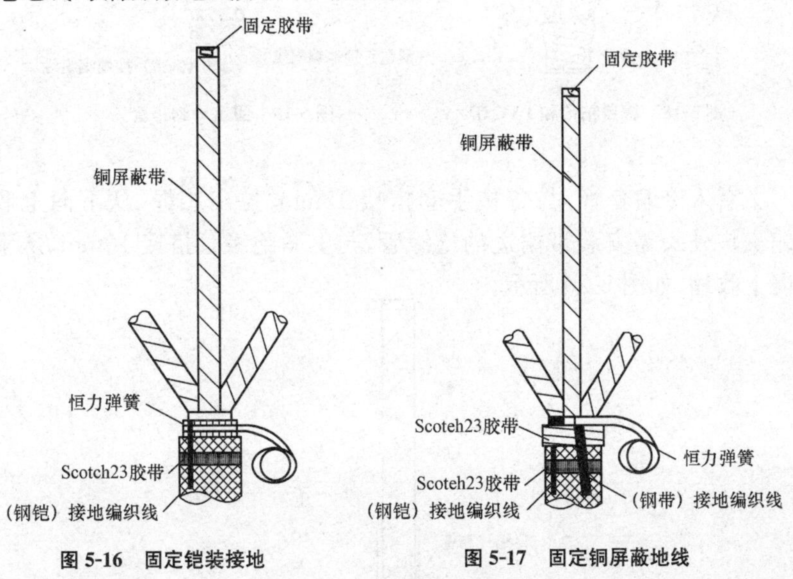

图 5-16　固定铠装接地　　图 5-17　固定铜屏蔽地线

(5)缠自粘带和 PVC 带。在填充胶及小恒力弹簧外缠一层黑色自粘带,再缠几层 PVC 带,水汽沿接地线缝隙进入,也更容易抽出冷缩指套内的塑料条,如图 5-18 所示。

(6)固定冷缩指套、冷缩管。先将指端的三个小支撑管拽出一点,再将指套套入尽量下压,逆时针先抽手套端塑料条再抽手指端塑料条,如图 5-19 所示。

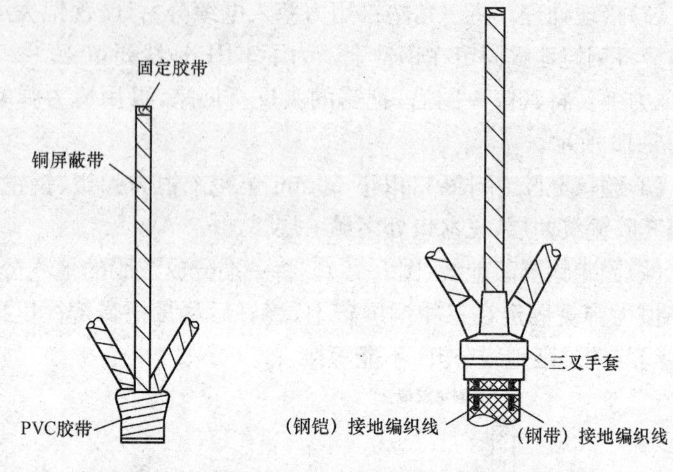

图 5-18 缠自粘带和 PVC 带　　图 5-19 固定冷缩指套

套入冷缩套管，与分枝手套搭接 15mm，拉出芯绳，从下向上收缩。户外头需安装带裙边的绝缘管，与上一绝缘管搭接 10mm，从下向上收缩，如图 5-20 所示。

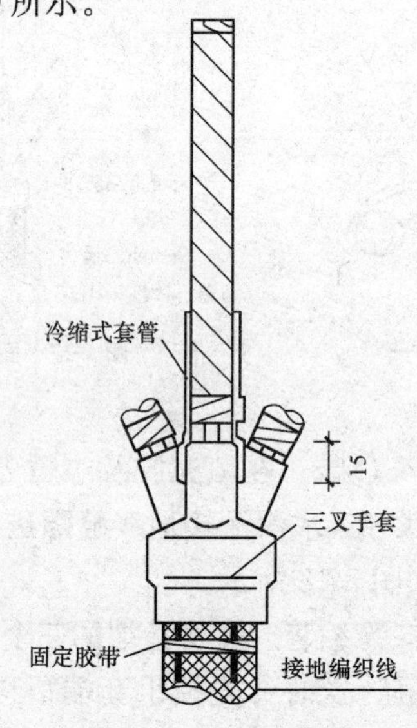

图 5-20 固定冷缩管

(7)压接线端子。距冷缩管 30mm 剥去铜屏蔽,记住相色线。距铜屏蔽层 10mm 处剥去外半导屏蔽层,按接线端子孔深剥除各相绝缘。将外半导电层及绝缘体末端用刀具倒角,按原相色缠绕相色条,压上端子,安装限位线,如图 5-21 所示。

(8)绕半导电带。从铜屏蔽层上 10mm 处绕半导电带至主绝缘上 10mm 处一个来回,用砂纸打磨绝缘层表面,并用清洁纸清洁。清洁时,从线芯端头起,到外半导层,切不可来回擦,并将硅脂涂在线芯表面,如图 5-22 所示。

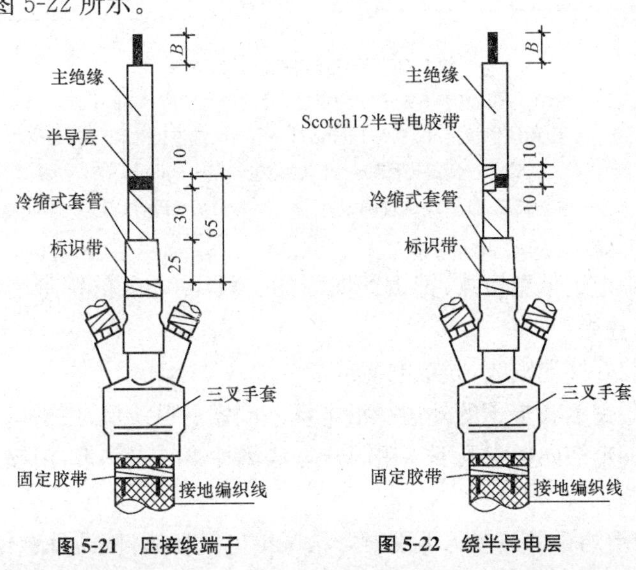

图 5-21　压接线端子　　　图 5-22　绕半导电层

(9)固定冷缩终端、密封管。套入冷缩终端,慢慢拉动终端内的支撑条,直到和终端端口对齐。将终端穿进电缆线芯,并与安装限位线对齐,轻轻拉动支撑条,使冷缩管收缩。

(10)密封冷缩指套。将指套大口端连地线一起翻卷过来,用密封胶将地线连同电缆外护套一起缠绕,然后将指套翻卷回来,用扎线将指套外的地线绑牢。

(11)缠相色带。最后在三相线芯分支套指管外包绕相色标志带。

4. 干包电缆头制作

干包电缆头是用聚氯乙烯手套、塑料乙烯带包缠而成,其体积小、工艺简单、成本低，只适用于室内电缆终端。其具体制作工艺如下：

(1)施工准备。准备所需材料、施工机具，测试电缆是否受潮、测量绝缘电阻，检查相序以及施工现场必要的安全措施。

(2)剥切外护层。电缆头的剥切尺寸如图5-23所示。

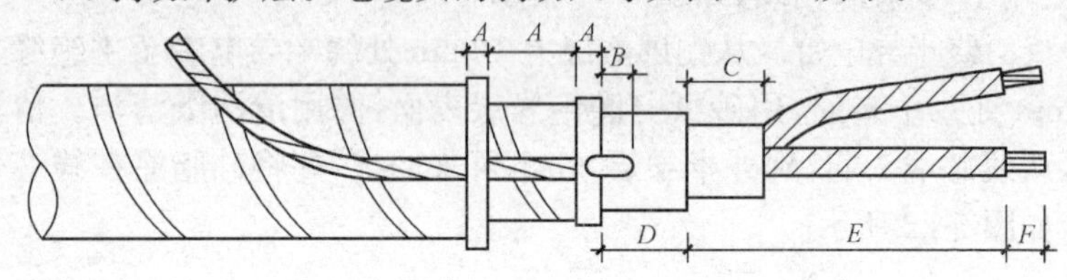

图5-23　干包电缆头剥切尺寸

A——电缆卡子及卡子间尺寸，为钢带宽度或50mm；

B——接地线焊接尺寸，10～15mm；C——预留统包尺寸，25、50mm；

D——预留铅(铝)包，铅(铝)包外径＋60mm；

E——包扎长度，依安装位置确定；F——线芯剥切长度，线鼻子＋5mm

1)确定钢带剥切点，把由此向下的一段100mm的钢带用汽油擦拭干净，锉光。

2)装好接地铜线，固定电缆钢带卡子。

3)用钢锯在卡子的外边缘沿电缆一圈锯一道浅痕，用平口螺钉旋具逆着钢带绕向把它撕下。用同样方法剥掉第二层钢带，用锉刀锉掉切口毛刺。

(3)清洁铅(铝)包。可用喷灯稍微给电缆加热，使沥青融化，逐层撕下沥青纸，再用带汽油或煤油的抹布。

(4)焊接地线。接地线选用多股软铜线或铜编织带，焊点选在两道卡之间，焊接应牢固光滑，速度要快，时间不宜过长。

(5)剥切电缆铅(铝)包。先确定喇叭口位置，用电工刀先沿铅(铝)包周围切一圈深痕，再沿纵向在铅(铝)包上切割两道深痕，然后剥掉已切成两块的铅(铝)皮，用专用工具把铅(铝)包做成喇叭口状。

(6)剥统包绝缘和分芯。将电缆喇叭口向末端25mm段用塑料带顺统包绕向包绕几层做临时保护，然后撕掉保护带以上至电缆末端的统包绝缘纸，分开芯线，切割掉芯线之间的填充物。

(7)包缠内包层。从线芯的分叉根部开始，包缠 1～2 层塑料带，保护线芯绝缘，以防套管时受损。

(8)套手套、塑料软管。

(9)压线鼻子。确定好线芯实际用长度，剥去线芯端部绝缘层，然后压装线鼻子。

(10)包缠外包层。外包层最大直径为铅(铝)包直径加 25mm。

(11)试验。电缆头完成后及时进行直流耐压试验和泄漏电流测定，合格后方可接线。

5. 塑料电缆中间接头制作

(1)塑料电缆中间接头的结构。塑料盒 10kV 塑料电缆中间接头的结构，如图 5-24 所示。制作时，电缆头各部分的尺寸可参见表 5-20。

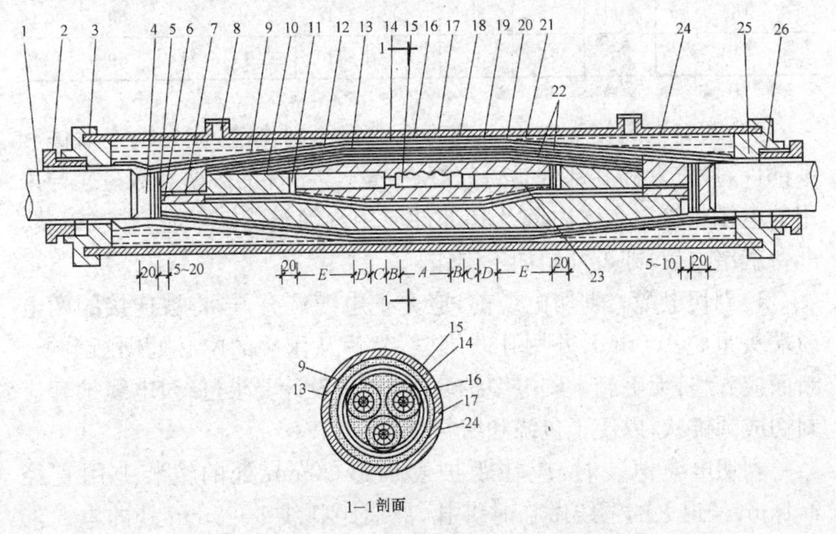

图 5-24　10kV 塑料电缆中间对接头

1—电缆护套；2—螺盖；3—橡胶圆环密封圈；4—铠装；5—铜绑扎线；6—塑料带内护层；7—接地软铜线；8—浇筑口；9—沥青绝缘胶；10—屏蔽带；11—软铜线绑扎；12—线芯绝缘；13—白布带一层；14—线芯；15—连接管；16—塑料粘胶带 3 层；17—以填充物恢复原状，并用白布带统包扎紧；18—白布带一层；19—塑料粘胶带 2 层；20—绕软铜线；21—铝带一层；22—半导体白布带一层；23—自黏性橡胶带增绕绝缘层；24—连接盒(LSV 型)；25—螺纹连接头；26—橡胶垫圈

表 5-20　　10kV 塑料电缆中间接头尺寸表

线芯截面面积 /mm²	各部尺寸/mm								
	A	*B*	*C*	*D*	*E*	*F*	*H*	*J*	*M*
16	66	10	25	40	100	650	10	38	83
25	68	10	25	40	100	650	12	40	87
35	72	10	25	40	100	650	14	42	91
50	78	10	25	40	100	650	16	44	95
70	82	10	25	40	100	780	18	43	100
95	83	10	25	40	100	780	21	40	106
120	92	15	30	40	110	780	23	51	111
150	95	15	30	40	110	910	25	53	115
185	100	15	30	40	110	910	27	55	120
240	110	15	30	40	110	910	31	59	128

(2)塑料电缆接头制作工艺。电缆接头制作前，应先检查盒体和零部件，检查盒和零部件是否完好、齐全，零部件的规格和数量应与采用的电缆相符。盒体内壁及其部件应用汽油布清擦干净，并试组装，准备就绪之后，即可开始加工制作。

1)剥切电缆。剥切电缆前，应先把电缆调直，再将被连接的两电缆端头重叠 100mm，并用扎线绑紧，然后从重叠的中心处锯断电缆。断面应齐整，无毛刺。剥电缆护套时，应按设计要求进行，电缆护套应剥切成圆锥状，以便于包绕和密封。

剥切电缆铠装时，应在距护套切口 20mm 处的铠装上用直径 2.1mm 经退火的铜线做临时绑扎，然后距扎线 3～5mm 处的电缆末端一侧的铠装上锯一深痕，其深度为铠装厚度的 1/2，剥去两层铠装。

2)套护套。塑料连接盒两端的部件上应套在电缆护套上。施工前，应先用汽油布清擦电缆护套、清擦干净后，可将塑料连接及其一端的部件套在一根电缆护套上，另一端部件套在另一根电缆护套上。

3)剥电缆内护层。在铠装切口以上留出 5～10mm 的塑料带内护层，其余部分剥除。多余的电缆填充物不要切除，暂时卷回到电缆根

部备用。在剥铠装及内护层时不应损伤屏蔽带。

4)剥切屏蔽带。首先应剥去各线芯屏蔽带外层的塑料带。剥塑料时,注意保护屏蔽带,以免松脱。切剥屏蔽带时,可在分相屏蔽带上用 1.5mm^2 的软铜线扎紧,并将扎线以上的屏蔽带切除,切断处的尖角应向外反折。

5)连接线芯。按设计切割末端线芯绝缘,并将线芯绝缘端剖削成阶梯状圆锥形,注意不要伤及线芯。选择好与线芯截面相适配的连接管,将管孔内壁和线芯表面擦拭干净,并除去氧化层和油渍,然后进行压接或焊接。

6)包绕线芯绝缘。包绕线芯绝缘前,应先用汽油布将线芯绝缘表面清擦干净。其具体施工工艺如下:

①填平包绕:将压接的压坑用锡箔纸填平,然后用半导体布带将线芯连接处的裸露导体包绕一层。

②增绕绝缘层:用自黏性橡胶带从连接管处开始以半迭包增绕绝缘层。

③布带包绕:将已剥下的半导体布带紧密地包绕在整个增绕绝缘的表面上,包绕时应保证半导体布带层是一个连续的整体。

④铝带包绕:用薄铝带(或锡箔)在半导体布带层上以半迭式包绕一层,铝带与两端线芯屏蔽重叠约 20mm,然后用 1.5mm^2 的铜线在重叠处紧扎 3 道,并在铝带外用相同的软铜线交叉绕扎,绕扎的软铜线在交叉处与两端软铜扎线宜相互焊接。焊接应用烙铁,禁止用喷灯。

⑤塑料粘胶带包绕:用塑料粘胶带半迭式包绕两层,其外再用白布带包绕一层。

7)合龙线芯恢复原状。将包绕好的线芯合龙,并将原填充物复位填充,使恢复原来形状,然后用白布带统包扎紧,包至塑料带内护层上。

8)焊接或绑扎连接铠装的接地线。首先拆去铠装上的临时扎线,并将铠装打毛,然后把接地软铜线平贴在白布带统包扎紧层上,用直径 2.1mm 的退火铜绑线将接地软铜线与两端铠装紧扎。

9)包绕塑料粘胶带与白布带。在白布带统包扎紧层外绕包塑料粘胶带3层,包至铠装以下约40mm的护套上。其外再半迭包绕白布带一层。

10)装配塑料连接盒。预先套装于电缆连接部位两端的连接盒及其部件按设计尺寸移正并定位,然后安装螺纹连接头及螺盖。

11)浇筑沥青胶。选用适合本地区温度的沥青胶,加热至高于浇灌温度10℃。从盒体的一个浇注口注入沥青胶,直到沥青胶从另一浇注口溢出为止,最后装上浇筑口盖。注入时应过滤。

快学快用12 制作电缆头注意事项

(1)制作电缆头和电缆中间接头的电工按有关要求持证上岗。

(2)制作电缆终端头和接头前应检查电缆受潮及相位连接情况。所使用的绝缘材料应符合要求,辅助材料齐全,电缆头和中间接头制作过程须一次完成,不得受潮。

(3)电力电缆的终端头与电缆接头的外壳与该处的电缆金属护套及铠装层均应接地良好。

(4)电缆剥切时不得伤及线芯的绝缘层。电缆终端头和电缆接头的金属(次)外壳灌铅应经过预热去潮,避免灌铅时有气隙缺陷。环氧树脂电缆终端头或电缆接头所用的环氧复合物应搅拌均匀,以防止灌环氧树脂时有气泡产生,形成质量问题。

(5)控制电缆头制作时,其头套(花篮电缆头)应与其外径相匹配。

(6)用绝缘带包扎时,包扎高度为30～50mm。应使同一排的控制电缆头高度一致,一般电缆头位于最低一端子排接线板下150～300mm处。

(7)电缆头固定应牢固,卡子尺寸应与固定的电缆相适配,单芯电缆、交流电缆不应使用磁性卡子固定,塑料护套电缆卡子固定时要加垫片,卡子固定后要进行防腐处理。

四、电缆接线

1. 导线与接线端子连接

$10mm^2$ 及以下的单股导线,在导线端部弯一圆圈,直接装接到电

气设备的接线端子上，注意线头的弯曲方向与螺栓（或螺母）拧入方向一致。4mm² 以上的多股铜或铝导线，由于线粗、载流大，在线端与设备连接时，均需装接铝或铜接线端子（线鼻子），再与设备相接，这样可避免在接头处产生高热，烧毁线路。

一般来说，铜接线的端子装接可采用锡焊或压接的方法：

(1)锡焊。锡焊时，应先将导线表面和接线端子用砂布擦干净，涂上一层无酸焊锡膏，将线芯搪上一层焊锡，然后，把接线端子放在喷灯火焰上加热。当接线端子烧热时，把焊锡熔化在端子孔内，并将搪好锡的线芯慢慢插入，待焊锡完全渗透到线芯缝隙中后，即可停止加热，使其冷却。

(2)压接。采用压接方法时，将线芯插入端子孔内，用压接钳进行压接。铝接线端子装接，也可采用冷压接。压接工艺尺寸如图 5-25 和表 5-21 所示。

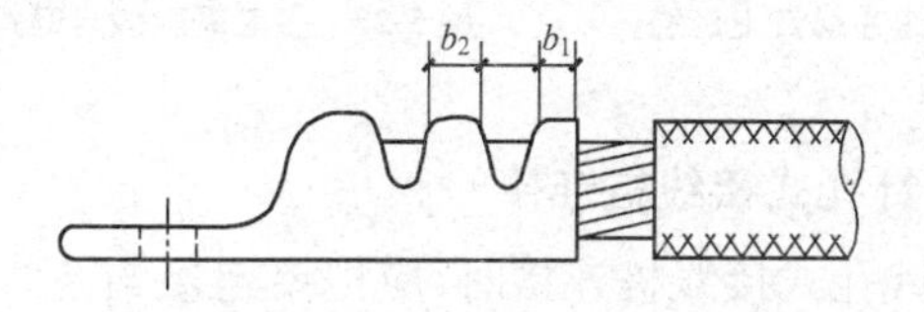

图 5-25　铝接线端子压接工艺尺寸图

表 5-21　铝芯点压法压接工艺尺寸

适用电缆截面面积/mm²	h_1 /mm	h /mm	适用电缆截面面积/mm²	h_1 /mm	h /mm
16	5.4	4.6	95	11.4	9.6
25	5.9	6.1	120	12.5	10.5
35	7.0	7.0	150	12.8	12.2
50	8.3	7.7	185	13.7	14.3
70	9.2	8.8	240	16.1	14.9

2. 导线与平压式接线桩连接

导线与平压式接线桩连接时，可根据芯线的规格采用不同的操作方法：

(1)单芯线连接。用螺钉或螺帽压接时，导线要顺着螺钉旋进方向紧绕一周后再旋紧(反方向旋绕在螺钉上，旋紧时导线会松出)，如图 5-26 所示。

(2)多芯铜软线连接。多芯铜软线与螺钉连接时，可先将软线芯线做成羊眼圈状，挂锡后再与螺钉固定。也可将导线芯线挂锡后，将芯线顺着螺钉旋进方向紧绕一周，再围绕住芯线根部绕将近一周后，拧紧螺钉，如图 5-27 所示。

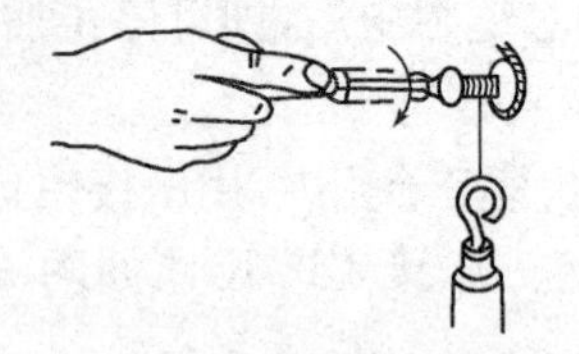

图 5-26　导线在螺钉上旋绕

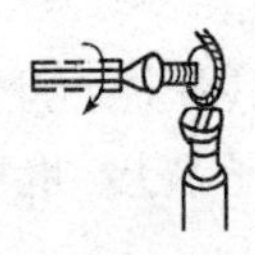

图 5-27　多芯铜软线与螺钉连接

3. 导线与针孔式接线桩连接

当导线与针孔式接线桩连接时，应把要连接的芯线插入接线桩头针孔内，线头露出针孔 1～2mm。如果针孔允许插入双根芯线时，可把芯线折成双股后再插入针孔，如图 5-28 所示。如果针孔较大，可在连接单芯线的针孔内加垫铜皮，或在多股线芯线上缠绕一层导线，以扩大芯线直径，使芯线与针孔直径相适应，如图 5-29 所示。

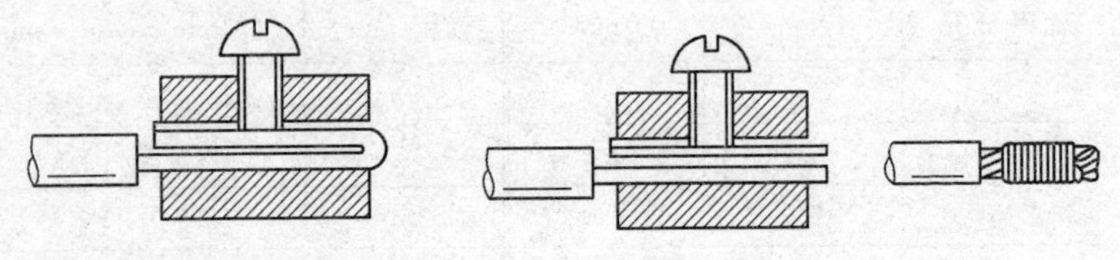

图 5-28　用螺钉支紧连接方法　　图 5-29　针孔过大连接方法

4. 单芯导线与器具连接

单芯导线与专用开关、插座可采用插接法接线。单芯导线剥切时露出芯线长度为 12～15mm，由接线桩头的针孔中插入后，压线弹簧片将导线芯线压紧，即完成接线的过程。

需要拔出芯线时，用小螺钉旋具插入器具开孔中，把导线拔出，芯线即可脱离，如图 5-30 所示。

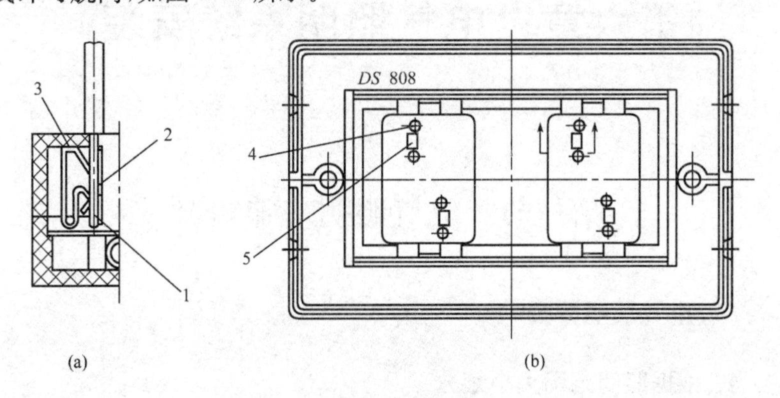

图 5-30　单芯线与器具连接

(a)芯线连接；(b)器具背面图

1—塑料单芯线；2—导电金属片；3—压线弹簧片；

4—导线连接孔；5—螺钉旋具插入孔

快学快用 13　导线与设备、器具连接要求

(1)截面面积为 10mm² 及以下的单股铜芯线和单股铝芯线可直接与设备、器具的端子连接。

(2)截面面积为 2.5mm² 及以下的多股铜芯线的线芯应先拧紧搪锡或压接端子后再与设备、器具的端子连接。

(3)多股铝芯线和截面面积大于 2.5mm² 的多股铜芯线的终端，除设备自带插座或端子外，应焊接或压接端子后再与设备、器具的端子连接。

(4)绝缘电线除芯线连接外，在连接处应用绝缘带(塑料带、黄蜡带等)包缠均匀严密，绝缘强度不低于原有强度。在接线端子的端部与电线绝缘层的空隙处，也应用绝缘带包缠严密，最外层处还得用黑胶布扎紧一层，以防机械损伤。

第六章　电气照明系统安装

第一节　电气照明基础知识

一、电气照明分类

1. 根据照明范围大小划分

(1)一般照明。整个场所或某个特定区域照度基本均匀的照明。对于工作位置密度很大而对光照方向无特殊要求或受条件限制不适宜装设局部照明装置的场所,可以只采用一般照明。例如,办公室、体育馆和教室等。

(2)局部照明。只局限于工作部位的特殊需要而设置的固定或移动的照明。这些部位对高照度和照射方向有一定的要求。

(3)混合照明。一般照明与局部照明共同组成的照明。对于照度要求较高,工作位置密度不大,或对照射方向有特殊要求的场所,宜采用混合照明。例如,金属机械加工机床、精密电子电工器件加工安装工作桌和办公室的办公桌等。

2. 根据照明的功能划分

根据照明的功能划分,电气照明有正常照明、事故照明、值班照明、警卫照明和障碍照明五种。

(1)正常照明。正常照明是指在正常工作时使用的室内、外照明。它一般可单独使用,也可与事故照明、值班照明同时使用,但控制线路必须分开。

(2)事故照明。在正常照明因故障而熄灭,为了保证人员疏散和

不能间断工作的地方而设置的照明称为事故照明。事故照明又称应急照明。

民用建筑内的下列场所应设置事故照明：高层建筑的疏散楼梯、消防电梯及其前室、配电室、消防控制室、消防水泵房和自备发电机房以及建筑高度超过24m的公共建筑内的疏散走道、观众厅、展览厅、餐厅和商业营业厅等人员密集的场所；医院手术室、急救室等。

(3)值班照明。在非工作时间内供值班用的照明称为值班照明。值班照明可利用正常照明中能单独控制的一部分，或利用事故照明的一部分甚至全部来作为值班照明。

(4)警卫照明。根据警戒任务的需要，在厂区、仓库区和其他设警卫的范围内装设的照明，称为警卫照明。是否设置警卫照明，应根据保卫需要而决定。

(5)障碍照明。在建筑物上装设的作为障碍标志用的照明，称为障碍照明。如在飞机场周围较高的建筑物顶上，船舶通行的航道两侧等应按规定装设障碍灯。

二、电气照明供电形式

1. 照明电压供电

在一般小型民用建筑中，照明进线电源电压应为220V单相供电。当照明容量较大的建筑物。例如，超过30A时，其进线电源应采用380/220V三相四线制供电。

2. 正常照明供电

正常照明的供电方式一般可由电力与照明共用的380/220V电力变压器供电。例如，生产厂房中接于变压器—干线式电力系统的单独回路上；对于某些大型厂房或重要建筑可由两个或多个不同变压器的低压回路供电；某些辅助建筑或远离变电所的建筑，可采用电力与照明合用的回路。

3. 事故照明

事故照明供电方式有两种：一种是供继续工作使用的供电方式；

另一种是供疏散人员或安全通行的供电方式。

(1)供继续工作使用。对于供继续工作使用的事故照明应接于与正常照明不同的电源,即另一个独立电源的供电线路上,或由与正常照明电源不同的6～10kV线路供电的变压器低压侧、自备快速启动发电机及蓄电池组供电。事故照明供电系统示例,如图6-1所示。

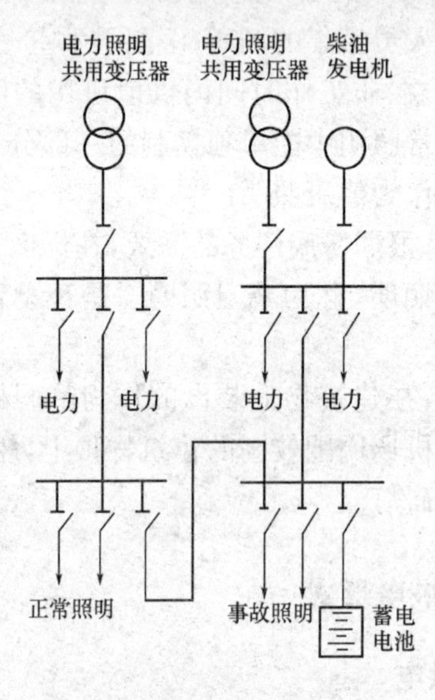

图6-1 事故照明供电系统示例

(2)供疏散人员或安全通行。对于供疏散人员或安全通行的事故照明,其电源可接在与正常照明分开的线路上,并不得与正常照明共用一个总开关。当只需装设单个或少量的事故照明时,可使用成套应急照明灯(即当外接交流电源突然中断时,它能及时将灯管与灯具内蓄电池接通,使灯继续点燃的一种照明器)。

三、电气照明通电试运行

电气照明工程通电试运行前,应当先进行检查,并严格按照相关规定执行。对于插座等电器的通电测试也要一个回路一个回路地进

行，以防止供电电压失误造成成批灯具烧毁或电气器具损坏。

1. 通电试运行前检查

(1)复查总电源开关至各照明回路进线电源开关接线是否正确。

(2)照明配电箱及回路标识应正确一致。

(3)检查漏电保护器接线是否正确，严格区分工作零线(N)与专用保护零线(PE)，专用保护零线严禁接入漏电开关。

(4)检查开关箱内各接线端子连接是否正确可靠。

(5)断开各回路分电源开关，合上总进线开关，检查漏电测试按钮是否灵敏有效。

2. 通电试运行程序

建筑物照明系统的测试和通电试运行应按以下程序进行：

(1)电线绝缘电阻测试前电线的接续完成。

(2)照明箱(盘)、灯具、开关、插座的绝缘电阻测试在就位前或接线前完成。

(3)备用电源或事故照明电源作空载自动投切试验前拆除负荷，空载自动投切试验合格，才能做有载自动投切试验。

(4)电气器具及线路绝缘电阻测试合格，才能通电试验。

(5)照明全负荷试验必须在上述第(1)、(2)、(4)项完成后进行。

3. 分回路试通电

(1)将各回路灯具等用电设备开关全部置于断开位置。

(2)逐次合上各分回路电源开关。

(3)分回路逐次合上灯具等的控制开关，检查开关与灯具控制顺序是否对应、风扇的转向及调速开关是否正常。

(4)用试电笔检查各插座相序连接是否正确，带开关插座的开关是否能正确关断相线。

4. 照明系统通电试运行

照明系统在通电试运行时，所有照明灯具均应开启，且每 2h 记录运行状态一次，连续试运行时间内无故障。

(1)公用建筑试验。公用建筑照明系统通电连续试运行时间应为24h。

(2)民用建筑通电试运行。民用建筑也要通电试运行以检查线路和灯具的可靠性和安全性,但由于容量与大型公用建筑相比要小,故而通电时间较短。民用住宅照明系统通电连续试运行时间应为8h。

(3)塑料管敷设。在电气工程施工中,常用的塑料管有硬质塑料管和半硬塑料管。硬质塑料管又可分为硬质聚氯乙烯管和硬质PVC塑料管。

1)硬质塑料管敷设。硬塑料管有一定的机械强度,可以明敷也可以暗敷。敷设前,硬质塑料管应根据线管的埋设位置和长度进行切断、弯曲,做好部分管与盒的连接,然后在配合土建施工敷设时进行管与管及管与盒(箱)的预埋和连接。

2)半硬塑料管敷设。由于半硬塑料管材质柔软,承受外力能力较低,难于保证管路横平竖直地施工,故而只宜用作暗敷布线。多适用于一般民用建筑照明工程,且不得在高温场所和顶棚内敷设。

(4)事故照明线路敷设。为保证事故照明可靠,事故照明电源应具有一定的独立性。根据要求可采用如下形式:

1)当变电所装设两台及以上变压器时,事故照明和工作照明的干线应分别接自不同的变压器。

2)当仅装设一台变压器时,事故照明和工作照明的干线应从变电所低压配电屏开始或从厂房、建筑物总进线入口开始,与工作照明回路分开供电。

第二节　照明配电箱(盘)安装

一、照明配电箱安装与使用

照明配电箱设备是在低压供电系统末端负责完成电能控制、保护、转换和分配的设备。其主要由电线、元器件(包括隔离开关、断路器等)及箱体等组成。

1. 住宅小区的配电箱安装与使用

住宅小区的配电箱有暗装与明装之分，有的总配电箱设置在首层楼梯一进门的位置，一般采用暗装；有的总配电箱设置在单元门内的竖井内，电气竖井设置门可上锁以便于物业管理。其分户电表设置在各楼层上楼梯左侧墙上，入户设置室内用户暗装配电箱。住宅小区内用户用电管理模式发生了重大变化，在新建的小区内大部分已经淘汰了老式电表，而采用 IC 磁卡表，避免了抄表的烦琐工作，只需提前买电即可用电。

2. 写字楼内的敞开式办公室配电箱安装与使用

写字楼内敞开式办公室的面积一般在 100～200m^2 左右，用电设备大多都是计算机、空调、照明等，因此，办公室内设置用户配电箱安装，总配电箱设置在楼层的电气竖井内。

由于大多数写字楼都用于出租，故在每个楼层设置总配电箱，各个客户单独设置用户配电箱。用电量取费方式不同，有的是将电费公摊在物业费中，有的要求将客户用电表采用磁卡表，只要客户需要用电，预先买 IC 卡对电表充值即可。

二、照明配电箱(盘)固定

1. 施工图审核

照明配电箱(盘)安装固定前应进行图纸审核。图纸审核的重点内容如下：

(1)审核配电箱(盘)施工图是否有效。所使用的施工图上必须盖以施工图字样，并注明施工图设计日期及允许使用的签发日期，才允许施工图在现场使用。

(2)在施工图设计说明一栏中应注明所有配电箱(盘)的敷设场所，安装方式以及配电箱(盘)的材质、几何尺寸等。

(3)重点审核配电箱(盘)内、二次配线的配制情况，检查动力和照明系统控制回路导线截面、刀闸、自动开关脱扣器额定电流、极限分断电流等技术参数是否符合相关规定。

(4)重点审核住宅工程总配电箱(盘),低压配电系统应采用哪一种方式,中性线与保护地线的接线方式不应搞错。

(5)住宅工程居室内还应注意户表箱(盘)是明装还是暗装,在门后的应改在不妨碍门开启的位置装箱(盘)。

2. 配电箱(盘)的固定

(1)配电箱(盘)安装应牢固,其垂直度允许偏差为1.5%,暗装时配电箱四周墙体无空鼓;其面板四周边缘应紧贴墙面,箱体与建筑物构筑物接触部分应涂防腐漆。

(2)配电箱(盘)上配线应排列整齐,回路编号齐全、标识正确,并绑扎成束,器具及端子固定牢固,盘面引进及引出的导线应预留适当余量,以便检修。

(3)配电箱(盘)应分别设置中性线N线汇流排和保护地线PE线汇流排配出;在中性线N线和保护地线PE汇流排上,连接的各支路导线不允许铰接并应设置回路编号。

(4)照明、动力配电箱(盘)上,应在标示框内,标明用电回路名称,在箱门上贴上本箱配电一次系统图,图中各支路标注名称应清楚。

(5)除下列情况外,配电箱(盘)应具有良好的阻燃性能,进线、出线孔应加装绝缘套管,一孔只穿一线:

1)指示灯配线。

2)控制两个分闸的总闸配线线号相同。

3)一孔进多线的配线。

(6)配电箱(盘)上的母线排应涂标志,其L1相为黄色,L2相为绿色,L3相为红色,中性线N为淡蓝色,保护地线PE线为黄绿相间双色线。对于裸露的母线排,为防止操作触电,可用带颜色的绝缘带进行包缠。

(7)配电箱(盘)面板较大时,应有加强衬铁,当宽度超过500mm时,箱门应做双开门。

三、照明配电箱(盘)配线

(1)配电箱(盘)刀闸开关垂直安装时,上端接电源,下端接负荷。

注意先压接各支路电源线，再压接进户电源线。

(2)导线压接前，应选择好导线的规格、型号、截面、线色，导线排列整齐、回路编号齐全、标识正确、绑扎成束，压头牢靠，导线留有维修时拆装盘面适当余量。

(3)配电箱内保护导体的截面面积 S 应符合设计要求，当设计无要求时，不应小于表6-1的规定截面积。

表6-1　　保护导体的截面面积

相线的截面面积 S/mm^2	相应保护导体的最小截面面积 S_P/mm^2
$S \leqslant 16$	S
$16 < S \leqslant 35$	16
$35 < S \leqslant 400$	$S/2$
$400 < S \leqslant 800$	200
$S > 800$	$S/4$

注：S 指柜(屏、台、箱、盘)电源进线相线截面面积，且两者(S、S_P)材料相同。

(4)配线方式有板前配线和板后配线两种。板前配线时，导线应自上而下，绑具连接部位接线端头压牢，独股线打回头压接，多股软铜线盘圈涮锡压接，或采用接线端子冷压；板后配线时，应注意穿线孔必须加装绝缘护套管。

(5)安装电度表、漏电开关时，应注意相序，中性线N、PE保护地线，配线时不允许接错。

(6)配线完毕后应按先干线后支线的顺序进行绝缘摇测，以检查导线与导线之间，导线与地之间的绝缘电阻值是否符合设计和国家规范规定。

快学快用1　明、暗配电箱(盘)配线要求

(1)明装配电箱(盘)底部与暗敷接线盒相连通，接线盒应与箱体之间的电线管路连接到位，地线焊接牢固，护口齐全，并做好焊接后的防腐。

(2)暗配电箱(盘)进户线，从箱体或盘上方进线管穿入箱内或盘

上方，理顺后可将进户线连接在总开关的上口处，然后分别按动力、照明系统图要求，按支路送至各个分开关。

(3)在住宅楼内一般总配电箱设置在进户电源一端，然后由总开关向各单元门送一支路至分开关，再由单元门的分开关箱送到各个居室户表箱(盘)处。

(4)户表箱(盘)安装。户表箱(盘)一般安装在单元门开启方向侧，安装高度不应低于1.8m，距门150～300mm为宜，不宜将户表箱(盘)安装在门后。配线应正确，相线、中性线、保护地线不得接错。熔断器内熔体选择应符合设计要求，一般不得大于本支路计算电流的1.5倍。

第三节　照明配电线路布置与敷设

一、照明配电线布置

1. 进户线

进户线是指由进户点到屋内总配电箱的一段导线。进户点就是建筑照明供电电源的引入点。一般应尽量从建筑物的侧面或正面进户，对于多层建筑物用架空线引入电源时，一般由二层进户。

2. 配电箱

配电箱是接受和分配电能的装置。用电量较小的建筑物可设一个配电箱，对于多层建筑物可设有总配电箱并由引出干线向各分配电箱配电。在配电箱里，装有开关、熔断器、电度表等电气设备。

照明配电箱有悬挂式配电箱、嵌入式暗装配电箱和落地式配电箱等几种形式。

(1)悬挂式配电箱。一般来说，悬挂式配电箱可安装在墙上或柱子上。

配电箱安装在墙上时，应先埋设固定螺栓，固定螺栓的规格和间

距应根据配电箱的型号和质量以及安装尺寸决定。悬挂式配电箱安装(图 6-2)步骤如下:

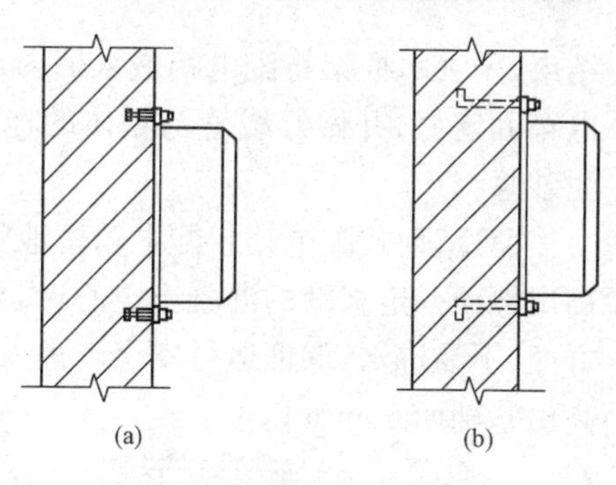

图 6-2　悬挂式配电箱安装

(a)墙上胀管螺栓安装;(b)墙上螺栓安装

1)施工时,先量好配电箱安装孔尺寸,在墙上画好孔位。按画好的孔位打洞,埋设螺栓(或用金属膨胀螺栓)。

2)待填充的混凝土牢固后,安装配电箱。

3)安装配电箱时,要用水平尺校正其水平度。同时,要校正其安装的垂直度。

4)配电箱安装在支架上时,应先将支架加工好,然后将支架埋设固定在墙上或用抱箍固定在柱子上,再用螺栓将配电箱安装在支架上,并调正其水平和垂直,如图 6-3 所示。

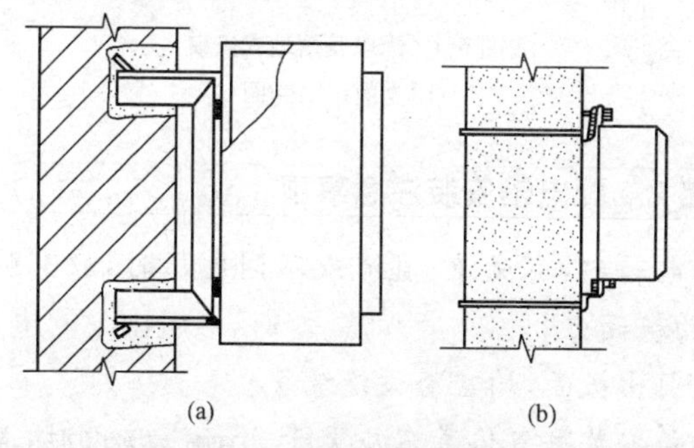

图 6-3　支架固定配电箱

(a)用圬埋支架固定;(b)用抱箍支架固定

配电箱安装高度按施工图纸要求。配电箱上回路名称也按设计图纸给予标明。

(2)嵌入式暗装配电箱。嵌入式暗装配电箱安装,通常是按设计指定的位置,在土建砌墙时先把与配电箱尺寸和厚度相等的木框架嵌在墙内,使墙上留出配电箱安装的孔洞,待土建结束,配线管预埋工作结束，敲去木框架将配电箱嵌入墙内，校正垂直和水平，垫好垫片将配电箱固定好，并做好线管与箱体的连接固定，然后在箱体四周填入水泥砂浆。

(3)落地式配电箱。配电箱落地安装时，在安装前，先要预制一个高出地面一定高度的混凝土空心台，如图 6-4 所示。这样可使进出线方便，不易进水，保证运行安全。进入配电箱的钢管应排列整齐，管口高出基础面 50mm 以上。

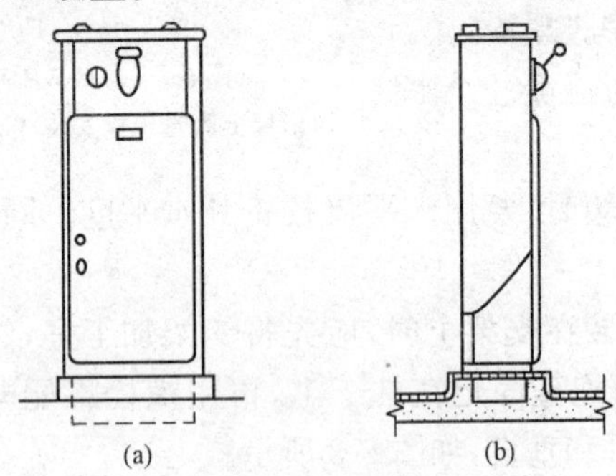

图 6-4 配电箱落地式安装

(a)立面；(b)侧面

快学快用 2 配电箱安装注意事项

(1)在配电箱内，有交流、直流或不同电压时，应有明显的标志或分设在单独的板面上。

(2)导线引出板面，均应套设绝缘管。

(3)配电箱安装垂直偏差不应大于 3mm。暗设时，其面板四周边缘应紧贴墙面，箱体与建筑物接触的部分应刷防腐漆。

(4)照明配电箱安装高度，底边距离地面一般为 1.5m；配电板安装高度，底边距地面不应小于 1.8m。

(5)三相四线制供电的照明工程，其各相负荷应均匀分配。

(6)配电箱内装设的螺旋式熔断器，其电源线应接在中间触点的端子上，负荷线接在螺纹的端子上。

(7)配电箱上应标明用电回路名称。

3. 干线

从总配电箱到分配电箱的一段线称为干线。照明干线的连接方法有树干式、放射式和混合式三种，如图 6-5 所示。多层干线布置如图 6-6 所示。

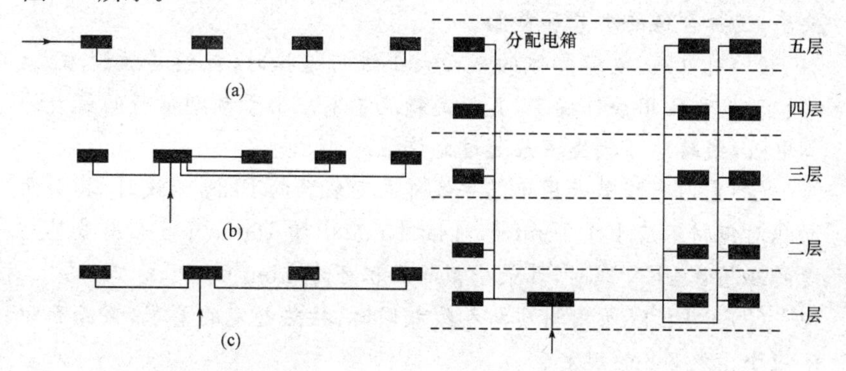

图 6-5　干线布置图
(a)树干式；(b)放射式；(c)混合式

图 6-6　多层建筑的干线布置示意图

4. 支线

从分配电箱至灯具的一段线称支线。支线所组成的电路叫支路或回路。布置回路时每一单相回路，电流不宜超过 15A，灯和插座数量不宜超过 20 个(最多不应超过 25 个)。

二、照明线路敷设方式

根据线路的敷设方式，室内布线可分为明敷和暗敷两种。

1. 明敷

明敷是导线直接或在管子、线槽等保护体内，敷设于墙壁、顶棚的表面及桁架、支架等处，可用肉眼观察得到。

2. 暗敷

暗敷则是导线在管子、线槽等保护体内，敷设于墙壁、顶棚、地坪及楼板等内部或者在混凝土板孔内敷设等，人们用肉眼往往观测不到。

快学快用 3　照明线路导线选择要求

室内布线用电线、电缆应按低压配电系统的额定电压、电力负荷、敷设环境及其与附近电气装置、设施之间能否产生有害的电磁感应等要求，选择合适的型号和截面。

(1)对电线、电缆导体的截面大小进行选择时，应按其敷设方式、环境温度和使用条件确定，其额定载流量不应小于预期负荷的最大计算电流，线路电压损失不应超过允许值。

(2)室内布线若采用单芯导线作固定装置的 PEN 干线时，其截面面积对铜材不应小于 10mm²，对铝材不应小于 16mm²；当采用多芯电缆的线芯作 PEN 线时，其最小截面面积可为 4mm²。

(3)当 PE 线所用材质与相线相同时，按热稳定的要求，截面面积不应小于表 6-2 的规定。

(4)导线最小截面应满足机械强度的要求，不同敷设方式导线线芯的最小截面不应小于表 6-2 的规定。

表 6-2　　保护线的最小截面面积　　mm²

装置的相线截面面积 S	接地线及保护线最小截面面积
$S \leqslant 16$	S
$16 < S \leqslant 35$	16
$S > 35$	$S/2$

三、金属配管敷设

室内钢管敷设应根据施工图纸的要求和施工规范的规定，确定管路的敷设部位和走向以及在不同方向上进出盒(箱)的位置。一般来说。钢管敷设主要有明敷设和暗敷设两种。

(1)钢管明敷设。钢管明敷设是指沿建筑物的墙壁、梁或支、吊架进行的敷设，一般在生产厂房中应用得较多。明配钢管应配合土建施工安装好支、吊架的预埋件，土建室内装饰工程结束后再配管。在吊顶内的配管，虽属暗配管，但一般常按明配管的方法施工。

快学快用 4　钢管明敷设的施工步骤

(1)确定电器设备的安装位置。

(2)画出管路中心线和管路交叉位置。

(3)埋设木砖。

(4)量管线长度。

(5)把钢管按建筑结构形状弯曲。另外，需要特别注意的是明管沿墙拐弯，其做法如图 6-7 所示。

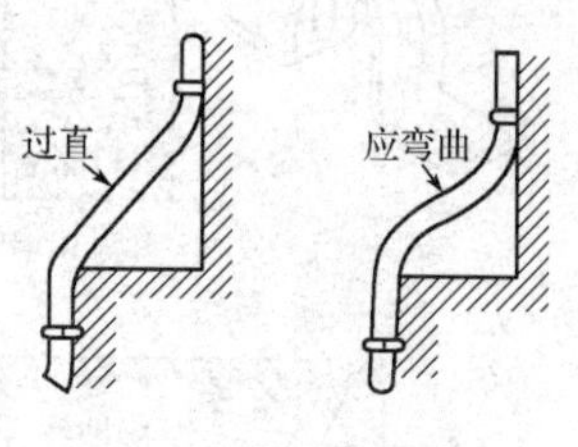

图 6-7　明管沿墙拐弯

(6)根据测得管线长度锯切钢管(先弯管再锯管容易掌握尺寸)。

(7)铰制管端螺纹。

(8)如图 6-8、图 6-9 所示，将管子接线盒、拐角盒等装配连接成一整体进行安装，钢管沿墙敷设采用管卡直接固定在墙上或支架上，如图 6-10 所示；钢管沿屋面梁底及侧面敷设方法如图 6-11(a)所示；钢管沿屋架底面及侧面的敷设方法如图 6-11(b)所示；多根钢管或管组可用吊装敷设，如图 6-12 所示；钢管沿钢屋架敷设如图 6-13 所示；钢管采用管卡槽的敷设；管卡槽及管卡由钢板或硬质尼龙塑料制成，做法如图 6-14 所示；钢管通过建筑物的伸缩缝(沉降缝)时的做法如图 6-15 所示；钢管在龙骨上安装如图 6-16 所示。

(9)做接地。

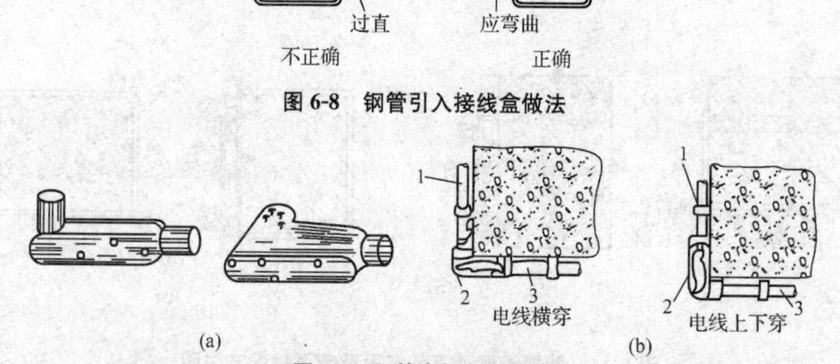

图 6-8　钢管引入接线盒做法

图 6-9　配管在拐角处做法

(a)拐角盒；(b)在拐角上的做法

1—管箍；2—拐角盒；3—钢管

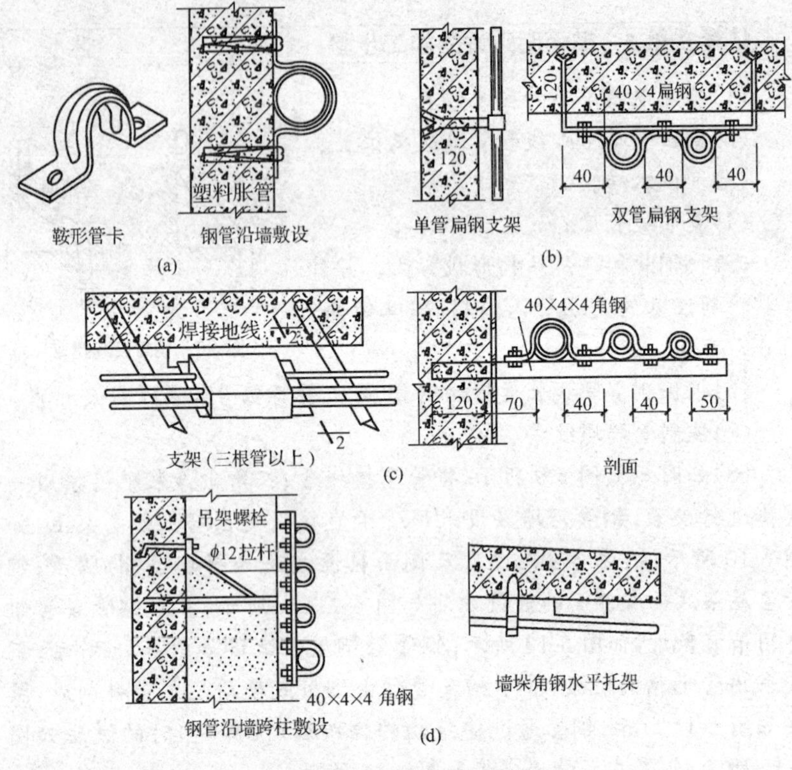

图 6-10　配管沿墙敷设的做法

(a)管卡固定;(b)扁钢支架沿墙垂直敷设

(c)角钢支架沿墙水平敷设;(d)沿墙跨越柱子敷设

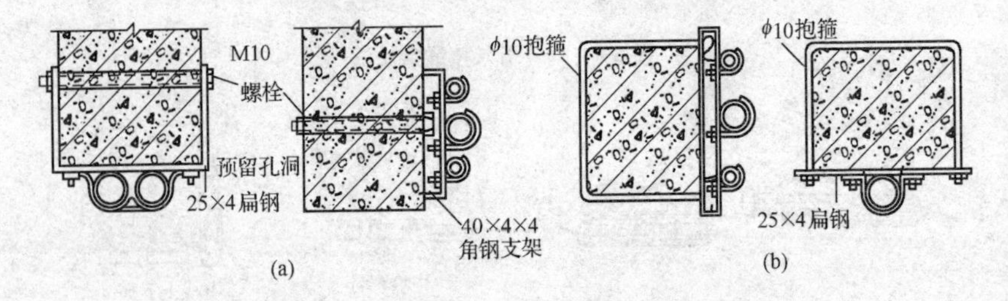

图 6-11　配管沿屋顶下弦底面及侧面敷设方法图

(a)钢管沿屋面梁底面及侧面敷设;(b)钢管沿屋架侧面及底面敷设

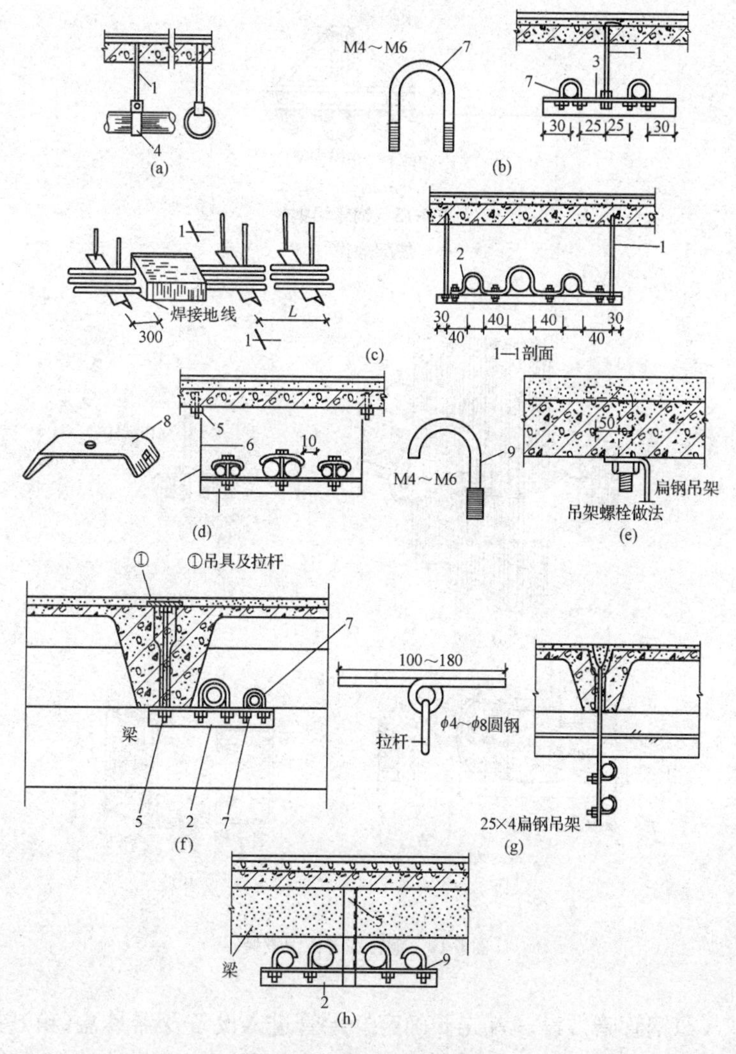

图 6-12　钢管在楼板下安装

(a)单管吊装；(b)双管吊装；(c)三管吊装；(d)多管吊装；(e)吊架螺栓做法；(f)钢管在预制板下敷设；(g)钢管沿预制板梁下吊装；(h)钢管在现浇楼板梁下吊装

1—圆钢(ϕ10)；2—角钢支架(∟40×4)；3—角钢支架(∟30×3)；4—吊管卡；5—吊架螺栓(M8)；6—扁钢吊架(— 40×4)；7—螺栓管卡；8—卡板(2～4mm 钢板)；9—管卡

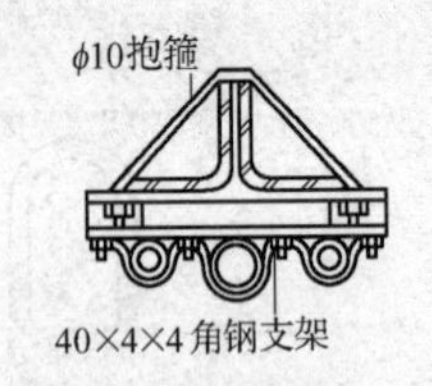

图6-13　钢管沿钢屋架敷设

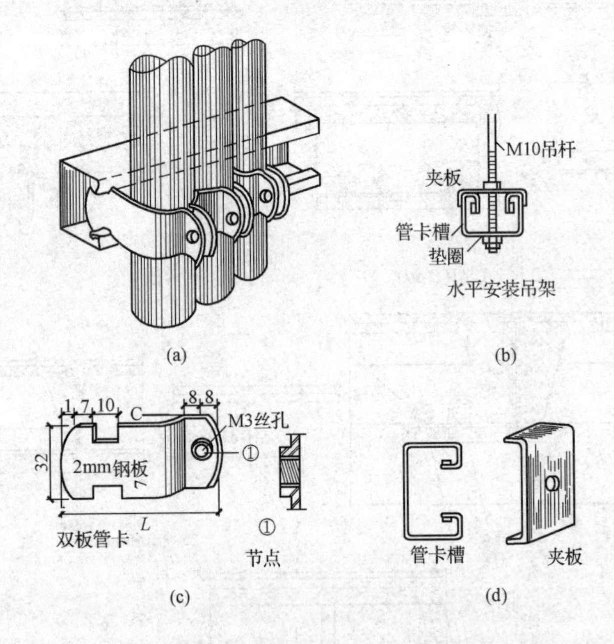

图6-14　钢管在卡槽上安装

(2)钢管暗敷设。首先要确定好导管进入设备及器具盒(箱)的位置,在计算好管路敷设长度,进行导管加工后,再配合土建施工中将管与盒(箱)按已确定的安装位置连接起来。

1)钢管在现浇混凝土楼板内敷设。

①在浇灌混凝土前,先将管子用垫块(石块)垫高15mm以上,使管子与混凝土模板间保持足够距离,再将管子用钢丝绑扎在钢筋上,

或用钉子卡在模板上，如图 6-17 所示。

②灯头盒可用铁钉固定或用钢丝缠绕在铁钉上固定，如图 6-18 所示。其安装方法如图 6-19 所示。

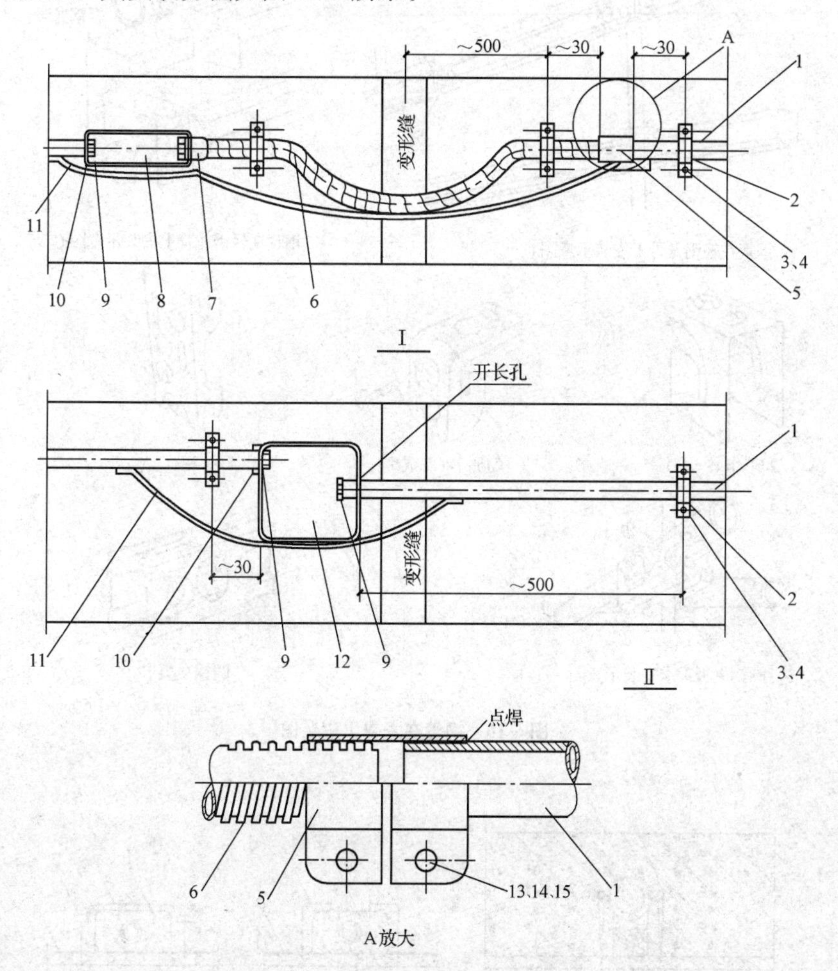

图 6-15　钢管通过建筑物伸缩缝做法

1—钢管或电线管；2—管卡子；3—木螺钉；4—塑料胀管；5—过渡接头；6—金属软管；7—金属软管接头；8—拉线箱；9—护口；10—锁母；11—跨接线；12—拉线箱；13—半圆头螺钉；14—螺母；15—垫圈

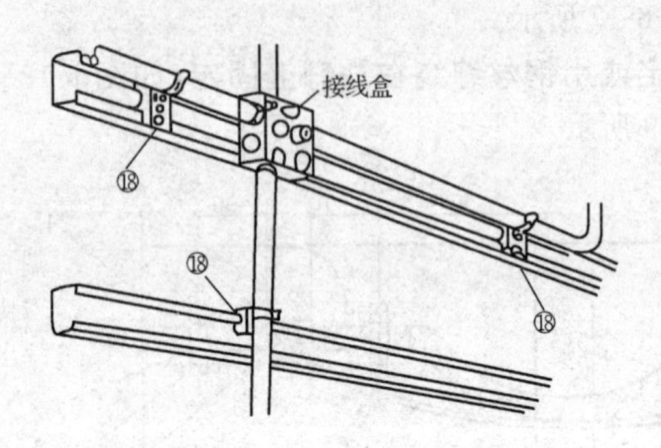

钢管在轻钢龙骨上安装示意图(一)

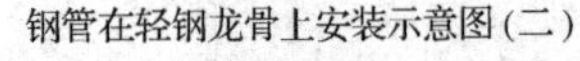

钢管在轻钢龙骨上安装示意图(二)

勾形卡(一式)

勾形卡(二式)

勾形卡(三式)

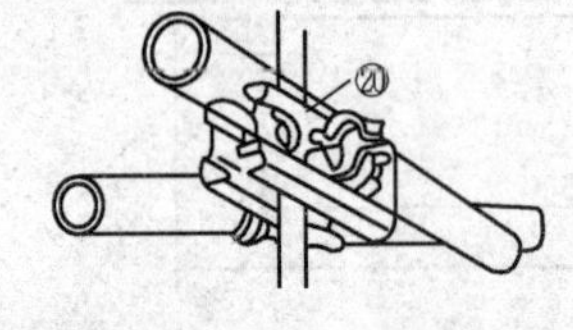

圆钢夹板管卡安装示意图

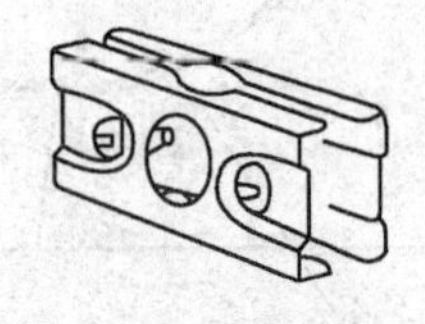

圆钢夹板卡

图 6-16　钢管在龙骨上安装图

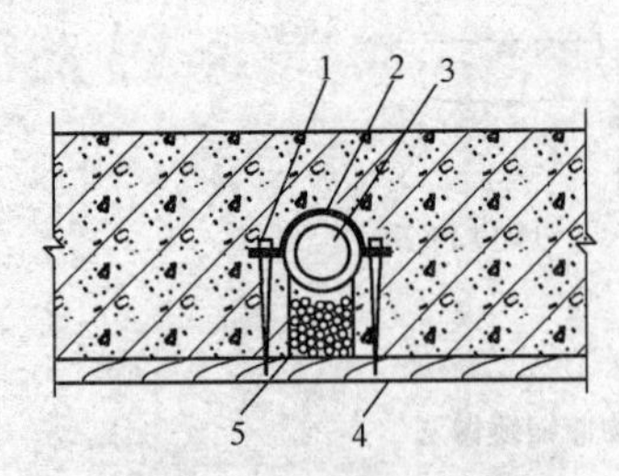

图 6-17　钢管在模板上固定

1—铁钉;2—钢丝;3—钢管

4—模板;5—垫块

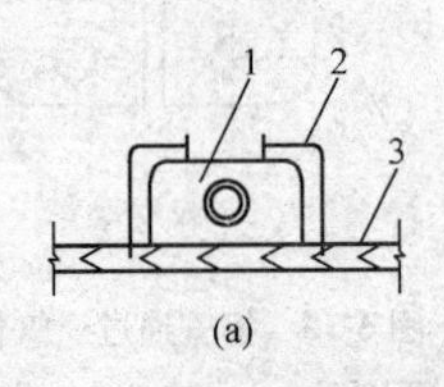

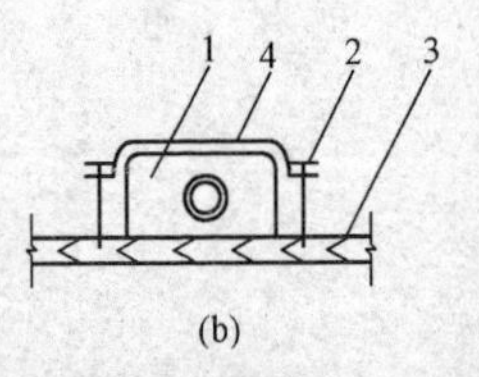

图 6-18　灯头盒在模板上固定

(a)用铁钉固定;(b)用钢丝、铁钉固定

1—灯头盒;2—铁钉;3—模板;4—钢丝

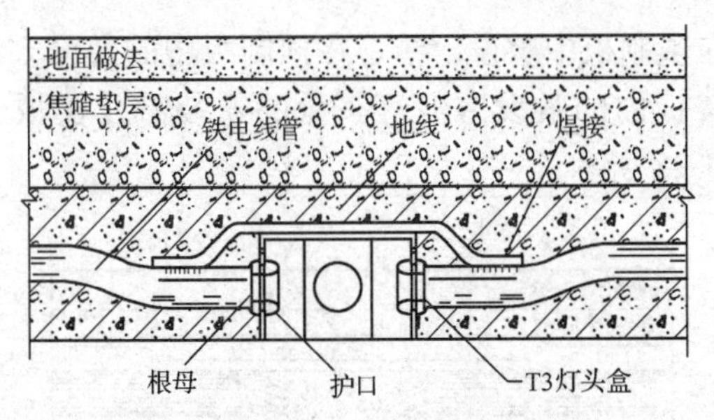

图 6-19　灯头盒在现浇混凝土楼板内安装

③接线盒可用钢丝或螺钉固定方法，如图 6-20 所示。待混凝土凝固后，必须将钢丝或螺钉切断除掉，以免影响接线。

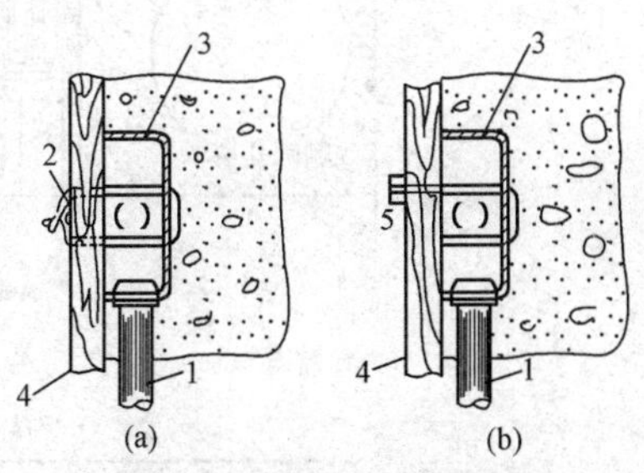

图 6-20　接线盒在模板上固定

(a)钢丝固定；(b)螺钉固定

1—钢管；2—钢丝；3—接线盒；4—模板；5—螺钉

④钢管敷设在楼板内时，管外径与楼板厚度应配合。当楼板厚度为 80mm 时，管外径不应超过 40mm；厚度为 120mm 时，管外径不应超过 50mm。若管径超过上述尺寸，则钢管改为明敷或将管子埋在楼板的垫层内，此时，灯头盒位置需在浇灌混凝土前预埋木砖，待混凝土凝固后再取出木砖进行配管，如图 6-21 所示。

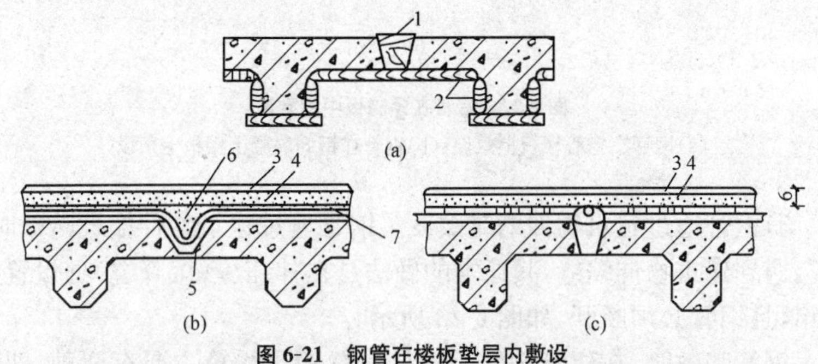

图 6-21　钢管在楼板垫层内敷设

(a)在未灌混凝土前埋设木砖；(b)配管进接线盒；(c)配管不弯曲

1—木砖；2—模板；3—地面；4—焦碴垫层；5—接线盒；6—水泥砂浆保护；7—钢管

2)钢管在预制板中敷设。暗管在预制板中的敷设方法同“暗管在现浇混凝土楼板内的敷设”,但灯头盒的安装需在楼板上定位凿孔。其做法如图 6-22 所示。

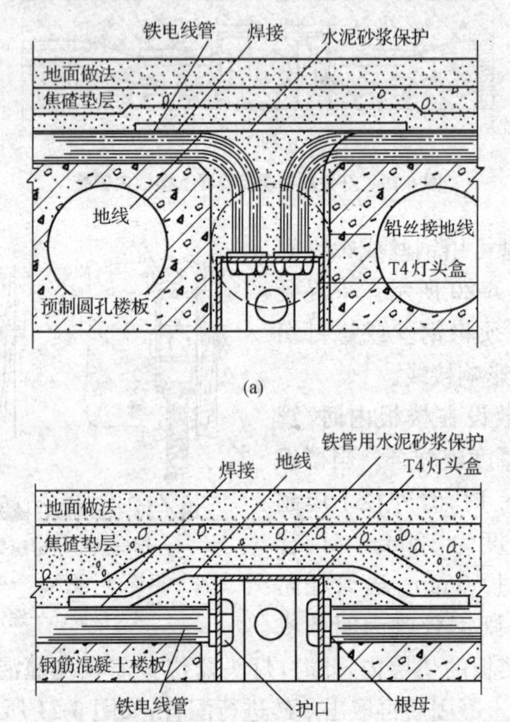

图 6-22　暗管在预制板中的敷设

(a)钢管在空心楼板上敷设;(b)钢管在钢筋混凝土楼板上敷设

3)钢管通过建筑物伸缩缝敷设。钢管通过建筑物伸缩缝暗敷时,常会遇到建筑物伸缩缝,其通常的做法是在伸缩缝(沉降缝)处设置接线箱,且钢管必须断开,如图 6-23 所示。

钢管暗敷时,在建筑物伸缩缝处设置的接线箱主要有两种,即一式接线箱和二式接线箱,如图 6-24 所示。其规格见表 6-3。

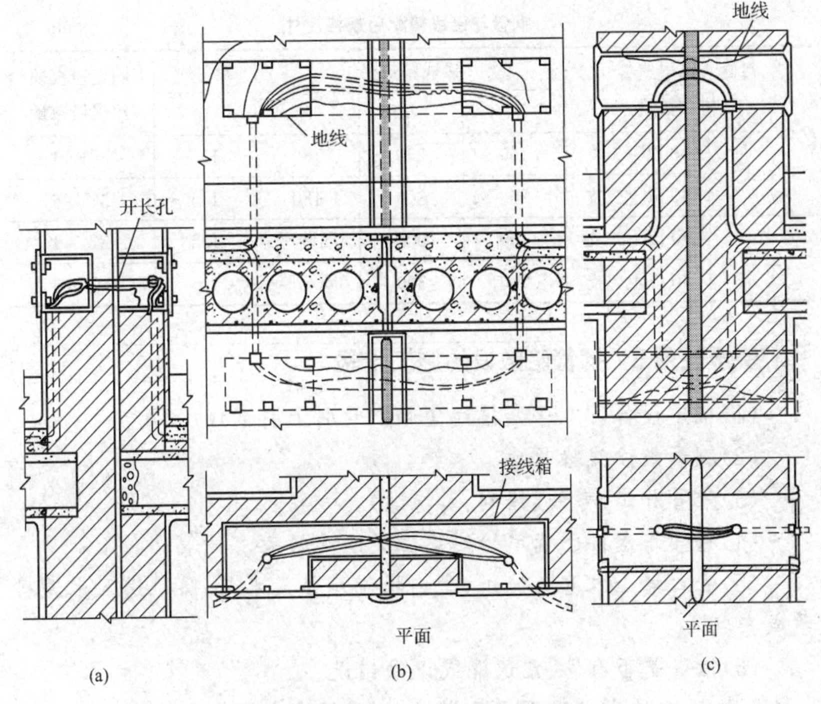

图 6-23　钢管通过建筑物伸缩缝敷设

(a)普通接线箱在地板上部过伸缩缝时的做法；

(b)一式接线箱在地板上(下)部过伸缩缝做法；

(c)二式接线箱在地板上(下)部过伸缩缝做法

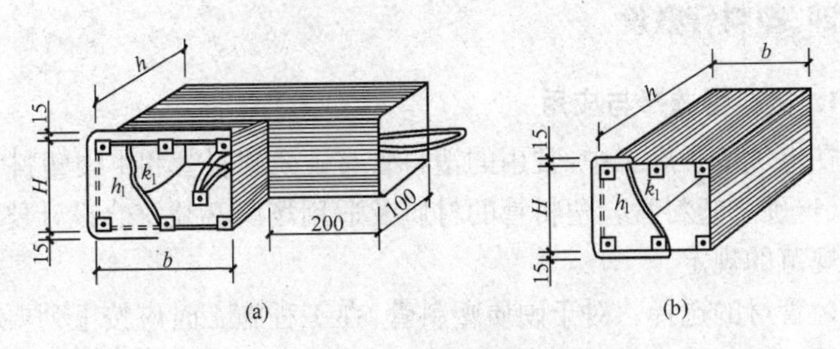

图 6-24　接线箱做法

(a)一式；(b)二式

表 6-3　　钢管与接线箱配用规格尺寸　　mm

每侧入箱电线管规格和数量		接线箱规格 H	接线箱规格 b	接线箱规格 h	箱厚 h_1	固定盖板螺丝规格数量
一式	40 以下二支	150	250	180	1.5	M5×4
	40 以上二支	200	300	180	1.5	M5×6
二式	40 以下二支	150	200	同墙厚	1.5	M5×4
	40 以上二支	200	300	同墙厚	1.5	M5×6

快学快用 5　钢管暗敷设的施工步骤

(1)确定设备(灯头盒、接线盒和配管引上引下)的位置。

(2)测量敷设线路长度。

(3)配管加工(弯曲、锯割、套螺纹)。

(4)将管与盒按已确定的安装位置连接起来。

(5)管口墙上木塞或废纸，盒内填满废纸或木屑，防止进入水泥砂浆或杂物。

(6)检查是否有管、盒遗漏或设位错误。

(7)管、盒连成整体固定于模板上(最好在未绑扎钢筋前进行)。

(8)管与管和管与箱、盒连接处，焊上跨接地线，使金属外壳连成一体。

四、塑料管敷设

1. 塑料管选择与应用

在电气工程施工中，常用的塑料管有硬质塑料管和半硬塑料管。

(1)硬质塑料管。塑料管的材质及适用场所必须符合设计要求和施工规范的规定。

1)管材的选择。对于硬质塑料管，在工程施工时应按下列要求进行选择：

①硬质塑料管应具有耐热、耐燃、耐冲击并有产品合格证，其内外管径应符合国家统一标准。管壁厚度应均匀一致，无凸棱、凹陷、气泡

等缺陷。

②硬质聚氯乙烯管应能反复加热煨制，即热塑性能要好。再生硬质聚氯乙烯管不应用到工程中。

③电气线路中，使用的刚性 PVC 塑料管必须具有良好的阻燃性能，否则隐患极大，因阻燃性能不良而酿成的火灾事故屡见不鲜。

④在电气工程中，使用的电线保护管及其配件必须由阻燃处理材料制成。塑料管外壁应有间距不大于 1m 的连续阻燃标记和制造厂标，其氧指数应为 27%及以上，有离火自熄的性能。

⑤选择硬质塑料管时，还应根据管内所穿导线截面、根数选择配管管径。

2)管材的应用。硬质塑料管适用于民用建筑或室内有酸、碱腐蚀性介质的场所。由于塑料管在高温下机械强度会降低，老化加速，蠕变量大，故而在环境温度大于 40℃的高温场所不应敷设。在经常发生机械冲击、碰撞、摩擦等易受机械损伤的场所也不应使用。

(2) 半硬塑料管。半硬塑料管可分为难燃平滑塑料管和难燃聚氯乙烯波纹管（简称塑料波纹管）两种，多适用于一般居住和办公建筑的电气照明工程，是一种经济、适用和美观的暗敷布线方式。其选择要求如下：

1)半硬塑料管适用于正常环境下一般室内场所，在潮湿环境中不应采用。

2)半硬塑料管不应敷设在高温和易受机械损伤的场所。

3)混凝土板孔布线应采用塑料绝缘电线穿半硬塑料管敷设。

4)建筑物顶棚内，不宜采用塑料波纹管。现浇混凝土内不宜采用塑料波纹管。

5)塑料波纹管穿管管径可按管内导线总面积应小于管内截面的 40%进行选择。

2. 硬质塑料管敷设

硬塑料管适用于室内或有酸、碱等腐蚀介质的场所的明敷。明敷的硬塑料管在穿过楼板等易受机械损伤的地方，应用钢管保护；埋于地面内的硬塑料管，露出地面易受机械损伤段落，也应用钢管保护；硬

塑料管不准用在高温、高热的场所(如锅炉房),也不应在易受机械损伤的场所敷设。

硬塑料管有一定的机械强度,可明敷设也可暗敷设。明敷设塑料管管壁厚度不应小于 2mm,暗敷设的不应小于 3mm。

敷设前,硬质塑料管应根据线管的埋设位置和长度进行切断、弯曲,做好部分管与盒的连接,然后在配合土建施工敷设时进行管与管及管与盒(箱)的预埋和连接。

需要注意的是,敷设塑料管时,应在原材料规定的允许环境温度下进行,一般温度不宜低于-15℃,以防止塑料管强度减弱、脆性增大而造成断裂。

快学快用 6 塑料管补偿装置的应用

硬塑料管的热膨胀系数[0.08mm/(m·℃)]要比钢管大 5~7 倍。如 30m 长的塑料管,温度升高 40℃,则长度增加 96mm。因此,塑料管沿建筑物表面敷设时,直线部分每隔 30m 要装设补偿装置(在支架上架空敷设除外),如图 6-25 所示。

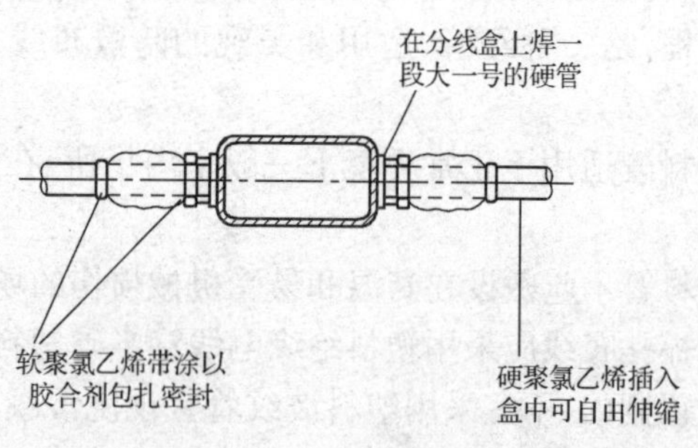

图 6-25 塑料管补偿装置

3. 半硬塑料管敷设

半硬塑料管只适用于六层及六层以下一般民用建筑的照明工程。应敷设在预制混凝土楼板间的缝隙中,从上到下垂直敷设时,应暗敷在预留的砖缝中,并用水泥砂浆抹平,砂浆厚度不小于 15mm。半硬塑料管不得敷设在楼板平面上,也不得在吊顶及护墙夹层内及板条墙

内敷设。

由于半硬塑料管材质柔软，承受外力能力较低，难于保证管路横平竖直地施工，因此只宜用作暗敷布线。多适用于一般民用建筑照明工程，且不得在高温场所和顶棚内敷设。塑料波纹管即难燃型聚氯乙烯可挠管，其质量要求应符合相关标准的规定。敷设时，应选择柔韧性好、阻燃性好、耐腐蚀性较好的且电气性能和抗冲击、抗压力强的塑料波纹管。管应无断裂、孔洞和变形。

对于难燃平滑半硬塑料管，应壁厚均匀，易弯折且不断裂，回弹性好，应无气泡及管身变形等现象。

快学快用 7　半硬塑料管敷设要求

(1)根据设计图，按管路走向进行敷设，注意敷设路径按照最近的路线敷设，并尽可能地减少弯曲。

(2)管子的弯曲不应大于 90°，弯曲半径不应小于管外径的 6 倍，弯曲处不应有褶皱、凹陷和裂缝，弯扁度不应大于管外径的 0.1 倍。

(3)管路不得有外露现象，埋入墙或混凝土内管子外壁与墙面的净距不应小于 15mm。

(4)敷设半硬塑料管宜减少弯曲，当线路直线段的长度超过 15m 或直角弯超过 3 个时，均应装设接线盒。

(5)半硬塑料管敷设于现场捣制的混凝土结构中，应有预防机械损伤的措施。否则，易将管子戳穿，使水泥浆进入管内，干涸后将管内堵塞而不能穿入导线。

(6)管路经过建筑物变形缝处，应设置补偿装置。

(7)管入盒、箱处的管口应平齐，管口露出盒、箱应小于 5mm，并应一管一孔，孔径应与管外径相匹配。

五、管道穿线

1. 室内导线的选择

室内配线用电线、电缆应按低压配电系统的额定电压、电力负荷、敷设环境及其与附近电气装置、设施之间能否产生有害的电磁感应等要求,选择合适的型号和截面。

(1)对电线、电缆导体的截面大小进行选择时,应按其敷设方式、环境温度和使用条件确定,其额定载流量不应小于预期负荷的最大计算电流,线路电压损失不应超过允许值。单相回路中的中性线应与相线等截面。

(2)室内配线若采用单芯导线作固定装置的 PEN 干线时,其截面面积对铜材不应小于 $10mm^2$,对铝材不应小于 $16mm^2$;当用多芯电缆的线芯作 PEN 线时,其最小截面面积可为 $4mm^2$。

(3)导线最小截面应满足机械强度的要求,不同敷设方式导线线芯的最小截面面积不应小于表 6-4 的规定。

表 6-4　　不同敷设方式导线线芯的最小截面面积

<table>
<tr><th colspan="3" rowspan="2">敷设方式</th><th colspan="3">线芯最小截面面积/mm^2</th></tr>
<tr><th>铜芯软线</th><th>铜　线</th><th>铝　线</th></tr>
<tr><td colspan="3">敷设在室内绝缘支持件上的裸导线</td><td>—</td><td>2.5</td><td>4.0</td></tr>
<tr><td rowspan="4">敷设在室内绝缘支持件上的绝缘导线其支持点间距 L/m</td><td rowspan="2">$L\leqslant2$</td><td>室　内</td><td>—</td><td>1.0</td><td>2.5</td></tr>
<tr><td>室　外</td><td>—</td><td>1.5</td><td>2.5</td></tr>
<tr><td colspan="2">$2<L\leqslant6$</td><td>—</td><td>2.5</td><td>4.0</td></tr>
<tr><td colspan="2">$6<L\leqslant12$</td><td>—</td><td>2.5</td><td>6.0</td></tr>
<tr><td colspan="3">穿管敷设的绝缘导线</td><td>1.0</td><td>1.0</td><td>2.5</td></tr>
<tr><td colspan="3">槽板内敷设的绝缘导线</td><td>—</td><td>1.0</td><td>2.5</td></tr>
<tr><td colspan="3">塑料护套线明敷</td><td>—</td><td>1.0</td><td>2.5</td></tr>
</table>

2. 导线的布置

在室内配线中,为了保证某一区域内的线路和各类器具达到整齐美观,施工前必须设立统一的标高,以适应使用的需要,给人以整齐美观的享受。室内电气线路与各种管道的最小距离不能小于表 6-5 的规定。

表 6-5　　电气线路与管道间最小距离　　mm

管道名称	配线方式		穿管配线	绝缘导线明配线	裸导线配线
蒸汽管	平　行	管道上	1000	1000	1500
		管道下	500	500	1500
	交　叉		300	300	1500
暖气管、热水管	平　行	管道上	300	300	1500
		管道下	200	200	1500
	交　叉		100	100	1500
通风、给排水及压缩空气管	平　行		100	200	1500
	交　叉		50	100	1500

注：1. 对蒸汽管道，当在管外包隔热层后，上下平行距离可减至 200mm。

2. 暖气管、热水管应设隔热层。

3. 对裸导线，应在裸导线处加装保护网。

3. 管内穿线

(1)穿在管内绝缘导线的额定电压不应低于 500V。按规定，黄、绿、红色分别为 A、B、C 三相色标，黑色线为零线，黄绿相间混合线为接地线。

(2)管内导线总截面面积(包括外护层)不应超过管截面面积的 40%，当管内敷设多根同一截面导线时，可参见表 6-6。

表 6-6　　管内导线与管径对照表

导线根数(直径 d)	$1d$	$2d$	$3d$	$4d$	$5d$	$6d$	$7d$	$8d$	$9d$	$10d$	
管子内径	$1.7d$	$3d$	$3.2d$	$3.6d$	$4.0d$	$4.5d$	$5.6d$	$5.6d$	$5.8d$	$6d$	
导线规格/mm^2	2.5	4	6	10	16	25	35	50	70	95	120
导线外径/mm	5	5.5	6.2	7.8	8.8	10.6	11.8	13.8	16	18.5	20

(3)同一交流回路的导线必须穿在同一根管内。电压为 65V 及以下的回路，同一设备或生产上相互关联设备所使用的导线，同类照明回路的导线(但导线总数不应超过 8 根)，各种电机、电器及用电设备

的信号、控制回路的导线都可穿在同一根配管中。穿管前，应将管中积水及杂物清除干净。

(4)管内导线不得有接头和扭结，在导线出管口处，应加装护圈。为了便于导线的检查与更换，配线所用的铜芯软线最小线芯截面面积不小于 1mm^2，铜芯绝缘线最小线芯截面面积不小于 7mm^2，铝芯绝缘线最小线芯截面面积不小于 2.5mm^2。

(5)敷设在垂直管路中的导线，当导线截面面积分别为 50mm^2(及其以下)、70～95mm^2、120～240mm^2，横向长度分别超过 30m、20m、18m 时，应在管口处或接线盒中加以固定。

快学快用 8　塑料管穿线注意事项

塑料波纹管室内配线，用于额定电压 500V 以下的交直流配电线路和控制线路。线芯的截面面积：铜线不应小于 1.0mm^2，铝线不应小于 2.5mm^2。

(1)塑料波纹管配线必须配合土建施工顺序先配管后穿线，并应保证能够顺利更换相同数量、规格的导线。严禁预先穿好线再埋入建筑物内，造成日后检修困难。

(2)配塑料波纹管时，接头、接线盒、灯头盒等均应使用配套的配件。

(3)两个接线盒之间的塑料波纹管，宜用一根整管。如果必须采用接头，应采用与塑料波纹管的配套接头。对接两管的连接端口，在切口时应保证不影响穿线。

(4)钢索配塑料波纹管应符合下列要求：

1)支持点间距应小于或等于 600mm，支持点与灯头盒、接线盒的距离不应大于 150mm。

2)吊装接线盒和管路的扁钢卡的宽度不小于 20mm；吊接线盒的卡子不应少于两个。

(5)塑料波纹管内穿线，必须在土建抹灰及地坪工程结束以后进行。穿线前应清扫管内壁，对积水必须用干燥的棉纱扎结在钢丝上穿入管内将其拖动擦干。

(6)用塑料管布线时，如用电设备需接零装置时，在管内必须穿入接零保护线。利用带接地线型塑料电线管时，管壁内的 1.5mm² 铜接地导线要可靠接通。

六、护套线配线

护套线可分为铅护套线和塑料护套线。目前，在建筑电气工程中所采用的护套绝缘线多为塑料护套绝缘线。

塑料护套线主要用于居住及办公等建筑室内电气照明及日用电器插座线路的明敷布线和在空心楼板板孔内的暗敷布线。但是，塑料护套线不得直接埋入抹灰层内安装，也不得在室外露天的场所明敷，更不得在人不能进入的吊顶内明敷。

1. 材料选择

塑料护套线有双层塑料保护层，即线芯绝缘为内层，外面再统包一层塑料绝缘护套，具有防潮、耐酸和耐腐蚀等性能，是一种电气装备中的通用电线电缆。

(1)选择塑料护套线时，其导线的规格、型号必须符合设计要求，并有产品出厂合格证。

(2)工程中使用的塑料护套线的最小线芯截面，铜线不应小于 1.0mm²，铝线不应小于 1.5mm²。塑料护套线明敷设时，采用的导线截面面积不宜大于 6mm²。

(3)施工中可根据实际需要选择使用双芯或三芯护套线，如工程设计图中标注为三根线时，可采用三芯护套线，若标注五根线的，可采用双芯和三芯的各一根，而不会造成多余和浪费。

(4)在比较潮湿和有腐蚀性气体的场所可采用塑料护套线明敷施工。但在建筑物顶棚内，严禁采用护套线布线。

(5)塑料护套线布线，在进户时，电源线必须穿在保护管内直接进入计量箱内。另外，电气工程中还会用到一种称为聚氯乙烯绝缘尼龙护套电线。它是一种铜芯镀锡外包聚氯乙烯绝缘尼龙护套电线，用于交流 250V 以下、直流 500V 以下的低压电力线路中，线芯和长期允许工作温度为－60～80℃，在相对湿度为98%条件下使用，环境温度应小于45℃。

2. 施工作业条件

(1)配线工程施工前，土建工程应具备下列条件：

1)对配线施工有妨碍的模板、脚手架应拆除，杂物应清除干净。

2)会使线路发生损坏或严重污染的建筑物装饰作业，应全部结束。

(2)与配线工程有关的建筑物和构筑物的土建工程质量，应符合现行规范的有关规定。

(3)电线、电缆及器材，应符合国家或原建设部颁布的现行技术标准，有合格证件，并能按施工进度计划供应。

3. 施工作业步骤与操作要求

(1)画线定位。用粉线袋按照导线敷设方向弹出水平或垂直线路基准线，同时标出所有线路装置和用电设备的安装位置，均匀地画出导线的支持点。导线沿门头线和线脚敷设时，可不必弹线，但线卡必须紧靠门头线和线脚边缘线上。支持点间的距离应根据导线截面大小而定，一般为150～200mm。在接近电气设备或接近墙角处间距有偏差时，应逐步调整均匀，以保持美观。

(2)固定线卡。在安装好的木砖上，将线卡用铁钉钉在弹线上，勿使钉帽凸出，以免划伤导线的外护套。在木结构上，可直接用钉子钉牢。在混凝土梁或预制板上敷设时，可用胶黏剂粘贴在建筑物表面上，如图6-26所示。粘贴时，一定要用钢丝刷将建筑物上粘贴面上的粉刷层刷净，使线卡底座与水泥直接粘贴。

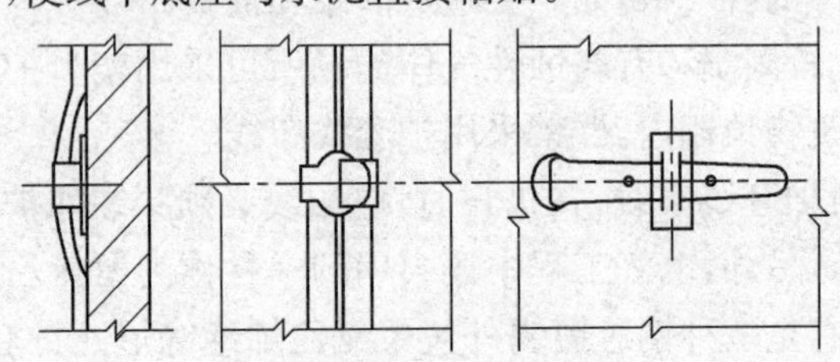

图6-26 线卡粘贴固定

(3)放线。放线是保证护套线敷设质量的重要一步。整盘护套线不能搞乱,不可使线产生扭曲。因此,放线时需要操作者合作,一人把整盘线按图 6-27 所示套入双手中,另一人握住线头向前拉。放出的线不可在地上拖拉,以免擦破或弄脏电线的护套层。线放完后先放在地上,量好长度,并留出一定余量后剪断。

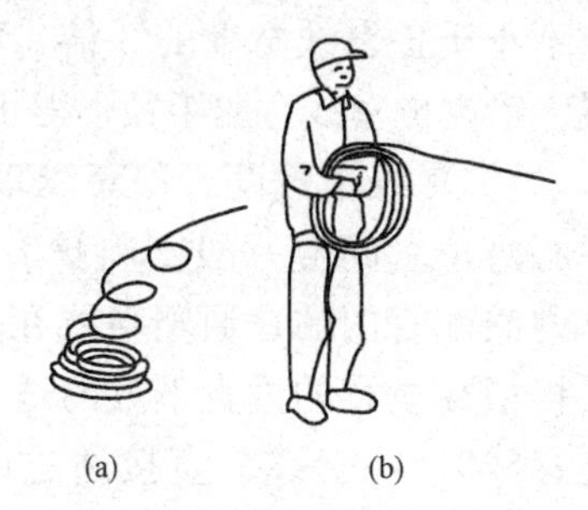

图 6-27　手工放线

(a)错误做法;(b)正确做法

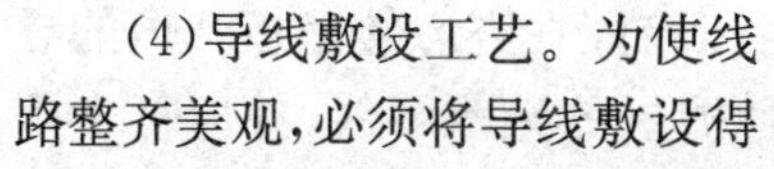

(4)导线敷设工艺。为使线路整齐美观,必须将导线敷设得横平竖直。几条护套线成排平行敷设时,应上下左右排列紧密,不能有明显空隙。敷线时,应将线收紧。

1)短距离的直线部分先把导线一端夹紧,然后夹紧另一端,最后把中间各点逐一固定。

2)长距离的直线部分可在其两端的建筑构件的表面上临时各装一幅瓷夹板,把收紧的导线先夹入瓷夹中,然后逐一夹上线卡。

3)在转角部分,戴上手套用手指顺弯按压,使导线挺直平顺后夹上线卡。

4)中间接头和分支连接处应装置接线盒,接线盒固定应牢固。在多尘和潮湿的场所时应使用密闭式接线盒。

5)护套线应置于线卡的钉孔位(或粘贴部分)中间,然后按图 6-28 所示步骤进行夹持操作。每夹持 4～5 个线卡后,应目测检查一次,如有偏斜,可用锤敲线卡纠正。

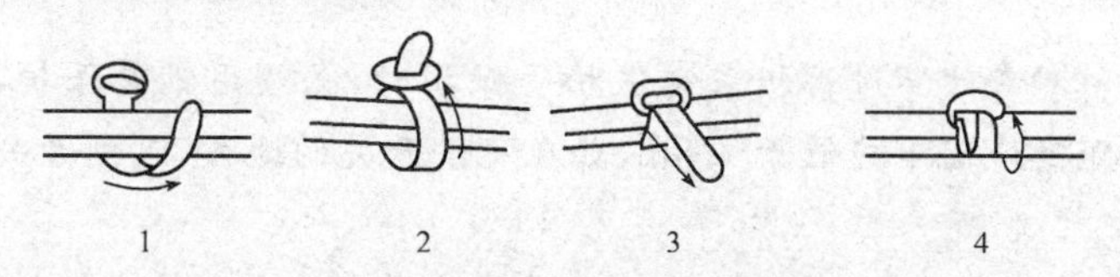

图 6-28　线卡夹持的步骤

6)塑料护套线在同一墙面上转弯时，必须保持垂直。导线弯曲半径应不小于护套线宽度的3倍。弯曲时不应损伤护套和芯线外的绝缘层。铅皮护套线弯曲半径不得小于其外径的10倍。

(5)护套线暗敷设。护套线暗敷设就是在过路盒(断接盒)至楼板中心灯位之间穿一段塑料护套线，并在盒内留出适当余量，以和墙体内暗配管内的普通塑料线在盒内相连接。暗敷设护套线，应在空心楼板穿线孔的垂直下方的适当高度设置过路盒(也称断接盒)。板孔穿线时，护套线需直接通过两板孔端部的接头，板孔孔洞必须对直。此外，还须穿入与孔洞内径一致，长度不宜小于200mm的油毡纸或铁皮制的圆筒，加以保护。对于暗配在空心楼板板孔内的导线，必须使用塑料护套线或加套塑料护层的绝缘导线，并应符合下列要求：

1)穿入导线前，应将楼板孔内的积水、杂物清除干净。

2)穿入导线时，不得损伤导线的护套层，并能便于日后更换导线。

3)导线在板孔内不得有接头。分支接头应放在接线盒内连接。

快学快用9　塑料护套线明配线施工要求

塑料护套线明配线应在室内工程全部结束之后进行。在冬季敷设时，温度应不低于－15℃，以防塑料发脆造成断裂，影响工程施工质量。

(1)护套线宜在平顶下50mm处沿建筑物表面敷设；多根导线平行敷设时，一只轧头最多夹三根双芯护套线。

(2)护套线之间应相互靠紧，穿过梁、墙、楼板、跨越线路、护套线交叉时都应套有保护管，护套线交叉时保护管应套在靠近墙的一根导线上。

塑料护套线穿过楼板采用保护管保护时，必须用钢管保护，其保护高度距离地面不应低于1.8m，如在装设开关的地方，可到开关所在位置。

(3)护套线过伸缩缝处，线两端应固定牢固，并放有适当余量；暗配在空心楼板孔内的导线，洞孔口处应加护圈保护。

(4)塑料护套线在终端、转弯和进入电气器具、接线盒处，均应装设线卡固定，线卡与终端、转弯中点、电气器具或接线盒边缘的距离为50～100mm。

(5)塑料护套线明配时。导线应平直，不应有松弛、扭绞和曲折的现象。弯曲时，不应损伤护套线的绝缘层，弯曲半径应大于导线外径的3倍。

(6)在接地系统中，接地线应沿护套线同时明敷，并应平整、牢固。

快学快用 10　护套线配线放线过程中的校直方法

护套线配线放线过程中如果不小心将电线弄乱或扭弯，需设法校直。校直方法如下：

(1)把线平放在地上(地面要平)，一人踩住导线一端，另一人握住导线的另一端拉紧，用力在地上甩直。

(2)将导线两端拉紧，用木柄沿导线全长来回刮(赶)直。

(3)将导线两端拉紧，再用破布包住导线，用手沿电线全长捋直。

七、钢索配线

钢索配线就是在建筑物两端安装一根或两根花篮螺栓而拉紧的钢索，再将线路和灯具悬挂在钢索上。在一般工业厂房中，由于房架较高、跨度较大，而又要求将灯具安装较低时，照明线路多采用钢索布线。

1. 钢索及其附件的选择

(1)钢索。为抗锈蚀和延长使用寿命，布线的钢索应采用镀锌钢索，不应采用含油芯的钢索。由于含油芯的钢索易积贮灰尘而锈蚀，难以清扫，故而不宜使用。

为了保证钢索的强度，使用的钢索应无扭曲、松股、断股和抽筋等缺陷。单根钢丝的直径应小于0.5mm，因为钢索在使用过程中，常会发生因经常摆动而导致钢丝过早断裂的现象，所以钢丝的直径应小，以便保持较好的柔性。在潮湿或有腐蚀性介质及易贮纤维灰尘的场所，为防止钢索发生锈蚀，影响安全运行，可选用塑料护套钢索。

选用圆钢作钢索时，在安装前应调直、预拉伸和刷防腐漆。如采用镀锌圆钢，在调直、拉伸时注意不得损坏镀锌层。

（2）钢索附件。钢索附件主要有拉环、花篮螺栓、钢索卡和钢丝绳套环及各种接线盒等。

2. 钢索吊装管配线

钢索吊装管配线就是采用扁钢吊卡将钢管或塑料管以及灯具吊装在钢索上。其具体安装方法如下：

（1）吊装布管时，应按照先干线后支线的顺序，把加工好的管子从始端到终端顺序连接。

（2）按要求找好灯位，装上吊灯头盒卡子（图 6-29），再装上扁钢吊卡（图 6-30），然后开始敷设配管。扁钢吊卡的安装应垂直、牢固、间距均匀；扁钢厚度应不小于 1.0mm。

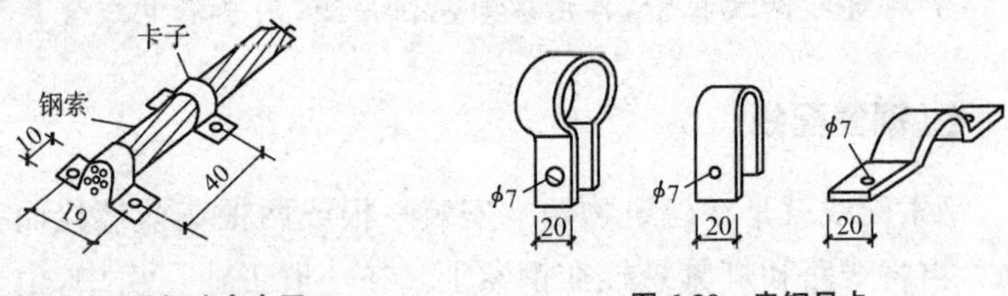

图 6-29　吊灯头盒卡子　　**图 6-30　扁钢吊卡**

（3）从电源侧开始，量好每段管长，加工（断管、套扣、摵弯等）完毕后，装好灯头盒，再将配管逐段固定在扁钢吊卡上，并做好整体接地（在灯头盒两端的钢管，要用跨接地线焊牢）。

吊装钢管时，应采用铁制灯头盒；吊装硬塑料管时，可采用塑料灯头盒。

（4）钢索吊装管配线的组装，如图 6-31 所示。对于钢管配线，吊卡距离灯头盒距离应不大于 200mm，吊卡之间距离不大于 1.5m；对塑料管配线，吊卡距灯头盒不大于 150mm，吊卡之间距离不大于 1m。线间最小距离 1mm。

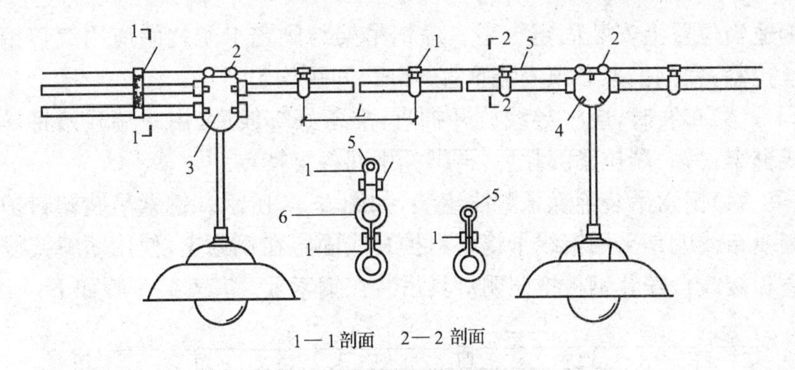

图 6-31　钢索吊装管配线组装图

1—扁钢吊卡；2—吊灯头盒卡子；3—五通灯头；

4—三通灯头盒；5—钢索；6—钢管或塑料管

3. 钢索吊装绝缘子配线

钢索吊装绝缘子配线就是采用扁钢吊架将绝缘子和灯具吊装在钢索上。其具体步骤如下：

(1)按设计要求找好灯位及吊架的位置。把绝缘子用螺栓组装在扁钢吊架上，如图 6-32 所示。

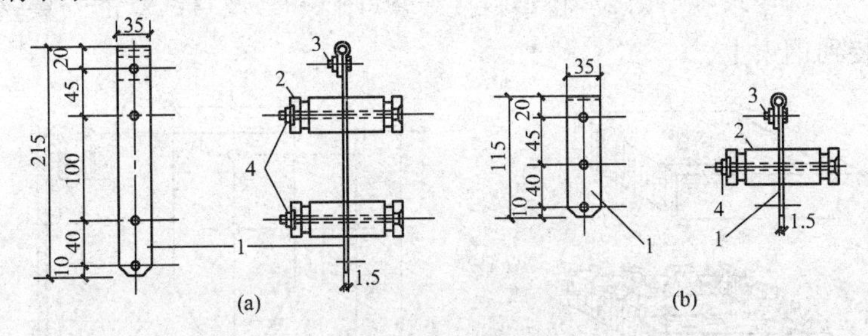

图 6-32　扁钢吊架

(a)双绝缘子；(b)单绝缘子

1—扁钢支架；2—绝缘子；3—固定螺栓(M5)；4—绝缘子螺栓

扁钢厚度不应小于 1.0mm，吊架间距应不大于 1.5m，吊架与灯头盒的最大间距为 100mm，导线间距应不小于 35mm。

(2)为防止始端和终端吊架承受不平衡拉力，可在始、终端吊架外侧适当位置上安装固定卡子。扁钢吊架与固定卡子之间应用镀锌钢丝拉紧；扁钢吊架必须安装垂直、牢固、间距均匀。

(3)布线时，应将导线放开抻直，准备好绑线后，由一端开始将导线绑牢，另一端拉紧绑扎后，再绑扎中间各支持点。

(4)钢索吊装绝缘子配线组装，如图 6-33 所示。钢索吊装塑料护套线布线就是采用铝线卡将塑料护套线固定在钢索上，使用塑料接线盒和接线盒安装钢板把照明灯具吊装在钢索上。其安装步骤如下：

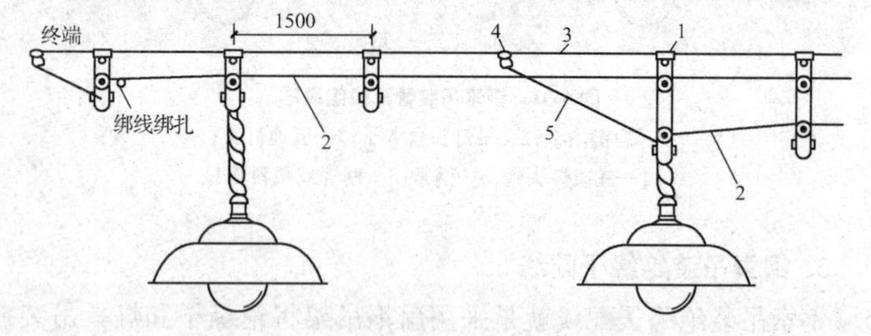

图 6-33　钢索吊装绝缘子配线组装图

1—扁钢吊架；2—绝缘导线；3—钢索；4—固定卡子；5—ϕ3.2 镀锌钢丝

1)按要求找好灯位，将塑料接线盒(图 6-34)及接线盒的安装钢板吊装到钢索上。

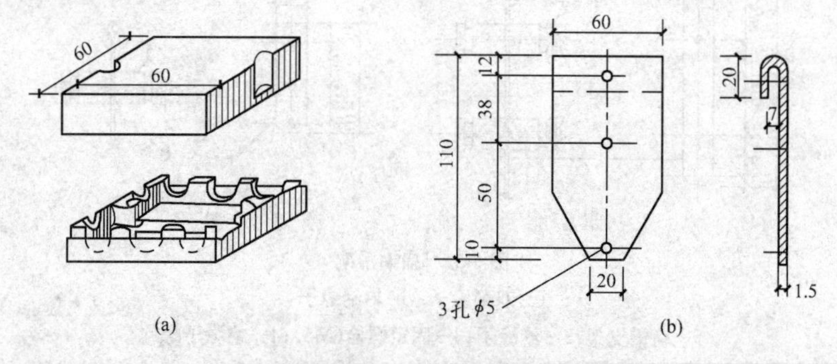

图 6-34　钢索吊装塑料护套线的接线盒及安装用钢板

(a)塑料接线盒；(b)接线盒安装钢板

2)均分线卡间距，在钢索上做出标记。线卡最大间距为 200mm；

线卡距灯头盒间的最大距离为100mm,间距应均匀。

3)测量出两灯具间的距离,将护套线按段剪断(要留出适当裕量),进行调查,然后盘成盘。

4)敷线从一端开始,一只手托线,另一只手用线卡将护套线平行卡吊于钢索上。护套线应紧贴钢索,无垂度、缝隙、扭劲、弯曲、损伤。安装好的钢索吊装塑料护套线,如图6-35所示。

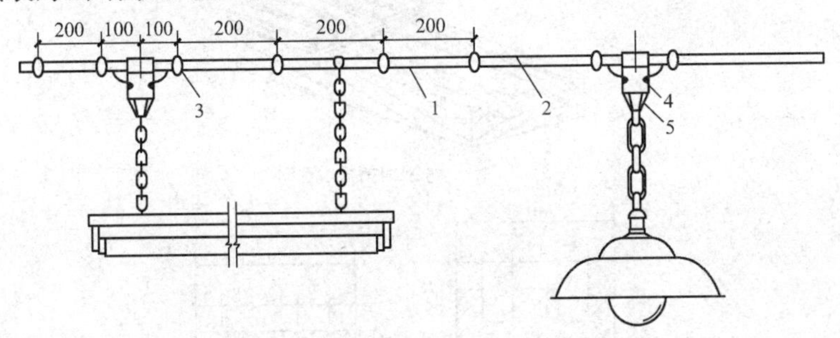

图6-35　钢索吊装塑料护套线组装图

1—塑料护套线;2—钢索;3—铝线卡;4—塑料接线盒;5—接线盒安装钢板

八、槽板配线

槽板配线就是把绝缘导线敷设在槽板底板(或盖板)的线槽中,上部再用盖板把导线盖住的布线方式。多适用于相对湿度在60%以下的干燥房屋中,如生活间、办公室内明配敷设等。

随着人们物质生活水平的提高,在建筑电气工程中,大型公用建筑已基本不用槽板配线,但在一般民用建筑或有些古建筑的修复工程中,以及个别地区仍有较多地使用。

1. 槽板的选用

在建筑电气工程中,常用的槽板有两种,一种是木槽板;另一种是塑料槽板。在安装前,对运到施工现场的槽板应进行外观检查和验收,剔除开裂和过分扭曲变形的次品,挑选平直的用于长段线路和明显的场所,略次的设法用于较隐蔽场所或截短后用于转角、绕梁、柱等地方敷设。

（1）木槽板。木槽板的线槽有双线、三线两种，其规格和外形如图6-36所示。木槽板应使用干燥、坚固、无劈裂的木材制成。木槽板的内外均应光滑、无棱刺，并且还应经阻燃处理，应涂有绝缘漆和防火涂料。槽板布线时，应根据线路每段的导线根数，选用合适的双线槽或三线槽的槽板。

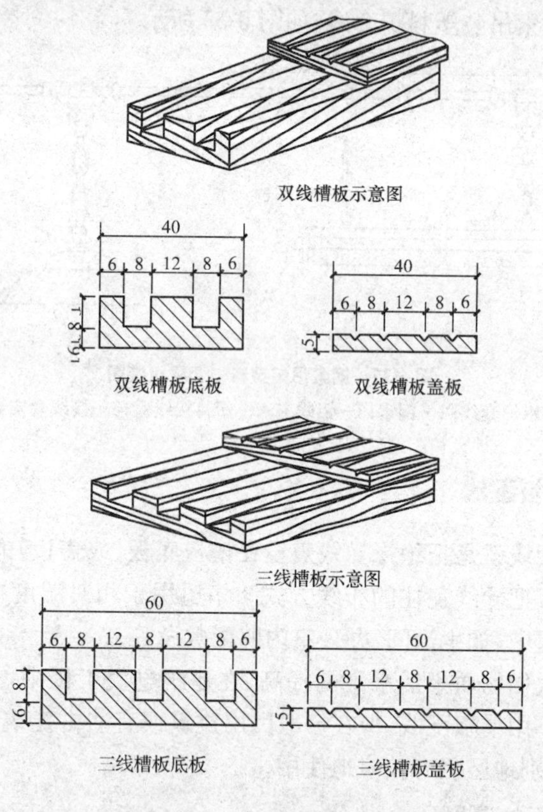

图6-36 双线、三线槽板示意图

（2）塑料槽板。塑料槽板由槽底、槽盖及附件组成。它是由难燃型硬聚氯乙烯工程塑料挤压成型，严禁使用非难燃型塑料加工。选用塑料槽板时，应根据设计要求选择型号、规格相应的定型产品。其敷设场所的环境温度不得低于－15℃，氧指数不应低于27％。以上槽板内外应光滑无棱刺，不应有扭曲、翘边等变形现象，并有产品合格证。

（3）金属槽板。金属槽板应采用烤漆的、喷漆的、喷塑的、经过热浸镀锌处理的定型产品。其型号、规格应符合设计要求。槽板内外应光滑平整，无棱刺，不应有扭曲、翘边等变形现象。

2. 槽板配线导线敷设要求

（1）槽板内敷设导线应一槽一线，同一条槽板内只应敷设同一回路的导线，不准嵌入不同回路的导线。在宽槽内应敷设同一相位导线。

（2）导线在穿过楼板或墙壁（间壁）时，应用保护管保护；但穿过楼板必须用钢管保护，其保护高度距地面不应低于 1.8m，如在装设开关的地方，可到开关的所在位置。保护管端伸出墙面 10mm。

（3）导线在槽板内不得有接头或受挤压；接头应设在接线盒内。

（4）导线接头应使用塑料接线盒（图 6-37）进行封盖。

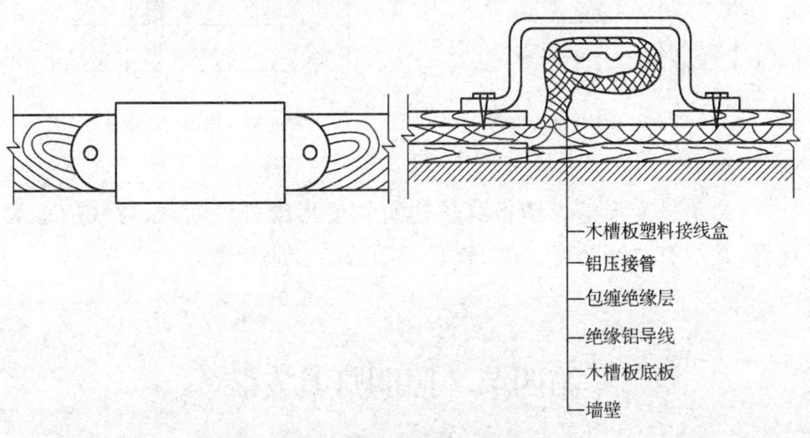

图 6-37　槽板接线盒安装图

（5）导线在槽板内不得有接头或受挤压，接头应设在槽板外面的接线盒内（图 6-38）或电器内。

（6）槽板配线不要直接与各种电器相接，而是通过底座（如木台，也叫作圆木或方木）后，再与电器设备相接。底座应压住槽板端部，做法如图 6-37 所示。

(7)导线在灯具、开关、插座及接头处，应留有余量，一般以100mm为宜。配电箱、开关板等处，则可按实际需要留出足够的长度。

(8)槽板在封端处的安装是将底部锯成斜口，盖板按底板斜度折覆固定，如图6-39所示。

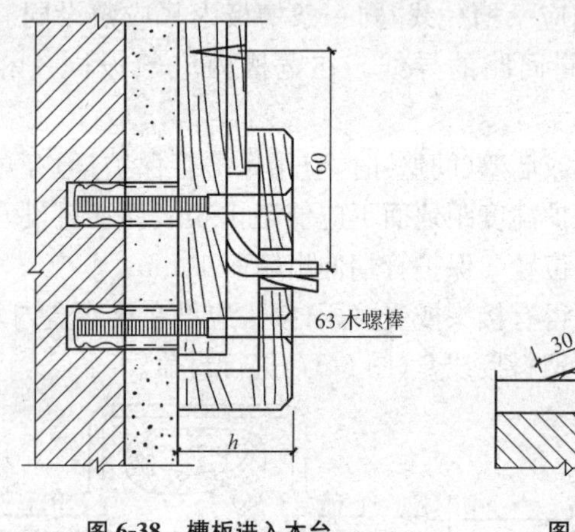

图6-38　槽板进入木台

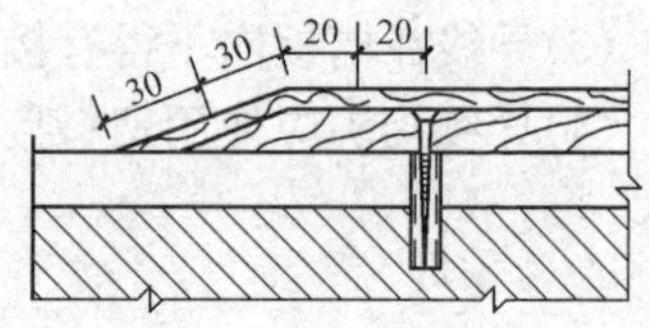

图6-39　槽板封端做法

(9)跨越变形缝。槽板跨越建筑物变形缝处应断开，导线应加套软管，并留有适当裕度，保护软管与槽板结合应严密。

第四节　照明灯具安装

照明装置的安装应按已批准的设计进行。照明装置安装前，应对土建工程进行检查，对灯具安装有妨碍的模板、脚手架应拆除。顶棚、墙面等的抹灰工作及表面装饰工作已完成，并结束场地清理工作。

一、照明灯具选择

(1)首先要使照度达到规定的标准值。

(2)解决空间亮度的合理分布的问题,创造满意的视觉条件。

(3)要做到实用、经济、安全,便于安装和维修。

二、普通灯具安装

1. 普通电气照明设备

光源是指凡可以将其他形式的能量转换为光能,从而提供光通量的设备、器具。电光源指将电能转换为光能,提供光通量的设备、器具。

根据其由电能转换光能的工作原理不同,大致可分为热辐射光源和气体放电光源两大类。

热辐射光源是利用物体通电加热而辐射发光的原理制成的,如白炽灯、卤钨灯等。

气体放电光源是利用气体放电时发光的原理制成的,如荧光灯、荧光高压汞灯、高压钠灯、氙灯和金属卤化物灯等。

(1)白炽灯。白炽灯主要由灯头、灯丝和玻璃外壳组成。灯头有螺纹口和插口两种形式,可拧进灯座中。对于螺口灯泡的灯座,相线应接在灯座中心接点上,零线接到螺纹口端接点上,如图 6-40 所示。

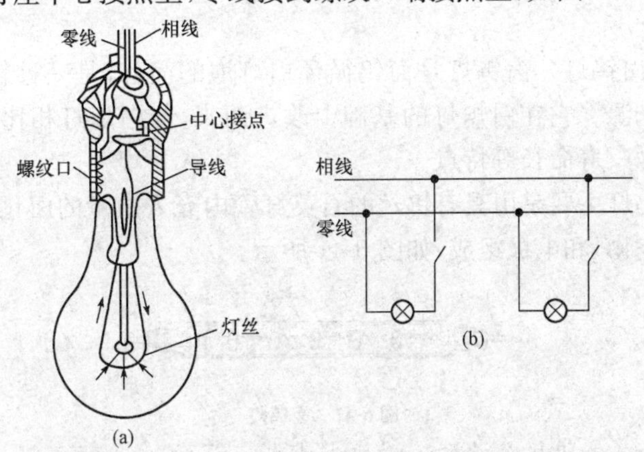

图 6-40　炽灯

(a)白炽灯构造;(b)接线

灯丝主要由钨丝制成，当电流通过时加热钨丝，使其达到白炽状态而发光。一般40W以下的小功率灯泡内部抽成真空，60W以上的大功率灯泡先抽真空，再充以氩气等惰性气体，以减少钨丝发热时的蒸发损耗，提高使用寿命。

白炽灯可分为两类，一类是普通白炽灯，灯泡型号为PZ型和PQ型，额定电压为220V，功率为15、25、40、60、75、100、150、200、300(W)等；另一类是低压局部照明白炽灯，电压等级为6V的功率有10W、20W；2V的功率有10、15、20、25、30、40、60、100(W)；36V的功率有15、25、40、60、100(W)。为了节能环保，白炽灯将逐渐被淘。

快学快用11　白炽灯安装与使用要求

(1)白炽灯表面温度较高，严禁在易燃场所使用。

(2)白炽灯吸收的电能只有20%被转换成了光能，其余的均被转换为红外线辐射能和热能，故玻璃壳内的温度很高，在使用中应防止水溅到灯泡上，以免玻璃壳炸裂。

(3)装卸灯泡时，应先断开电源，切记不能用潮湿的手去装卸灯泡。

(2)卤钨灯。卤钨灯是卤钨循环白灯泡的简称，是一种较新型的热辐射光源。它在白炽灯的基础上改进而来，与白炽灯相比，有体积小、光效好、寿命长等特点。

卤钨灯主要是由具有钨丝的石英灯管内充入微量的卤化物(碘化物或溴化物)和电极组成，如图6-41所示。

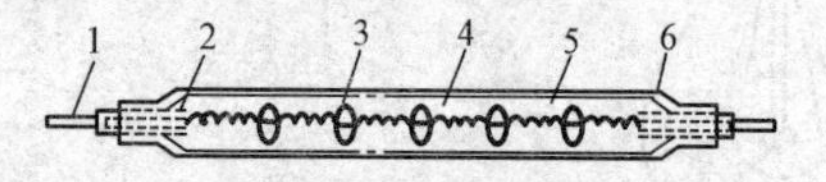

图6-41　卤钨灯

1—电极；2—封套；3—支架；4—灯丝；5—石英管；6—碘蒸气

卤钨灯的发光原理与白炽灯相同，钨丝通电后产生热效应至白炽

状态而发光，但它利用卤钨循环的作用，相对白炽灯而言，提高了发光效率、延长了使用寿命，且它的光通量比白炽灯更稳定，光色更好。

(3)荧光灯。荧光灯又称日光灯，是气体放电光源，其结构如图 6-42 所示。它由灯管、镇流器和启辉器三部分组成。

灯管由灯头、灯丝和玻璃管壳组成。灯管两端分别装有一组灯丝与灯脚相连。灯管内抽成真空，再充以少量惰性气体氩和微量的汞。玻璃管壳内壁涂有荧光物质，改变荧光粉成分可以获得不同的可见光光谱。目前，荧光灯有日光色、冷白色、暖白色以及各种彩色等光色。灯管外形有直管形、U 形、圆形、平板形和紧凑型(双曲形、H 形、双 D 形和双 X 形)。

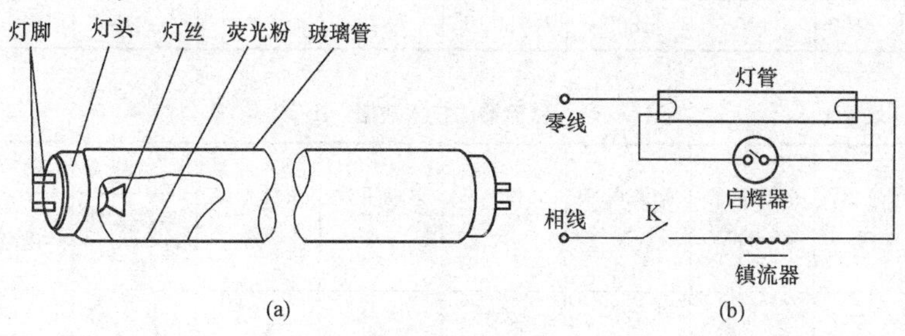

图 6-42　荧光灯

(a)灯管结构；(b)接线圈

荧光灯的工作原理为：接通电源后，在电源电压的作用下，启辉器产生辉光放电，其动触片受热膨胀与静触点接触形成通路，电流通过并加热灯丝发射电子。但这时辉光放电停止，动触片冷却恢复原来形状，在使触点断开的瞬间，电路突然切断，镇流器产生较高的自感电动势，当接线正确时，电动势与电源电压叠加，在灯管两端形成高电压。在高电压作用下，灯丝通电、加热和发射电子流，电子撞击汞原子，使其电离而放电。放电过程中发射出的紫外线又激发灯管内壁的荧光粉，从而发出可见光。

为了便于选用荧光灯的配套附件，现将荧光灯的技术数据列于表 6-7 中。镇流器、启辉器的技术数据见表 6-8 和表 6-9。镇流器与灯管的功率配套情况见表 6-10。

表 6-7　　荧光灯的技术数据

灯管型号	技术指数					外形尺寸/mm	
	功率/W	启动电流/mA	工作电流/mA	灯管电压/V	电源电压/V	长度	直径
RR－6	6	180	140	55		226	15
RR－3	8	195	150	65		301	15
RR－15	15	440	320	52		451	
RR－20	20	460	350	60	110/220	604	
RR－30	30	560	360	95		909	38
RR－40	40	650	410	108		1215	
RR－100	100	1800	1500	87		1215	

表 6-8　　镇流器的技术数据

镇流器型号	配用灯管功率/W	电源电压/V	工作电压/V	启动电流/A	工作电流/A	线圈数据	
						导线直径/mm	匝数
PYZ－6	6	220	208	0.18	0.14	0.19	1000×2
PYZ－8	8	220	206	0.195～0.2	0.15～0.16	0.19	1000×2
PYZ－10	10	220	204		0.25	0.21	1000×2
PYZ－15	15	220	202	0.41～0.44	0.3～0.32	0.21	980×2
PYZ－20	20	220	198	0.46	0.35	0.25	760×2
PYZ－30	30	220	182	0.56	0.36	0.25	760×2
PYZ－40	40	220	165	0.65	0.41	0.31	750×2

表 6-9　　启辉器的技术数据

启辉器型号	配用灯管功率/W	电压/V	启动速度		欠压启动		启动电压/V	使用寿命/次
			电压/V	时间/s	电压/V	时间/s		
PYJ4－8	4～8	220	220	1～4	180	＜15	＞135	5000
PYJ15－20	15～20	220	220	1～4	180	＜15	＞135	5000
PYJ30－40	30～40	220	220	1～4	180	＜15	＞135	5000
PYJ100	100	220	220	1～4	200	2～5		5000

表 6-10　　镇流器与灯管的功率配套情况

电流值/mA　灯管功率/W 镇流器功率/W	15	20	30	40
15	320	280	240	200 以下（启动困难）
20	385	350	290	215
30	460	420	350	265
40	590	555	500	410

快学快用 12　荧光灯安装与使用要求

(1)荧光灯带有镇流器，所以是感性负载，功率因数较低，且频闪效应显著；它对环境的适应性较差，如温度过高或过低会造成启辉困难；电压偏低，会造成荧光灯启燃困难甚至不能启燃；同时，普通荧光灯点燃需一定的时间，所以不适用于要求照明不间断的场所，最适宜的工作温度为 18～25℃。

(2)不同规格的镇流器与不同规格的荧光灯不能混用。因为不同规格镇流器的电气参数是根据灯管要求设计的。在额定电压、额定功率的情况下，相同功率的灯管和镇流器配套使用才能达到最理想的效果。如果不注意配套，就会出现各种问题，甚至造成不必要的损失。表 6-8 是通过实测得到的镇流器与灯管的功率配套数据。

(3)破碎的灯管要及时妥善处理，防止汞污染。

(4)管形氙灯。管形氙灯又称长弧氙灯，放电时能产生很强的白光，接近连续光谱，和太阳光十分相似，故有“小太阳”之称，特别适用于大面积场所照明。

管形氙灯点燃瞬间即能达到 80％光输出，光电参数一致性好，工作稳定，受环境温度影响小，但电源电压波动时容易自熄。

(5)金属卤化灯。金属卤化灯是在高压汞灯的基础上为改善光色而发展起来的一种新型电光源。其光色好，而且发光效率高。金属卤化灯在高压汞灯内添加某些金属卤化物，靠金属卤化物的不断循环向电弧提供相应的金属蒸气，于是就发出表征该金属特征的光谱线。常用的金属卤化灯有钠铊铟灯和管形镝灯。

2. 常用灯具分类

(1)根据灯具结构不同划分。

1)开启型。光源裸露在外，灯具是敞口的或无灯罩的。图 6-43 所示为开启型示意图。

2)闭合型。透光罩将光源包围起来的照明器。但透光罩内外空气能自由流通，尘埃易进入罩内，照明器的效率主要取决于透光罩的透射比。图 6-44 所示为闭合型示意图。

3)密闭型。透光罩固定处加以密封，与外界可靠地隔离，内外空气不能流通。根据用途又分为防水防潮型和防水防尘型，适用于浴室、厨房、潮湿或有水蒸气的车间、仓库及隧道、露天堆场等场所。图 6-45 所示为密闭型示意图。

图 6-43　开启型照明器

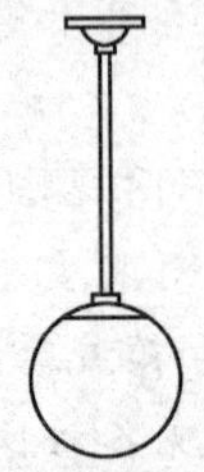
图 6-44　闭合型照明器

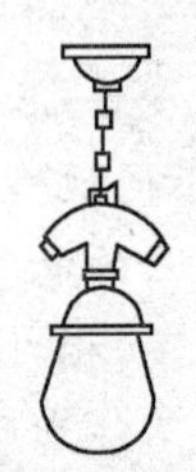
图 6-45　密闭型照明器

4)防爆安全型。防爆灯具有安全型和隔爆型两种。前者设计代号为 A，其特点是：在正常运行时不产生火花电弧；或把正常运行时产生的火花电弧的部件放在隔爆室内；后者设计代号为 B，其特点是：在灯具内部发生爆炸时，火焰通过一定间隙的防爆面后，不会引起灯具外部的爆炸。图 6-46 所示为防爆安全型示意图。这种照明器适用于在不正常情况下可能发生爆炸危险的场所。

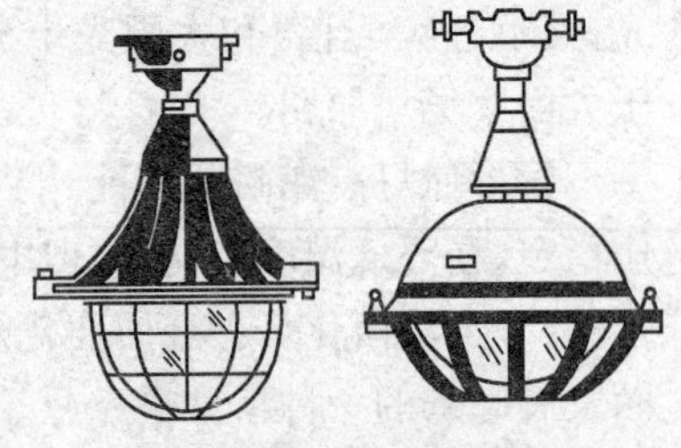
图 6-46　防爆安全型照明器

(2)根据灯具安装方式不同划分。

1)吸顶式。照明器吸附在顶棚上,适用于顶棚比较光洁且房间不高的建筑内,如图 6-47 所示。这种安装方式常有一个较亮的顶棚,但易产生眩光,光通利用率不高。

2)嵌入式。照明器的大部分或全部嵌入顶棚内,如图 6-48 所示,只露出发光面。其适用于低矮的房间。一般来说顶棚较暗,照明效率不高。若顶棚反射比较高,则可以改善照明效果。

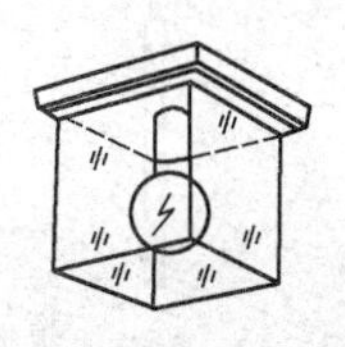

图 6-47　吸顶式照明器

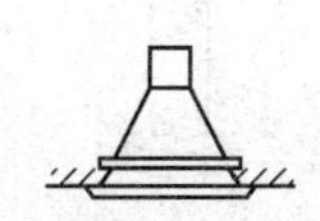

图 6-48　嵌入式照明器

3)悬吊式。照明器挂吊在顶棚上,如图 6-49 所示。根据挂吊的材料不同可分为线吊式、链吊式和管吊式。

4)壁式。照明器吸附在墙壁上。壁灯不能作为一般照明的主要照明器,只能作为辅助照明,富有装饰效果,如图 6-50 所示。

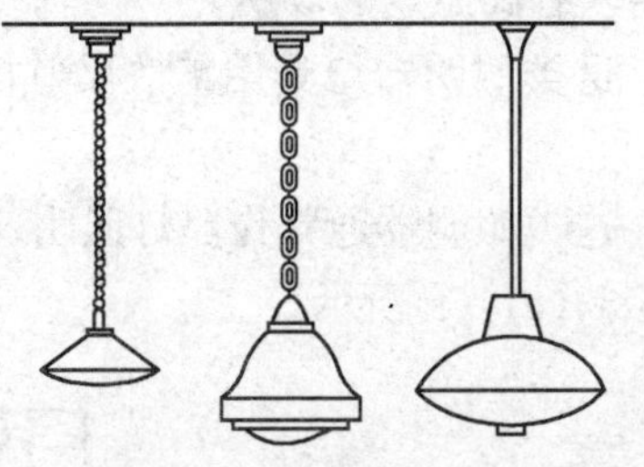

图 6-49　悬吊式照明器

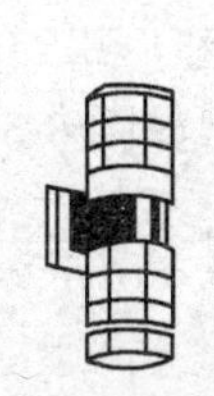

图 6-50　壁式照明器

5)枝形组合型。照明器由多枝形灯具组合成一定图案,俗称花灯。一般为吊式或吸顶式,以装饰照明为主。大型花灯灯饰常用于大型建筑大厅内,小型花灯可用于宾馆、会议厅等。

6)嵌墙型。照明器的大部分或全部嵌入墙内或底板面上,只露出很小的发光面。这种照明器常作为地灯,用于室内作为夜灯用,或作为走廊和楼梯的深夜照明灯，以避免影响他人的夜间休息。

7)台式。主要供局部照明用，如放置在办公桌、工作台上等，如图 6-51 所示。

8)庭院式。主要用于公园、宾馆花园等场所，与园林建筑结合，无论是白天或晚上都具有艺术效果，如图 6-52 所示。

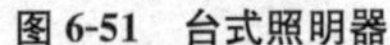

图 6-51　台式照明器

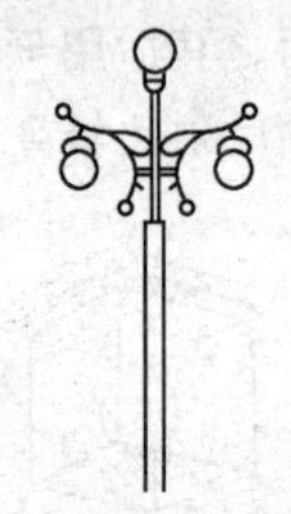

图 6-52　庭院式照明器

(3)根据照明器所发出的光通量划分。

1)直接型。90%～100%的光通量直接向下半球照射。灯具用反光性能良好的不透明材料(如搪瓷、铝、镀银镜面等)制造。

①特深照型和深照型如图 6-53(a)、(b)所示。这类照明器光线集中，适用于高大的厂房或工作面要求有高照度的场所。

②配照型如图 6-53(c)所示。这类照明器灯具用扩散反射材料制作，适用于一般厂房、仓库照明。

③广照型如图 6-53(d)所示。这类照明器通常作路灯照明。

④嵌入式荧光灯、暗灯如图 6-53(e)、(f)所示。

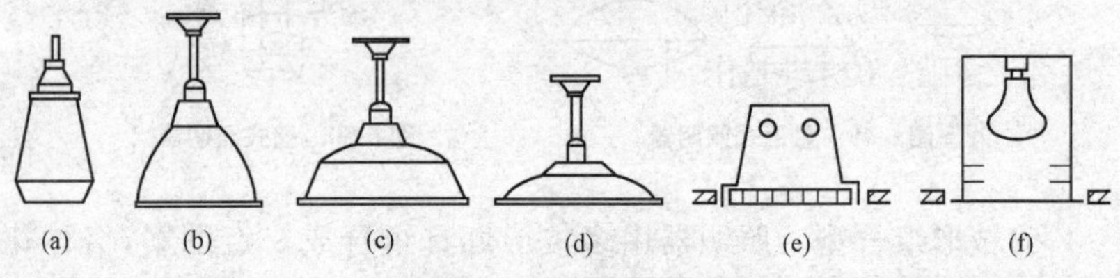

图 6-53　各种直接型照明器

(a)特深照型;(b)深照型;(c)配照型;(d)广照型;(e)嵌入式荧光灯;(f)暗灯

2)半直接型。这类灯具常用半透明材料制成下面开口的样式。如图 6-54(a)、(b)所示为玻璃菱形罩灯、玻璃荷叶灯等。也可以在灯

具的上方开缝。半直接型照明器既能把较多的光线集中照射在工作面上,又使周围空间得到适当的照明,这样可改善室内表面的亮度对比,如图 6-54(c)所示。

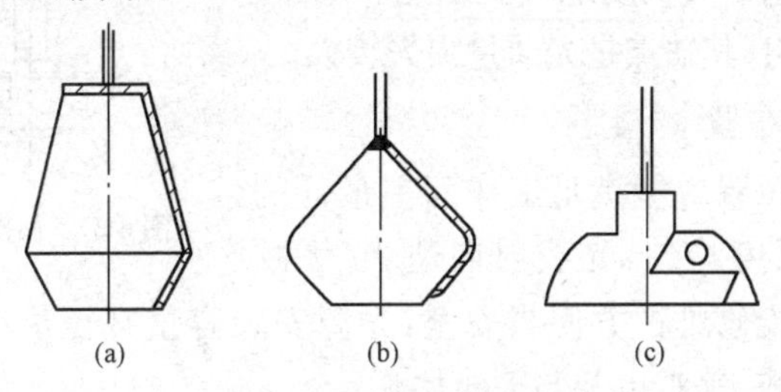

图 6-54　半直接型照明器

(a)玻璃菱形罩灯;(b)玻璃荷叶灯;(c)上方开缝的灯

3)漫射型。如图 6-55 所示为漫射型照明器。其灯具是用漫射透光材料制成,外形是封闭式。典型的如乳白玻璃球灯就是漫射型照明器。它们的造型美观,光线柔均匀。

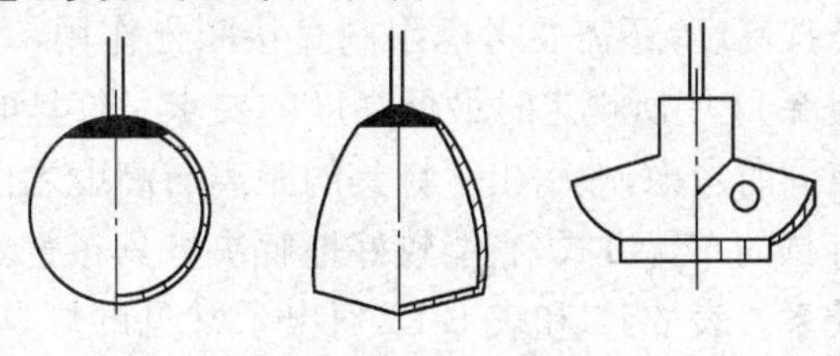

图 6-55　漫射型照明器

4)半间接型。如图 6-56 所示为几种半间接型照明器。它们的灯具上半部用透明材料制作,下半部用漫射透光材料制成。分配在上半球的光通量达 60%。

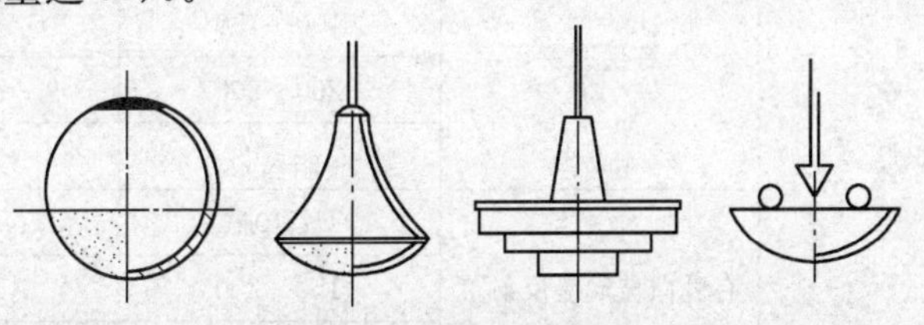

图 6-56　半间接型照明器

5)间接型。如图 6-57 所示为间接型照明器。它的全部光线经顶棚反射到工作面。这类照明器能最大限度地减弱眩光和阴影，光线柔和均匀;其缺点是光通量损失较大。

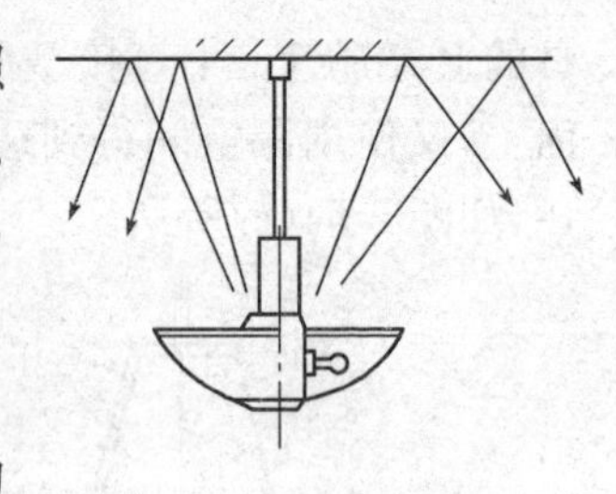
图 6-57　间接型照明器

3. 灯具布置

灯具的布置应能满足工作面上最低的照度要求，照度均匀，光线射向适当，无眩光、无阴影，检修维护方便与安全，光源安装容量减至最小，并且总体布置应该整齐、美观以及与建筑协调。

均匀布置是不考虑工作场所或房间内设备及设备的位置，将照明器作有规律的均匀排列，以在工作场所或房间内取得均匀照度。排列方式可有正方形、矩形、菱形等。选择布置是根据工作场所或房间内的设备、设施位置来布置照明器。这种布置的优点是能够选择最佳的光照方向和最大限度避免工作面上的阴影。

灯具的悬挂高度，还需要考虑限制直接眩光作用，室内灯具悬挂高度应满足表 6-11 中所规定时最低高度的要求。灯具的悬挂高度应与灯具的距离同时考虑，故引出了灯具的距离与高度之比即距高比的概念来选择灯具的布置方式，它能较好地解决灯具布置时这两个参数之间的相互关系。表 6-12 和表 6-13 列出了常见的灯具距高比 L/H 的参考值。

表 6-11　　照明灯具距地面最低悬挂高度

光源种类	灯具形式	光源功率/W	最低悬挂高度/m
白炽灯	有反射罩	≤60	2.0
		100～150	2.5
		200～300	3.5
		≥500	4.0
	有乳白玻璃漫反射罩	≤100	2.0
		150～200	2.5
		300～500	3.0

续表

光源种类	灯具形式	光源功率/W	最低悬挂高度/m
卤钨灯	有反射罩	≤500	6.0
		1000～2000	7.0
荧光灯	无反射罩	<40	2.0
		>40	3.0
	有反射罩	≥40	2.0
荧光高压汞灯	有反射罩	≤125	3.5
		250	5.0
		≥400	6.0
高压汞灯	有反射罩	≤125	4.0
		250	5.5
		≥400	6.5
金属卤化物灯	搪瓷反射罩	400	6
	铝抛光反射罩	1000	4.0
高压钠灯	搪瓷反射罩	250	6.0
	铝抛光反射罩	400	7.0

注：1. 表中规定的灯具最低悬挂高度在下列情况可降低 0.5m，但不应低于 2m。

(1)一般照明的照度小于 30lx 时。

(2)房间的长度不超过灯具悬挂高度的 2 倍。

(3)人员短暂停留的房间。

2. 金属卤化物灯为铝抛光反射罩时，当有紫外线防护措施的情况下，悬挂高度可以适当地降低。

表 6-12　　部分常用灯具的最大允许距高比

灯具类型	光源种类及容量	灯具最大允许距高比(L/H)		单行布置的房间最大宽度	最低照度维护系数
		单行布置	多行布置		
配照型灯具	B150、G125	1.8～2.0	1.8～2.5	1.2H	0.33、1.29
广照型灯具	B200、G125	1.9～2.5	2.3～3.2	1.3H	1.33、1.32
深照型灯具	B300、G200	1.5～1.8	1.6～1.8	1.0H	1.29、1.32

注：表中 L 代表灯具间的距离(m)；H 代表灯具与工作面的距离(m)。

表 6-13　　荧光灯的最大允许距高比

名称		容量	最大允许距高比(L/H)		最低维护系数 Z 值	A—A、B—B 方向确定
			A—A	B—B		
简式荧光灯	YG_{1-1}	1×40	1.62	1.22	1.29	
	YG_{2-1}	2×40	1.46	1.28	1.28	
	YG_{2-2}	2×40	1.33	1.28	1.29	
吸顶式荧光灯	YG_{6-2}	2×40	1.48	1.22	1.29	A B—□—B A
	YG_{6-3}	3×40	1.5	1.26	1.30	
嵌入式荧光灯	YG_{15-2}	2×40	1.25	1.20		
	YG_{15-3}	3×40	1.07	1.05	1.30	
密闭型荧光灯	YG_{4-1}	1×40	1.50	1.27		
	YG_{4-2}	2×40	1.41	1.26		

注：表中 L 代表灯具间的距离(m)；H 代表灯具与工作面的距离(m)。

快学快用 13　灯具合理布置要求

灯具的合理布置应该正确选择灯具的间距 S 与灯具悬挂高度 H 的比值。当选用反射光或漫射光灯具布置时，还需注意灯具与顶棚的距离，通常这个距离为顶棚至工作面距离的 1/4～1/5 较为合适。灯具的布置还应与建筑形式相结合。

快学快用 14　照明器的选用要求

照明器的选用应根据照明要求和使用场所的特点，一般考虑以下几点：

(1)照明开闭频繁，需要及时点亮，需要调光的场所，或因频闪效应影响视觉效果的场所，宜采用白炽灯或卤钨灯。

(2)识别颜色要求较高、视线条件要求较高的场所宜采用日光色荧光灯、白炽灯和卤钨灯。

(3)振动较大的场所宜采用荧光高压汞灯或高压钠灯，有高挂条件并需要大面积照明的场所宜采用金属卤化物灯或长弧氙灯。

(4)对于一般性生产用工棚间、仓库、宿舍、办公室和工地道路等，应优先考虑选用价格低廉的白炽灯和日光灯。

4. 白炽灯安装

白炽灯的安装方法，常用于吊灯、壁灯、吸顶灯、悬吊式灯等灯具，并安装成许多花型的灯(组)。安装吊灯需使用木台和吊线盒两种配件。

(1)吊灯安装。

1)当吊灯灯具的质量超过 3kg 时，应预埋吊钩或螺栓；软线吊灯仅限于 1kg 以下，超过者应加吊链或用钢管来悬吊灯具。

2)在振动场所的灯具应有防震措施，并应符合设计要求。

3)当采用钢管作灯具吊杆时，钢管内径一般不小于 10mm。

4)吊链灯的灯具不应受拉力，灯线宜与吊链编叉在一起。

(2)壁灯安装。壁灯一般安装在墙上或柱子上。当装在砖墙上，一般在砌墙时应预埋木砖，但是禁止用木楔代替木砖。当然也可用预埋金属件或打膨胀螺栓的办法来解决。当采用梯形木砖固定壁灯灯具时，木砖须随墙砌入。木砖尺寸示意图如图 6-58 所示；壁灯安装示意图如图 6-59 所示。

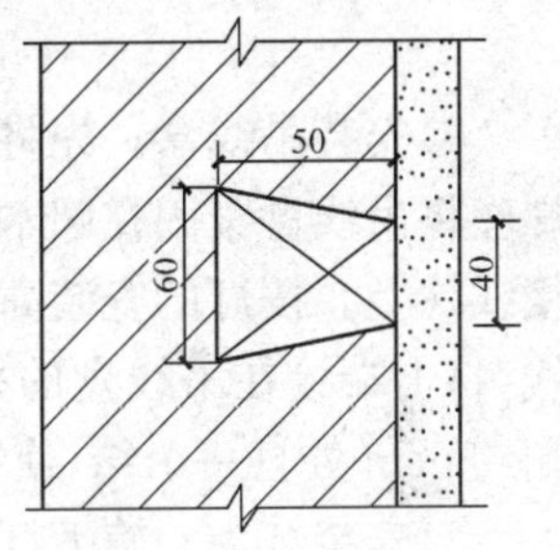

图 6-58 木砖尺寸示意图

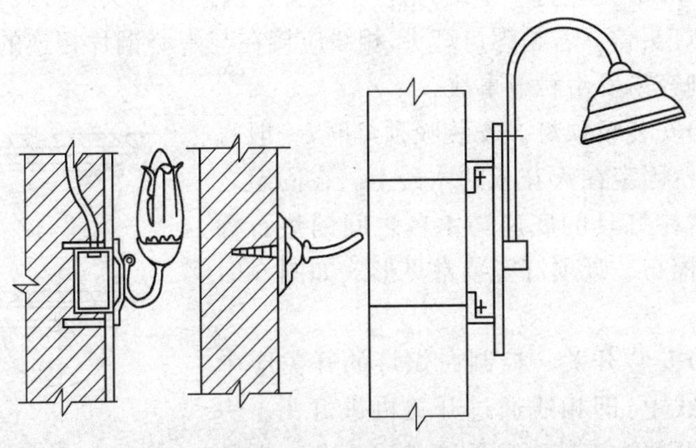

图 6-59 壁灯安装示意图

(3)悬吊式灯安装。

1)安装圆木。如图 6-60 所示,先在准备安装吊线盒的地方打孔,预埋木榫或尼龙胀管。在圆木底面用电工刀刻两条槽,在圆木中间钻三个小孔,然后将两根电源线端头分别嵌入圆木的两条槽内,并从两边小孔穿出,最后用木螺丝从中间小孔中将圆木紧固在木榫或尼龙胀管上。

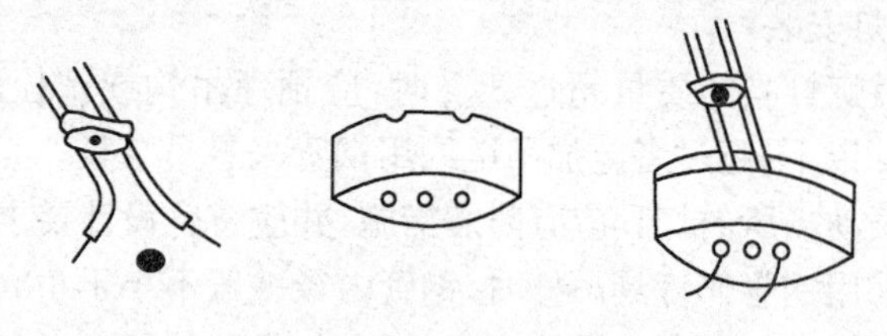

图 6-60　圆木安装

2)安装吊线盒。先将圆木上的电线从吊线盒底座孔中穿出,用木螺丝将吊线盒紧固在圆木上。将穿出的电线剥头,分别接在吊线盒的接线柱上。按灯的安装高度取一段软电线,作为吊线盒和灯头的连接线,将上端接在吊线盒的接线柱上,下端准备接灯头。在距离电线上端约 5cm 处打一个结,使结正好卡在接线孔里,以便承受灯具质量。

3)安装灯头。旋下灯头盖,将软线下端穿入灯头盖孔中。在距离线头约 3mm 处也打一个结,把两个线头分别接在灯头的接线柱上,然后旋上灯头盖。若是螺口灯头,相线应接在与中心铜片相连的接线柱上,否则容易发生触电事故。

(4)安装吸顶灯。安装吸顶灯时,一般直接将木台固定在天花板的木砖上。在固定之前,还需在灯具的底座与木台之间铺垫石棉板或石棉布。吸顶灯安装常见形式如图 6-61 所示。

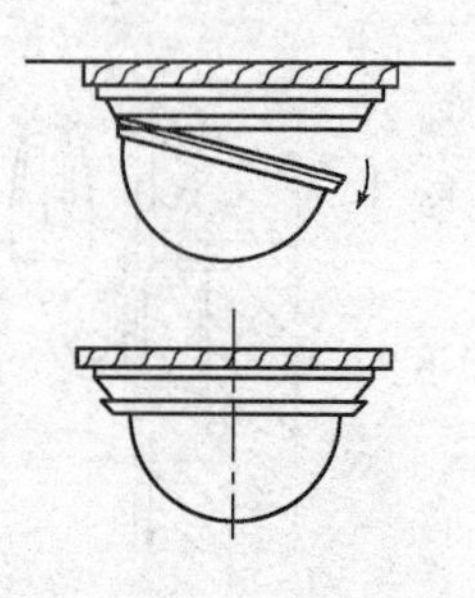

图 6-61　吸顶灯安装

(5)安装开关。控制白炽灯的开关应串接在相线上,即相线通过开关再进灯头。一般拉线开关的安装高度距离地面 2.5m,扳动

开关(包括明装或暗装)距离地面高度 1.4m。安装拉线开关或明装扳动开关的步骤和方法与安装吊线盒大体相同,先安装圆木,再把开关安装在圆木上。

5. 荧光灯安装

荧光灯发光效率高、使用寿命长、光色较好、经济省电,故也被广泛使用。日光灯按功率分,常用的有 6W、8W、15W、20W、30W、40W 等多种;按外形分,常用的有直管形、U 形、环形、盘形等多种;按发光颜色分,又分为日光色、冷光色、暖光色和白光色等多种。

荧光灯一般采用吸顶式安装、链吊式安装、钢管式安装、嵌入式安装等方法。一般来说,其具体安装步骤如下:

(1)安装前的检查。安装前先检查灯管、镇流器、启辉器等有无损坏,镇流器和启辉器是否与灯管的功率相配合。

(2)各部件安装。悬吊式安装时,应将镇流器用螺钉固定在灯架的中间位置;吸顶式安装时,不能将镇流器放在灯架上,以免散热困难,可将镇流器放在灯架外的其他位置。

(3)将启辉器座固定在灯架的一端或一侧边上,两个灯座分别固定在灯架的两端,中间的距离按所用灯管长度量好,使灯脚刚好插进灯座的插孔中。

(4)吊线盒和开关的安装方法与白炽灯的安装方法相同。

(5)电路接线。各部件位置固定好后,进行接线。接线完毕要对照电路图仔细检查,以防接错或漏接。然后把启辉器和灯管分别装入插座内。接电源时,其相线应经开关连接在镇流器上,通电试验正常后,即可投入使用。

6. 高压汞灯安装

高压汞灯可分为镇流器式和自镇流式两种。高压汞灯功率在 125W 以下的,应配用 E27 型瓷质灯座;功率在 175W 以上的,应配用 E40 型瓷质灯座。

(1)镇流式高压汞灯。镇流式高压汞灯是普通荧光灯的改进型,是一种高压放电光源,与白炽灯相比具有光效高、用电省、寿命长等优点，适用于大面积照明。

安装镇流器式高压汞灯时，其镇流器的规格必须与灯泡的功率一致，镇流器应安装在灯具附近，并应安装在人体触及不到的位置，在镇流器接线端上应覆盖保护物，若镇流器装在室外，应有防雨措施。其接线方法如图 6-62 所示。

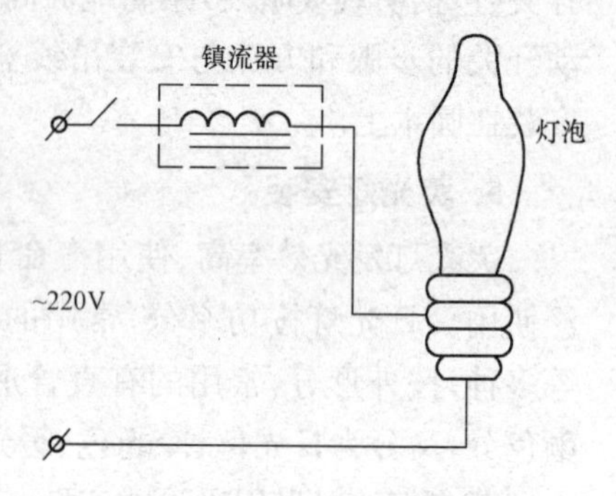

图 6-62　镇流器式高压汞灯接线图

(2)自镇流式高压汞灯。自镇流式高压汞灯是利用水银放电管、白炽体和荧光质三种发光元素同时发光的一种复合光源，故又称复合灯。它与镇流器式高压汞灯外形相同，工作原理基本一样。不同的是它在石英放电管的周围串联了镇流用的钨丝，不需要外附镇流器，像白炽灯一样使用，并能瞬时起燃，安装简便，光色也好。但它的发光效率低，不耐震动，寿命较短。

7. 碘钨灯安装

碘钨灯的抗震性差，不宜用作移动光线或用于振动较大的场合。电源电压的变化对灯管的寿命影响也很大，当电压增大 5%时，寿命将缩短一年。碘钨灯安装时应符合以下规定：

(1)碘钨灯接线不需要任何附件，只要将电源引线直接接到碘钨灯的瓷座上。

(2)碘钨灯正常工作温度很高，管壁温度约为 600℃，因此，灯脚引线必须采用耐高温的导线。

(3)灯座与灯脚一般用穿有耐高温小瓷套管的裸导线连接，要求接触良好，以免灯脚在高温下严重氧化并引起灯管封接处炸裂。

(4)碘钨灯不能与易燃物接近，与木板、木梁等也要离开一定距离。

(5)为保证碘钨正常循环，还要求灯管水平安装，倾角不得大于±4°。

(6)使用前，应用酒精除去灯管表面的油污，以免高温下烧结成污点影响透明度。

8. 金属卤化物灯安装

金属卤化物灯安装时，要求电源电压比较稳定，电源电压的变化不宜大于±5%。电压的降低不仅影响发光效率及管压的变化，而且会造成光色的变化，以致熄灭。一般来说，金属卤化物灯安装应符合以下规定：

(1)电源线应经接线柱连接，并不得使电源线靠近灯具表面。

(2)灯管必须与触发器和限流器配套使用。

(3)灯具安装高度宜在 5m 以上。

(4)管形镝灯的结构有水平点燃、灯头在上的垂直点燃和灯头在下的垂直点燃三种，安装时，必须认清方向标记，正确使用。

(5)由于温度较高，配用灯具必须考虑散热，而且镇流器必须与灯管匹配使用。否则会影响灯管的寿命或造成起动困难。

9. 嵌入顶棚内灯具安装

(1)灯具应固定在专设的框架上，电源线不应贴近灯具外壳，灯线应留有余量，固定灯罩的边框边缘应紧贴在顶棚面上。

(2)矩形灯具的边缘应与顶棚面的装修直线平行。如灯具对称安装时，其纵横中心轴线应在同一直线上，偏斜不应大于 5mm。

(3)日光灯管组合的开启式灯具，灯管排列应整齐；其金属间隔片不应有弯曲扭斜等缺陷。

10. 花灯安装

(1)固定花灯的吊钩，其圆钢直径不应小于灯具吊挂销钉的直径，且不得小于 6mm。

(2)安装在重要场所的大型灯具的玻璃罩，应防止其碎裂后向下溅落措施。除设计另有要求外，一般可用透明尼龙编织的保护网，网孔的规格应根据实际情况决定。

(3)在配合高级装修工程中的吊顶施工时，必须根据建筑吊顶装修图核实具体尺寸和分格中心，定出灯位，下准吊钩。对于较大的宾馆、饭店、艺术厅、剧场、外事工程等场所的花灯安装，要加强图纸会审，密切配合施工。

(4)在吊顶夹板上开灯位孔洞时，应先选用木钻钻成小孔，小孔对准灯头盒，待吊顶夹板钉上后，再根据花灯法兰盘大小，扩大吊顶夹板眼孔，使法兰盘能盖住夹板孔洞，保证法兰、吊杆在分格中心位置。

(5)凡是在木结构上安装吸顶组合灯、面包灯、半圆球灯和日光灯具时，应在灯爪子与吊顶直接接触的部位，垫上 3mm 厚的石棉布(纸)隔热，防止火灾事故发生。

(6)在顶棚上安装灯群及吊式花灯时，应先拉好灯位中心线，按十字线定位。

(7)一切花饰灯具的金属构件，都应做良好的保护接地或保护接零。

三、景观照明灯具安装

一般而言，建筑物景观照明灯具包括庭院灯、霓虹灯、建筑物彩灯等。设置景观照明尽量不要在顶层设向下的投光照明，因为投光灯要伸出墙外一段距离，不但难安装、难维护，而且有碍建筑物外表美观。建筑物景观照明要求有比较均匀的照度，能够形成适当的阴影和亮度对比，因此，必须正确地确定投光灯的安装位置。

景观照明灯控制电源箱可安装在所在楼层竖井内的配电小间内，控制起闭应由控制室或中央计算机统一管理。

1. 庭院灯安装

为了节约用电，庭院灯和杆上路灯通常根据自然光和亮度而自动启闭，因此要进行调试，而不是只要装好以后，用人工开断试亮。

由于庭院灯除了给人们照亮使行动方便和点缀园艺之外，还在夜间起到安全警卫的作用，因此每套灯具的熔丝要适配，否则某套灯具的故障都会造成整个回路停电。较大面积没有照明，对人们的行动和安全不利。

(1)常用照明器。室外庭院照明主要是运用光线照射的强弱变化和色彩搭配，形成光彩夺人、和谐统一的灯光环境。常用室外庭院照明器的种类和特征，见表 6-14。

表 6-14 庭院中使用的照明器的种类和特征

照明器的种类	特征
投光器（包括反射型灯座）	用于白炽灯、高强度放电灯，从一个方向照射树木、草坪、纪念碑等。安装挡板或百叶板以使光源绝对不致进入眼内。在白天最好放在不妨碍观瞻的茂密树荫内或用箱覆盖起来
杆头式照明器	布置在园路或庭院的一隅，适于全面照射路面、树木、草坪。必须注意不要在树林上面突出照明器
低照明器	有固定式、直立移动式、柱式照明器。光源低于眼睛时，完全遮挡上方光通量会有效果。由于设计照明器的关系，露出光源时必须尽可能降低它的亮度

(2)灯架、灯具安装。

1)按设计要求测出灯具(灯架)安装高度，在电杆上画出标记。

2)将灯架、灯具吊上电杆(较重的灯架、灯具可使用滑轮、大绳吊上电杆)，穿好抱箍或螺栓，按设计要求找好照射角度，调好平正度后，将灯架紧固好。

3)成排安装的灯具其仰角应保持一致，排列整齐。

(3)配接引下线。

1)将针式绝缘子固定在灯架上，将导线的一端在绝缘子上绑好回头，并分别与灯头线、熔断器进行连接。将接头用橡胶布和黑胶布半幅重叠各包扎一层。然后，将导线的另一端拉紧，并与路灯干线背扣后进行缠绕连接。

2)每套灯具的相线应装有熔断器，且相线应接螺口灯头的中心端子。

3)引下线与路灯干线连接点距离杆中心应为 400～600mm，且两侧对称一致。

4)引下线凌空段应不有接头，长度应不超过 4m，超过时应加装固定点或使用钢管引线。

5)导线进出灯架处应套软塑料管，并做防水弯。

快学快用 15　庭院灯安装与使用要求

(1)每套灯具的导电部位对地绝缘电阻值大于 2MΩ。

(2)立柱式路灯、落地式路灯、特种庭院灯等灯具与基础固定可靠,地脚螺栓备帽齐全。灯具的接线盒或熔断器盒的盒盖防水密封垫完整。

(3)金属立柱及灯具可接近裸露导体接地(PE)或接零(PEN)可靠,接地线单设干线,干线沿庭院灯布置位置形成环网状,且不少于两处与接地装置引出线连接。由干线引出支线与金属灯柱及灯具的接地端子连接,且有标识。

(4)灯具的自动通、断电源控制装置动作准确,每套灯具熔断器盒内熔丝齐全,规格与灯具适配。

(5)架空线路电杆上的路灯,固定可靠,紧固件齐全、拧紧,灯位正确;每套灯具配有熔断器保护。

2. 霓虹灯安装

霓虹灯是一种艺术和装饰用的灯光,可在夜空显示多种字形,又可在橱窗里显示各种各样的图案或彩色画面,广泛用于广告、宣传。

霓虹灯是由霓虹灯管和高压变压器两大部分组成的。霓虹灯管由直径 10～20mm 的玻璃管弯制而成。灯管两端各装一个电极,玻璃管内抽成真空后,再充入氖、氦等惰性气体作为发光的介质,在电极的两端加上高压,电极发射电子激发管内惰性气体,使电流导通灯管发出红、绿、蓝、黄、白等不同颜色的光束。

快学快用 16　霓虹灯安装与使用要求

(1)霓虹灯变压器的安装位置宜在不易被人触及的地方。紧靠灯管的金属支架上固定有密封的防水小箱保护,与建筑物间距不小于 50mm。与易燃物的距离不得小于 300mm。

(2)霓虹灯灯管应采用专用的绝缘支架固定,且牢固可靠,灯管与建筑物、构筑物表面的净距离不得小于 20mm。

(3)霓虹灯专用变压器应采用双圈式,所供灯管长度不大于其允许负载长度,露天安装应有防雨措施。

(4)霓虹灯专用变压器的二次导线和灯管间的连接线采用额定电压大于15kV的高压绝缘导线。二次导线应使用耐高压导线,如不使用耐高压导线,也可采用独股裸铜线穿玻璃管或瓷管敷设。敷设时尽量减少弯曲,弯曲部位应缓慢,以免玻璃管擦伤铜线。二次导线应采用绝缘支持件固定,距附着面的距离应不小于20mm,固定点间距离以不大于600mm为宜,线间距离不宜小于60mm,二次导线距其他管线应在150mm以上,并用绝缘物隔离;过墙时应采用瓷管保护。

(5)对于一次导线,当变压器电源为220/380V电压时,可采用绝缘导线敷设。敷设方法可穿管明敷设或暗敷设,也可采用瓷瓶配线。变压器电源线应远离建筑物的门、窗和阳台,以人不易触及为准。导线明敷设高度宜在2.5m以上,垂直敷设时2m以下应穿管保护,线间距离不得小于100mm,固定点间距离不得小于1.5m,距建筑物和其他非带电体的间距不得小于50mm。

(6)室外绝缘导线在建筑物、构筑物上敷设方式与其最小间距见表6-15。

表6-15　室外绝缘导线与建筑物、构筑物之间的最小距离

敷设方式		最小距离/mm
水平敷设的垂直距离	距阳台、平台、屋顶	2500
	距下方窗户上口	300
	距上方窗户下口	800
垂直敷设时至阳台窗户的水平距离		750
导线至墙壁和构架的距离(挑檐下除外)		50

(7)霓虹灯管路、变压器的中性点及金属外壳要与专用保护线PE可靠焊接。为了防潮及防尘,变压器应放在耐燃材料制作的箱内。

3. 建筑物彩灯

在临街的大型建筑物上,常沿建筑物轮廓装设彩灯,以便晚上或

节日期间使建筑物显得更为壮观，以供人欣赏。但是，安装在建筑物轮廓线上的彩灯要考虑防风、防雷以及维修、更换等因素。

快学快用 17 建筑物彩灯安装与使用要求

(1)垂直彩灯悬挂挑臂采用的槽钢不应小于 10 号，端部吊挂钢索用的开口吊钩螺栓直径不小于 10mm，槽钢上的螺栓固定应两侧有螺母，且防松装置齐全，螺栓紧固。

(2)悬挂钢丝绳直径不得小于 4.5mm，底把圆钢直径不小于 16mm。地锚采用架空外线用拉线盘，埋设深度应大于 1.5m。

(3)建筑物顶部彩灯应采用有防雨性能的专用灯具，灯罩应拧紧；垂直彩灯采用防水吊线灯头，下端灯头距地面高于 3m。

(4)彩灯的配线管道应按明配管要求敷设且应有防雨功能，管路与管路间，管路与灯头盒间采用螺纹连接，金属导管及彩灯构架、钢索等应接地(PE)或接零(PEN)可靠。

(5)彩灯电源用镀锌钢管从室内引出屋面，引出屋面的电源管应设防水弯头。

(6)彩灯应单独控制，不可与室外其他照明灯同设一回路。

(7)较高的建筑物彩灯照明器的间距不能超过 500mm，较低的建筑物以不超过 400mm 为宜。建筑物垂直安装的彩灯，因视觉上，有重叠感，彩灯间距可取 600mm 左右。彩灯灯具安装距离要适当，间距过大则无连续性不能成“线”，效果不好。

四、应急照明灯安装

应急照明灯是在正常照明电源发生故障时，能有效地照明和显示疏散通道，或能持续照明而不间断工作的一类灯具。广泛用于公共场所和不能间断照明的地方。

1. 应急照明灯分类

应急照明灯一般根据工作状态和功能进行划分。

(1)根据工作状态划分。一般来说，应急照明灯根据工作状态可分为以下三类：

1)持续式应急灯。不管正常照明电源有否故障，能持续提供照明。

2)非持续式应急灯。只有当正常照明电源发生故障时才提供照明。

3)复合应急灯。应急照明灯具内装有两个以上光源，至少有一个可在正常照明电源发生故障时提供照明。

(2)根据功能划分。应急照明灯根据功能可分为照明型灯具和标志型灯具两类。

1)照明型灯具。在发生事故时，能向走道、出口通道、楼梯和潜在危险区提供必要的照明。

2)标志型灯具。能醒目地指示出口及通道方向，灯上有文字和图示，标志面亮度为7～10cd/m^2，文字的笔画粗度至少19mm，高度至少150mm，观察距离30m，透光文字与背景有较大的对比。

2. 应急照明灯组成

应急照明灯由光源、电池(或蓄电池)、灯体和电气部件等组成。采用荧光灯等气体放电光源的应急灯还包括变换器及其镇流装置。

(1)电池。使用白炽灯时放电时间不少于20min，使用荧光灯时放电时间不少于30min；安装体积不大的应急灯应使用镍镉电池或铅酸电池，放电时间比较长的可采用大容量开口型电池。

(2)电气部件。电气部件主要包括直流和交流的变换器、检测电路工作性能的切换开关、镇流部件等。

3. 应急照明灯安装

(1)应急照明灯的电源除正常电源外，另有一路电源供电；或者是独立于正常电源的柴油发电机组供电；或由蓄电池柜供电或选用自带电源型应急灯具。

(2)应急照明在正常电源断电后，电源转换时间为：疏散照明≤15s；备用照明≤15s(金融商店交易所≤1.5s)；安全照明≤0.5s。

(3)疏散照明由安全出口标志灯和疏散标志灯组成。安全出口标志灯距地高度不低于 2m，且安装在疏散出口和楼梯口里侧的上方。

(4)疏散标志灯安装在安全出口的顶部，楼梯间、疏散走道及其转角处应安装在 1m 以下的墙面上。不易安装的部位可安装在上部。疏散通道上的标志灯间距不大于 20m(人防工程不大于 10m)。

(5)应急照明灯具、运行中温度大于 60℃的灯具，当靠近可燃物时，采取隔热、散热等防火措施。当采用卤钨灯等光源时，不直接安装在可燃装修材料或可燃物件上。

(6)应急照明线路在每个防火分区有独立的应急照明回路，穿越不同防火分区的线路有防火隔堵措施。

(7)疏散照明线路采用耐火电线、电缆，穿管明敷或在非燃烧体内穿刚性导管暗敷，暗敷保护层厚度不小于 30mm。电线采用额定电压不低于 750V 的铜芯绝缘电线。

(8)疏散照明采用荧光灯或白炽灯;安全照明采用卤钨灯，或采用瞬时可靠点燃的荧光灯。

五、防爆灯安装

防爆灯也称作防爆灯具、防爆照明灯，是指用于可燃性气体和有粉尘存在的危险场所，能防止内部可能产生的电弧、火花和高温引燃周围环境里的可燃性气体和粉尘，从而达到防爆要求的灯具。不同的可燃性气体混合物环境对防爆灯的防爆等级和防爆形式有不同的要求。

1. 防爆灯分类

防爆灯一般根据防爆结构形式、防触电保护形式进行划分。

(1)根据防爆形式划分。一般来说，防爆灯主要分为隔爆型、增安型、正压型三类。

1)隔爆型。隔爆型是将设备可能点燃爆炸性气体混合物的部件全部封闭在一个外壳内，其外壳能够承受通过外壳任何接合面或结构间隙渗透到外壳内部的可燃性混合物在内部爆炸而不损坏，并能保证内部的火焰气体通过间隙传播时降低能量，不足以引爆外壳的气体。

2)增安型。增安型是在正常运行条件下不会产生电弧、火花的电气设备采取一些附加措施以提高其安全程度,防止其内部和外部部件可能出现危险温度、电弧和火花的防爆形式,它在结构上进一步采取保护措施,提高设备的可靠性能和安全性能。

3)正压型。正压型是通过保持设备外壳内部保护气体的压力高于周围防爆性环境压力,使安全的电气设备在系统内部保护静态正压或保持持续的空气或惰性气体流动,以限制可燃性混合物进入外壳内部。

(2)根据防触电保护形式划分。防爆灯可分为Ⅰ类、Ⅱ类、Ⅲ类、0类。防触电保护是为防止防爆灯具外壳易触及零件带电,使人体触电或不同电位的导体触及产生电火花而引燃爆炸性混合物。

1)Ⅰ类。在基本绝缘的基础上,将易触及的正常工作时不带电的可导电部件都连接到固定线路中的保护接地导体上。

2)Ⅱ类。用双重绝缘或加强绝缘作为安全保护措施,无接地保护。

3)Ⅲ类。使用有效值不大于50V的安全电压,并且其中不会产生高于此电压值的电压。

4)0类。只依靠基本绝缘作为安全保护措施。

2. 防爆灯安装

(1)灯具的防爆标志、外壳防护等级和温度组别与爆炸危险环境相适配。当设计无要求时,灯具种类和防爆结构的选型应符合表6-16的规定。

表6-16　灯具种类和防爆结构的选型

爆炸危险区域防爆结构 / 照明设备种类	Ⅰ区		Ⅱ区	
	隔爆型 d	增安型 e	隔爆型 d	增安型 e
固定式灯	○	×	○	○
移动式灯	△	—	○	—
携带式电池灯	○	—	○	—
镇 流 器	○	△	○	○

注:○为适用;△为慎用;×为不适用。

(2)灯具配套齐全,不用非防爆零件替代灯具配件(金属护网、灯罩、接线盒等)。

(3)灯具的安装位置离开释放源,且不在各种管道的泄压口及排放口上下方安装灯具。

(4)灯具及开关安装牢固可靠,灯具吊管及开关与接线盒螺纹啮合扣数不少于5扣,螺纹加工光滑、完整、无锈蚀,并在螺纹上涂以电力复合脂或导电性防锈脂。

(5)开关安装位置便于操作,安装高度1.3m。

(6)灯具及开关的外壳完整,无损伤、无凹陷或沟槽,灯罩无裂纹,金属护网无扭曲变形,防爆标志清晰。

(7)灯具及开关的紧固螺栓无松动、锈蚀,密封垫圈完好。

快学快用18　防爆灯具安装与使用要求

防爆灯具的选用、安装、使用和维护均是保障防爆灯具长期安全、可靠、高效工作不可缺少的环节,必须予以充分的重视。

(1)选用人员必须了解防爆灯具基本工作原理、熟识防爆标志。

(2)根据爆炸性危险场所的等级准确选择灯具的防爆类别、形式、级别与温度组别。

(3)了解使用环境条件和工作要求,合理选择具有各种功能的防爆灯具。

(4)详细阅读产品使用说明书,了解产品的使用性能、注意事项以及产品局限性,了解产品所有标志的内容。如防爆合格证编号后有"×"符号,表示该灯具有特定的适用场所,应查阅产品使用说明书和铭牌,明确适用场所要求。

3. 防爆灯具维护与检修

(1)维护维修人员需经岗位培训,了解灯具的使用性能,明确使用要求。维修人员须具备专业知识,熟悉灯具产品结构。

(2)定期消除防爆灯具外壳上的积尘和污垢,提高灯具光效和散热性能。清洁方式可根据灯具外壳防护能力采用喷水或用湿布揩。

喷水清洗时，应切断电源，严禁用干布擦洗灯具塑料外壳（透明件），防止产生静电。

（3）检查灯具塑料外壳（透明件）有无严重变色，如变色严重，说明塑料已经老化。检查透明件有无受过异物冲击的痕迹，保护网有无松动、脱焊、腐蚀等。若有，应停止使用，及时维修或更换。

（4）光源损坏应及时关灯，通知更换，以免由于光源不能启动而使镇流器等电气元件长期处于异常状态。

（5）潮湿环境中使用的灯具灯腔内如有积水应及时清除，更换密封部件，确保外壳防护性能。

（6）应按警告牌要求断电后开盖。

（7）开盖后应顺便检查隔爆接合面是否完好，橡胶密封件是否变硬或变黏，导线绝缘层是否发绿和炭化，绝缘件和电气元件是否有变形和焦痕。如发现这些问题，应及时维修更换。

（8）维修更换后的光源、零部件和电气元件的型号、规格、尺寸、性能应与维修更换前的光源、零部件和电气元件完全一致。

（9）关盖前应用湿布（不能太湿）轻揩灯具回光和透明件，以提高灯具光效。

（10）灯具密封的部分不应经常拆卸和打开。

六、航空障碍标志灯安装

航空障碍标志灯是为了防止飞机在航行中与建筑物或构筑物相撞的标志灯，一般应装设在建筑物或构筑物凸起的顶端（避雷针除外）。当制高点平面面积较大或是建筑群时，除在最高端处装设以外，还应在其外侧转角的顶端分别装设。

航空障碍标志灯应为红色。为了使空中任何方向航行的飞机均能识别出该物体，需要装设一盏以上。最高端的障碍灯，其光源不宜少于两个，每盏灯的容量不小于100W。有条件时宜用闪光照明灯。

在建筑物或构筑物顶端设置航空障碍标志灯时，应设在避雷针的保护范围内，灯具的金属部分要与钢构架等施行电气连接。航空障碍标志灯采用单独的供电回路，最好能设置备用电源。其配电设备应有明显标志。电源配线应采取防火保护措施。高空障碍灯的配线要穿过防水层，因此要注意封闭，使之不漏水为好。

如图 6-63 所示为航空障碍标志灯接线系统图，双电源供电，电源自动切换，每处装两只灯，由室外光电控制器控制灯的开闭，也可由大厦管理电脑按时间程序控制开闭。如图 6-64 所示为屋顶障碍标志灯安装大样，安装金属支架一定要与建筑物防雷装置进行焊接。

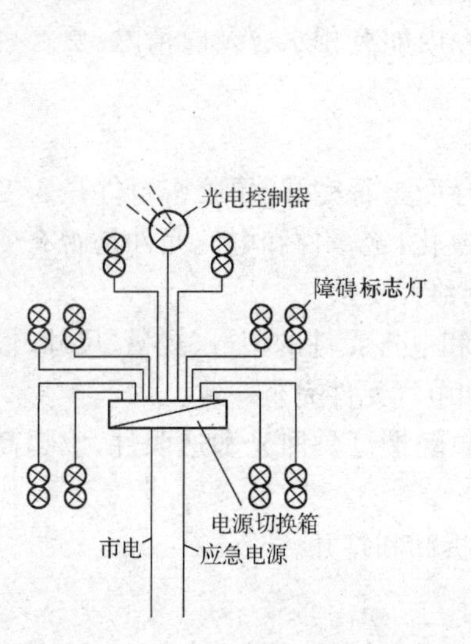

图 6-63　航空障碍标志灯接线系统图

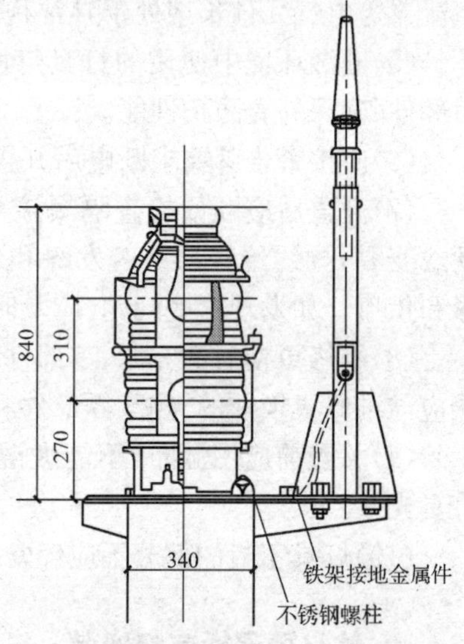

图 6-64　屋顶障碍标志灯安装大样示例

第五节　电气照明附件安装

一般来说，常用照明附件主要包括灯座、开关、插座、吊线盒等器件。

一、灯座安装

1. 灯座分类

灯座的种类大致可分为插口式和螺旋式两种。灯座外壳分为瓷、

胶木和金属材料三种。根据不同的应用场合分为平灯座、吊灯座、防水灯座、荧光灯座等。常用灯座如图 6-65 所示。

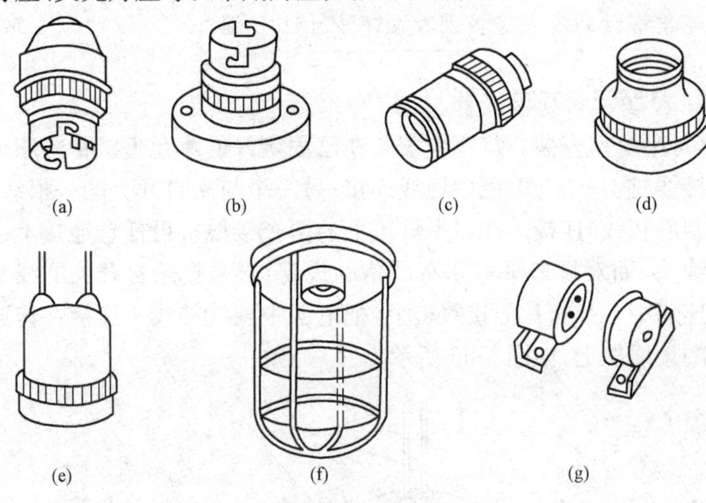

图 6-65　常用灯座

(a)插口吊灯座；(b)插口平灯座；(c)螺口吊灯座；(d)螺口平灯座；
(e)防水螺口吊灯座；(f)防水螺口平灯座；(g)安全荧光灯座

快学快用 19　灯座的使用要求

(1)灯座绝缘应能承受 2000V(50Hz)试验电压历时 1min 而不发生击穿和闪络。

(2)螺口灯座在 E27/27-1 型灯泡旋入时，人手应触不到灯头和灯座的带电部分。

(3)插口灯座两弹性触头被压缩在使用位置时的总弹力为 15～25N。

(4)灯座通过 125%的工作电流时，导电部分的温升应不超过 40℃；胶木件表面应无气泡、裂纹、铁粉、肿胀以及明显的擦伤和毛刺，并具有良好的光泽。

(5)平座式灯座的接线端子应能可靠连接一根与两根截面面积为 $0.5\sim2.5mm^2$ 的导线，其他灯座能连接一根截面面积为 $0.5\sim2.5mm^2$ 的导线，悬吊式灯座的接线端子当连接截面面积为 $0.5\sim2.5mm^2$

(E40 用灯口为 1～4mm^2)导线后,应能承受 40N 的拉力。

(6)金属之间的连接螺纹的有效连接圈数应不少于两圈,胶木之间的连接螺纹的有效连接圈数应不少于 1.5 圈。

2. 灯座安装方式

(1)平灯座安装。灯座应安装在已固定好的木台上。平灯座上有两个接线桩,一个与电源中性线连接;另一个与来自开关的一根线(开关控制的相线)连接。插口平灯座上的两个接线桩可任意连接上述的两个线头,而对螺口平灯座有严格的规定:必须把来自开关的线头连接在连通中心弹簧片的接线桩上,把电源中性线的线头连接在连通螺纹圈的接线桩上,如图 6-66 所示。

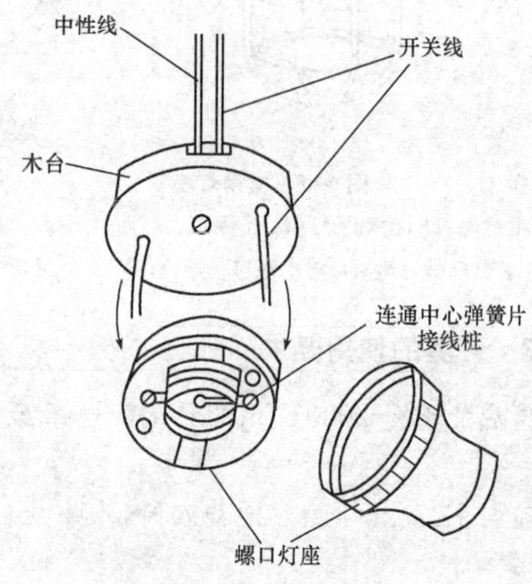

图 6-66　螺口平灯座安装

(2)吊灯座安装。把挂线盒底座安装在已固定好的木台上,再将塑料软线或花线的一端穿入挂线盒罩盖的孔内,并打个结,使其能承受吊灯的质量(采用软导线吊装的吊灯质量应小于 1kg,否则应采用吊链),然后将两个线头的绝缘层剥去,分别穿入挂线盒底座正中凸起部分的两个侧孔里,再分别接到两个接线桩上,旋上挂线盒盖。接着将软线的另一端穿入吊灯座盖孔内,也打个结,把两个剥去绝缘层的线头接到吊灯座的两个接线桩上,罩上吊灯座盖。吊灯座安装如图 6-67 所示。

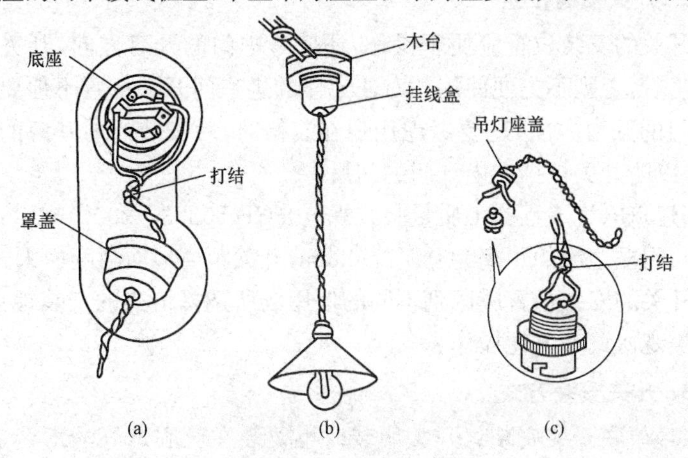

图 6-67　吊灯座安装

(a)挂线盒内接线;(b)装吊灯;(c)吊灯座接线

二、开关安装

1. 开关分类

开关是在照明电路中接通或断开照明灯具的器件。按其安装形式分为明装式和暗装式;按其结构分为单联开关、双联开关、旋转开关等。常用开关如图 6-68 所示。

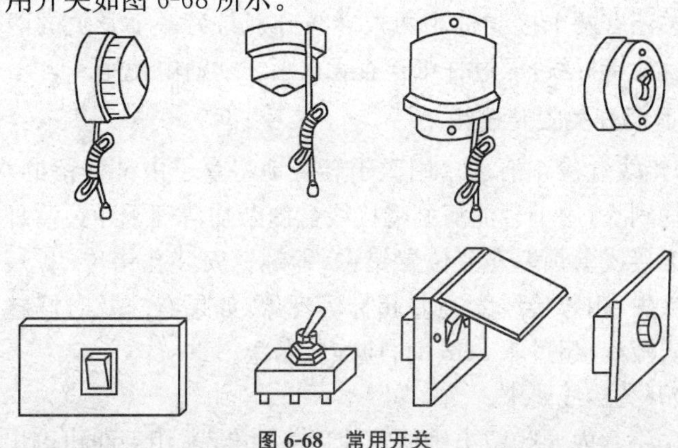

图 6-68　常用开关

2. 开关安装位置

开关的安装位置应便于操作，还应考虑门的开启方向，开关不应设在门后，否则不方便使用。对住宅楼的进户门开关位置不但要考虑外开门的开启方向，还要考虑用户在装修时，后安装的内开门的开启方向，以防开关被挡在内开门的门后。

《建筑电气工程施工质量验收规范》(GB 50303—2002)规定：开关边缘与门框边缘的距离为 0.15～0.2m，开关距离地面高度为 1.3m。

开关的安装位置应区别不同的使用场所选择恰当的安装地点，以利于美观协调和方便操作。

3. 开关安装方式

(1)单联开关安装。开关明装时也要装在已固定好的木台上，将穿出木台的两根导线(一根为电源相线，另一根为开关线)穿入开关的两个孔眼，固定开关，然后把剥去绝缘层的两个线头分别接到开关的两个接线桩上，最后装上开关盖。

(2)双联开关安装。双联开关一般用于在两处用两只双联开关控制一盏灯。双联开关的安装方法与单联开关类似，但其接线较复杂。双联开关有三个接线端，分别与三根导线相接，注意双联开关中连铜片的接线桩不能接错，一个开关的连铜片接线桩应和电源相线连接，另一个开关的连铜片接线桩与螺口灯座的中心弹簧片接线桩连接。每个开关还有两个接线桩用两根导线分别与另一个开关的两个接线桩连接。待接好线，经过仔细检查无误后才能通电使用。

4. 照明开关安装接线

(1)接线盒检查清理。用錾子轻轻地将盒子内部残留的水泥、灰块等杂物剔除，用小号油漆刷将接线盒内杂物清理干净。清理时注意检查有无接线盒预埋安装位置错位(即螺钉安装孔错位 90°)、螺钉安装孔耳缺失、相邻接线盒高差超标等现象，如果有应及时修整。如接线盒埋入较深，超过 1.5cm 时，应加装套盒。

(2)开关接线要求。

1)先将盒内导线留出维修长度后剪除余线，用剥线钳剥出适宜长

度，以刚好能完全插入接线孔的长度为宜。

2)对于多联开关需分支连接的应采用安全型压接帽压接分支。

3)应注意区分相线、零线及保护地线，不得混乱。

4)开关的相线应经开关关断。

快学快用 20　暗开关的安装方法

暗开关有扳把开关、跷板开关、卧式开关、延时开关等。根据不同布置需要有单联、双联、三联、四联等形式。

照明开关要安装在相线(火线)上，使开关断开时电灯不带电。

单极开关安装方法如图 6-69 所示。二极、三极等多极暗开关安装方法可按图 6-69(a)所示断面形式，只在水平方向增加安装长度(按所设计开关极数增加而延长)。

安装时，先将开关盒预埋在墙内，但要注意平正，不能偏斜；盒口面要与墙面一致。待穿完导线后，即可接线，接好线后装开关面板，使面板紧贴墙面。扳把开关安装位置如图 6-70 所示。

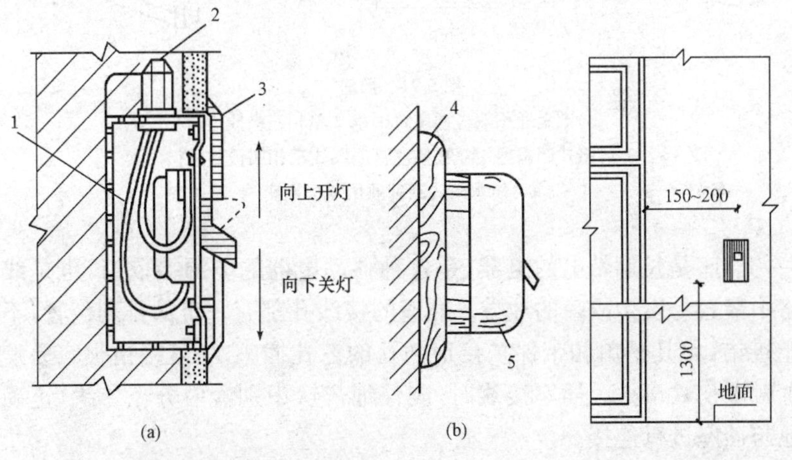

图 6-69　单极开关安装方法
(a)暗开关；(b)明开关
1—开关盒；2—电线管；3—开关面板；4—木台；5—开关

图 6-70　扳把开关安装位置

快学快用 21　明开关的安装方法

明开关的安装方法如图 6-69(b)所示。一般适用于拉线开关的同样配线条件，安装位置应距地面 1.3m，距门框 0.15～0.2m。拉线开关相邻间距一般不小于 20mm，室外需用防水拉线开关。

三、插座安装

1. 插座分类

插座是为各种可移动用电器提供电源的器件。根据其安装形式可分为明装式和暗装式；按其结构可分为单相双极插座、单相带接地线的三极插座及带接地的三相四极插座等，如图 6-71 所示。

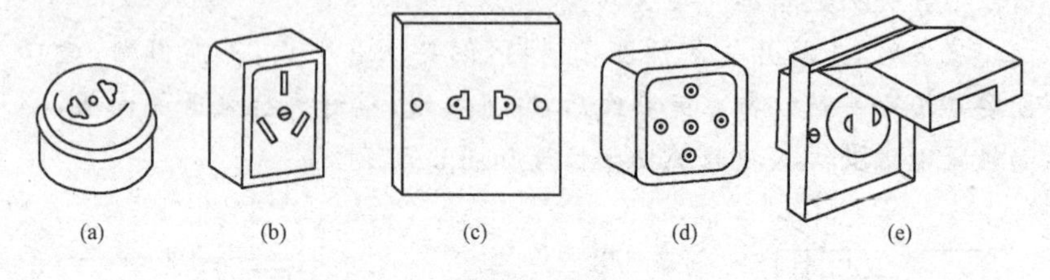

图 6-71　插座

(a)圆扁通用双极插座；(b)扁式单相三级插座；
(c)暗式圆扁通用双极插座；(d)圆式三相四极插座；
(e)防水暗式圆扁通用双极插座

插座是长期带电的电器，是各种移动电器的电源接取口，也是线路中最容易发生故障的地方。插座的接线孔都有一定的排列位置，不能接错，尤其是单相带保护接地插孔的三孔插座，一旦接错很容易发生触电伤亡事故。插座接线时，应仔细辨认识别盒内分色导线，正确地与插座进行连接。

2. 插座安装数量

在电气工程中，插座宜由单独的回路配电，并且一个房间内的插座宜由同一回路配电。当灯具和插座混为一个回路时，其中插座数量不宜超过 5 个(组)；当插座为单独回路时，数量不宜超过 10 个(组)。

住宅内插座的安装数量，不应少于《住宅设计规范》(GB 50096—2011)规定的电源插座的设置数量，见表 6-17。

表 6-17　　住宅插座的设置数量

空　间	设置数量
卧室	一个单相三线和一个单相二线的插座两组
兼起居的卧室	一个单相三线和一个单相二线的插座三组
起居室(厅)	一个单相三线和一个单相二线的插座三组
厨房	防溅水型一个单相三线和一个单相二线的插座两组
卫生间	防溅水型一个单相三线和一个单相二线的插座一组
布置洗衣机、冰箱、排气油烟机、排风机及预留家用空调器处	专用单相三线插座各一个

3. 插座接线

(1)插座接线的线色应正确，盒内出线除末端外应做并接头，分支接至插座，不允许拱头(不断线)连接。

(2)单相两孔插座，面对插座的右孔(或上孔)与相线(L)连接，左孔(或下孔)与中性线(N)连接。

(3)单相三孔插座，面对插座的右孔与相线(L)连接，左孔与中性线(N)连接，PE 或 PEN 线接在上孔。

(4)三相四孔及三相五孔插座的 PE 或 PEN 线接在上孔，同一场所的三相插座，接线相序应一致。

(5)插座的接地端子(E)不与中性线(N)端子连接；PE 或 PEN 线在插座间不串联连接，插座的 L 线和 N 线在插座间也不应串接，插座的 N 线不与 PE 线混同。

(6)照明与插座分回路敷设时，插座与照明或插座与插座各回路之间，均不能混同。

快学快用 22　插座的安装方法

明装插座应安装在木台上，安装方法与安装开关相似，穿出木台的两根导线为相线和中性线，分别接于插座的两个接线桩上。

(1)当交流、直流或不同电压等级的插座安装在同一场所时，应有明显的区别，且必须选择不同结构、不同规格和不能互换的插座。

(2)配套的插头应按交流、直流或不同电压等级区别使用。

(3)暗装的插座面板紧贴墙面，四周无缝隙，安装牢固，表面光滑整洁，无碎裂、划伤，装饰帽齐全。

(4)舞台上的落地插座应有保护盖板。

(5)接地(PE)或接零(PEN)线在插座间不串联连接。

(6)地插座面板与地面齐平或紧贴地面，盖板固定牢固，密封良好。

四、吊线盒安装

1. 吊线盒外形、规格及安装尺寸

电气安装工程中常用的吊线盒有胶木与瓷质吊线盒和塑料吊线盒。带圆台的吊线盒是近年来出现的新产品，可提高安装工效和节约木材。膨胀螺栓的形状和规格较多，可根据不同使用条件进行选择。在砖或混凝土结构上固定灯具时应选用沉头式胀管和尼龙塞(即塑料胀管)。在建筑电气工程中，常用吊线盒的外形、规格及安装尺寸，见表 6-18。

表 6-18　　常用吊线盒的外形、规格及安装尺寸

名　称	规　格	外形示意	外形及安装尺寸/mm
胶木吊盒	250V 3(4)A		ϕ54×45 安装孔距 34
胶木吊盒(白、黑)	250V 6A		ϕ63×40 安装孔距 51

续表

名　称	规　格	外形示意	外形及安装尺寸/mm
瓷质吊盒	250V 3A		ϕ54×45 安装孔距37
白色胶木吊盒带圆台	250V 10A		ϕ106×54 安装孔距61
白色胶木吊盒带圆台	250V 6A		ϕ100×60 安装孔距65
白色塑料吊盒带圆台	250V 6A		ϕ103×48 安装孔距70

2. 吊线盒安装要求

吊线盒应安装在木台中心，并用不少于两只螺钉固定，线吊灯一般采用胶质或塑料吊线盒，在潮湿处应采用瓷质吊线盒。由于吊线盒的接线螺钉不能承受灯具的质量，因此从接线螺钉引出的电线两端应打好结扣，使结扣位于吊线盒和灯座的出线孔处，如图6-72所示。

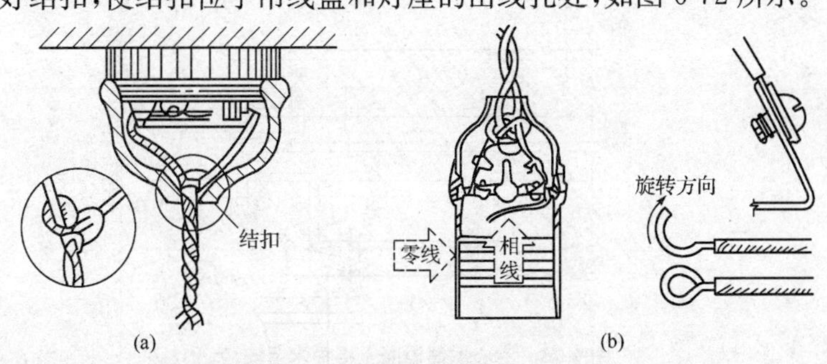

图6-72　电线在吊灯两头打结方法

(a)吊线盒内电线的打结方法；(b)灯座内电线的打结方法

五、木台安装

木台规格应根据吊线盒或灯具法兰大小合理地选择，否则影响美观。当木台直径大于 75mm 时，应用两只螺栓将木台固定，在砖墙或混凝土结构上固定木台时，应预埋木砖或膨胀螺栓。在木结构上固定时，可用木螺丝直接拧牢。装在室外或潮湿场所的木台应涂防腐漆。装木台时，应先将木台的出线孔钻好，锯好进线槽，然后将电线从木台出线孔穿出，将木台固定好。木台固定好后，在木台上装吊线盒，从吊线盒的接线螺丝上引出软线。

快学快用 23　木台的固定方法

木台的固定要因地制宜，如果吊灯在木梁上或木结构楼板上，则可用木螺钉直接固定。如果为混凝土楼板，则应根据楼板结构形式预埋木砖或钢丝榫。空心楼板则可用弓板固定木台，如图 6-73 所示。

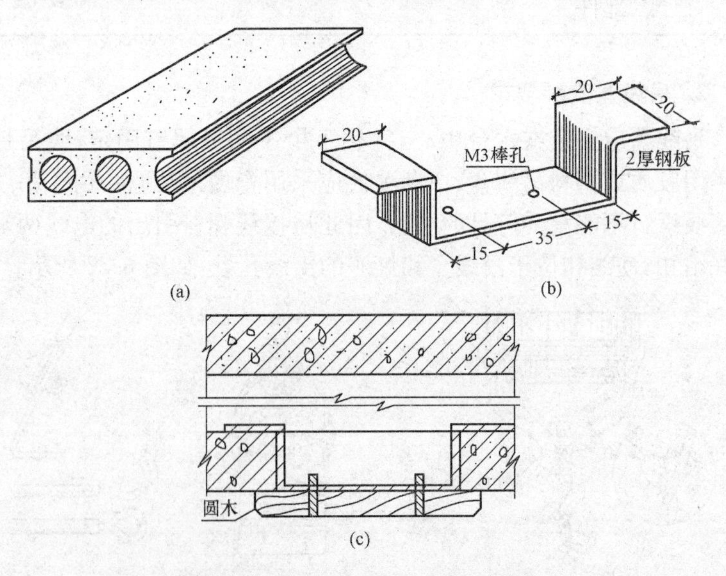

图 6-73　空心钢筋混凝土楼板木台安装

(a)弓型板位置示意图；(b)弓板示意图；(c)空心楼板用弓板安木台

第七章　施工现场防雷与接地

第一节　施工现场防雷

一、防雷装置安装

1. 防雷装置使用的材料

防雷装置使用的材料及其使用条件，应符合表 7-1 的规定；防雷装置各连接部件的最小截面面积，应符合表 7-2 的规定。

表 7-1　　防雷装置的材料及使用条件

材料	使用于大气中	使用于地中	使用于混凝土中	耐腐蚀情况		
				在下列环境中能耐腐蚀	在下列环境中增加腐蚀	与下列材料接触形成直流电耦合可能受到严重腐蚀
铜	单根导体，绞线	单根导体，有镀层的绞线，铜管	单根导体，有镀层的绞线	在许多环境中良好	硫化物有机材料	—
热镀锌钢	单根导体，绞线	单根导体，钢管	单根导体，绞线	敷设于大气、混凝土和无腐蚀性的一般土壤中受到的腐蚀是可接受的	高氯化物含量	铜
电镀铜钢	单根导体	单根导体	单根导体	在许多环境中良好	硫化物	—

续表

材料	使用于大气中	使用于地中	使用于混凝土中	耐腐蚀情况		
				在下列环境中能耐腐蚀	在下列环境中增加腐蚀	与下列材料接触形成直流电耦合可能受到严重腐蚀
不锈钢	单根导体,绞线	单根导体,绞线	单根导体,绞线	在许多环境中良好	高氯化物含量	—
铝	单根导体,绞线	不适合	不适合	在含有低浓度硫和氯化物的大气中良好	碱性溶液	铜
铅	有镀铅层的单根导体	禁止	不适合	在含有高浓度硫酸化合物的大气中良好	—	铜不锈钢

注:1. 敷设于黏土或潮湿土壤中的镀锌钢可能受到腐蚀。

2. 在沿海地区,敷设于混凝土中的镀锌钢不宜延伸进入土壤中。

3. 不得在地中采用铅。

表 7-2　　防雷装置各连接部件的最小截面面积

等电位连接部件	材料	最小截面面积/mm^2
等电位连接带(铜、外表面镀铜的钢或热镀锌钢)	Cu(铜)、Fe(铁)	50
从等电位连接带至接地装置或各等电位连接带之间的连接导体	Cu(铜)	16
	Al(铝)	25
	Fe(铁)	50
从屋内金属装置至等电位连接带的连接导体	Cu(铜)	6
	Al(铝)	10
	Fe(铁)	16

续表

<table>
<tr><th colspan="3">等电位连接部件</th><th>材料</th><th>最小截面面积/mm²</th></tr>
<tr><td rowspan="5">连接电涌保护器的导体</td><td rowspan="3">电气系统</td><td>Ⅰ级试验的电涌保护器</td><td rowspan="5">Cu(铜)</td><td>6</td></tr>
<tr><td>Ⅱ级试验的电涌保护器</td><td>2.5</td></tr>
<tr><td>Ⅲ级试验的电涌保护器</td><td>1.5</td></tr>
<tr><td rowspan="2">电子系统</td><td>D1 类电涌保护器</td><td>1.2</td></tr>
<tr><td>其他类的电涌保护器（连接导体的截面可小于 1.2mm²）</td><td>根据具体情况确定</td></tr>
</table>

2. 避雷针(线)安装

(1)避雷针的规格。避雷针一般用镀锌圆钢或焊接钢管制成,上部制成针尖形状,高度在 20m 以内的独立避雷针通常用木杆或水泥杆支撑,更高的避雷针则采用钢铁构架。当避雷针须加长时,可采用针尖与几节不同管径的针管(采用镀锌钢管制作)组装而成。组装时,各节针管的尺寸见表 7-3。

表 7-3　　针管各节尺寸

<table>
<tr><th colspan="2">针全高/m</th><th>1.00</th><th>2.00</th><th>3.00</th><th>4.00</th><th>5.00</th></tr>
<tr><td rowspan="3">各节尺寸
/mm</td><td>A
G25</td><td>1000</td><td>2000</td><td>1500</td><td>1000</td><td>1500</td></tr>
<tr><td>B
G40</td><td>—</td><td>—</td><td>1500</td><td>1500</td><td>1500</td></tr>
<tr><td>C
G50</td><td>—</td><td>—</td><td>—</td><td>1500</td><td>2000</td></tr>
</table>

避雷针一般采用圆钢或焊接钢管制成,其直径应不小于下列数值:

1)针长 1m 以下:圆钢为 12mm;钢管为 20mm。

2)针长 1～2m:圆钢为 16mm;钢管为 25mm。

3)烟囱上的避雷针:圆钢为 20mm;2m 针长时,为 25mm 圆钢。

当避雷针采用镀锌钢筋和钢制作时，截面面积不小于 100mm^2，钢管厚度不小于 3mm。1～12m 长的避雷针宜采用组装形式，其各节尺寸见表 7-4。

表 7-4　　避雷针采用组装形式的各节尺寸

避雷针高度/m	1.0	2.0	3.0	4.0	5.0	6.0	7.0	8.0	9.0	10.0	11	12
第一节尺寸/mm ϕ25(50)	1000	2000	1500	1000	1500	1500	2000	1000	1500	2000	2000	2000
第二节尺寸/mm ϕ40(70)			1500	1500	1500	2000	2000	1000	1500	2000	2000	2000
第三节尺寸/mm ϕ50(80)				1500	2000	2500	3000	2000	2000	2000	2000	2000
第四节尺寸/mm ϕ100								4000	4000	4000	5000	6000

砖木结构房屋，可将避雷针敷于山墙顶部或屋脊上，用抱箍或对锁螺栓固定于梁上，固定部位的长度约为针高的 1/3。避雷针插在砖墙内的部分约为针高的 1/3，插在水泥墙的部分为针高的 1/4～1/5。

快学快用 1　避雷针的选择要求

(1)在建筑物山墙上安装避雷针。基本风压为 700N/m^2 以下的地区，针顶标高不超过 30m，针尖超出山墙顶面≤5m，按《全国通用电气装置标准图集》(D562/7)施工。

(2)在建筑物侧墙上安装避雷针。基本风压为 700N/m^2 以下的地区，针顶标高不超过 30m，避雷针全长≤12m，按《全国通用电气装置标准图集》(D562/8)施工。

(3)在建筑物屋面上安装避雷针。基本风压为 700N/m^2 以下地区，针顶标高不超过 30m，避雷针全长≤10m，按《全国通用电气装置标准图集》(D562/9)施工。

(2)避雷针的保护范围。避雷针的保护范围可以用一个以避雷针

为轴的圆锥形来表示。

1)如图 7-1 所示为单根避雷针保护范围示意图,如果建筑物正处于这个空间范围内,就能够得到避雷针的保护。

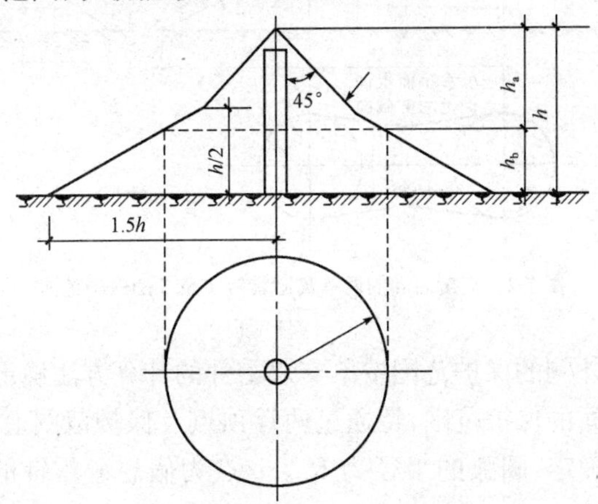

图 7-1　单支避雷针的保护范围

①避雷针在地面上的保护半径 r 按下式计算:

$$r=1.5h$$

式中　r——避雷针的高度(m)。

②避雷针在被保护物高度 h_x 水平面上的保护半径 r_x 按下式计算:

当 $h_x \geqslant \frac{h}{2}$ 时,　　$r_x=(h-h_x)p=h_a p$

当 $h_x < \frac{h}{2}$ 时,　　$r_x=(1.5h-2h_x)p$

式中　h_x——被保护物的高度(m);

h_a——避雷针的有效高度(m);

p——高度影响系数,$h \leqslant 30$m 时为 1,30m$<h\leqslant$120m 时为 $\frac{5.5}{\sqrt{h}}$,以下文中公式 p 值同此。

2)两支等高避雷针的保护范围,如图 7-2 所示。

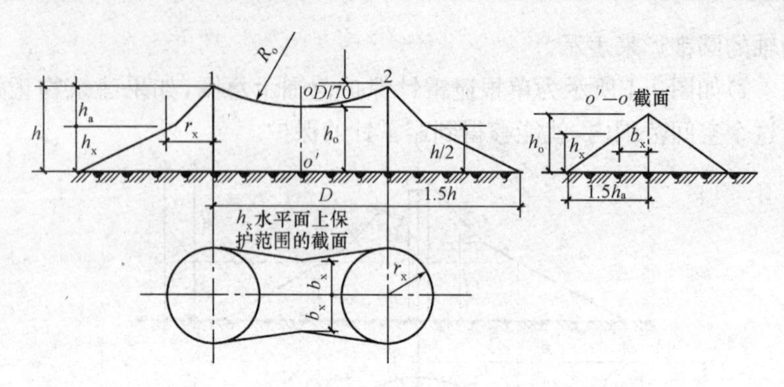

图 7-2　高度为 h 的两等高避雷针 1 及 2 的保护范围

①两针外侧的保护范围按单支避雷针的计算方法确定。

②两针间的保护范围，特通过两针顶点及保护范围上部边缘最低点 o 的圆弧确定，圆弧的半径为 R_o。o 点为假想避雷针的顶点，其高度按下式计算：

$$h_o = \mathrm{h} - \frac{D}{7p}$$

式中　h_o——两针间保护范围上部边缘最低点的高度(m)；

D——两针间的距离(m)。

两针间 h_x 水平面上保护范围的一侧最小宽度，按下式计算：

$$b_x = 1.5(h_0 - h_x)$$

式中　b_x——在 h_x 水平面上保护范围的一侧最小宽度(m)，当 $D = 7h_a p$ 时，$b_x = 0$。

保护变电所用的避雷针，两针间距离与针高之比 D/h 不宜大于 5，但保护第一类工业建(构)筑物用的避雷针，D/h 不宜大于 4。

3)多支等高避雷针的保护范围如图 7-3、图 7-4 所示。

①三支等高避雷针所形成的三角形 1、2、3 的外侧保护范围，应分别按两支等高避雷针的计算方法确定；如在三角形内被保护物最大高度 h_x 水平面上，各相邻避雷针间保护范围的一侧最小宽度 $h_x \geqslant 0$ 时，则全部面积即受到保护。

②四支及以上等高避雷针所形成的四角形或多角形，可先将其分

成两个或几个三角形，然后分别按三支等高避雷针的方法计算，如各边保护范围的一侧最小宽度 $h_x \geqslant 0$，则全部面积即受到保护。

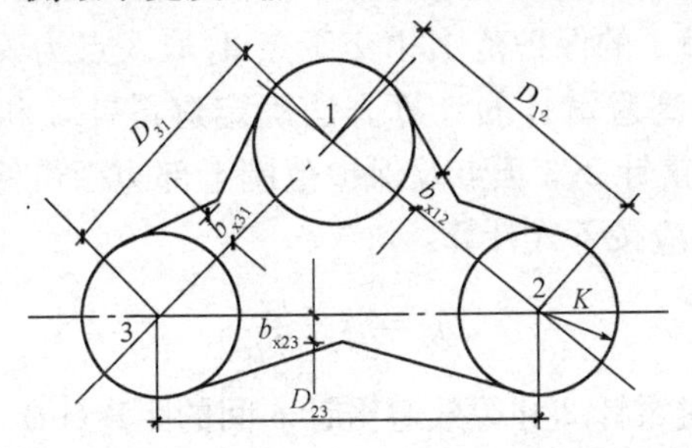

图 7-3　三支等高避雷针 1、2、3 在 h_x 水平面上的保护范围

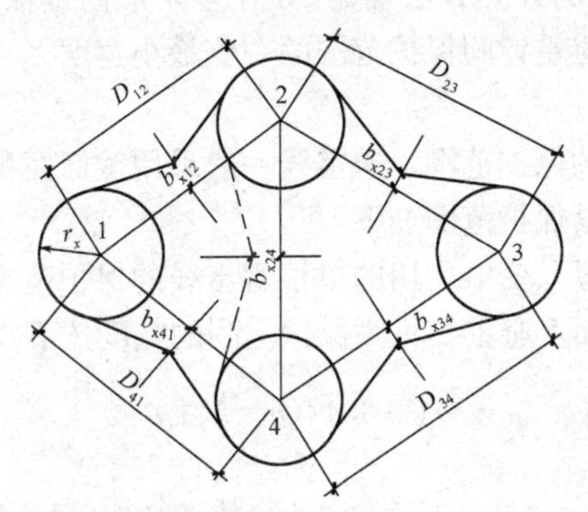

图 7-4　四支等高避雷针 1、2、3、4 在 h_x 水平面上的保护范围

4）不等高避雷针的保护范围，如图 7-5 所示。

①两支不等高避雷针外侧的保护范围，应分别按单支避雷针的计算方法确定。

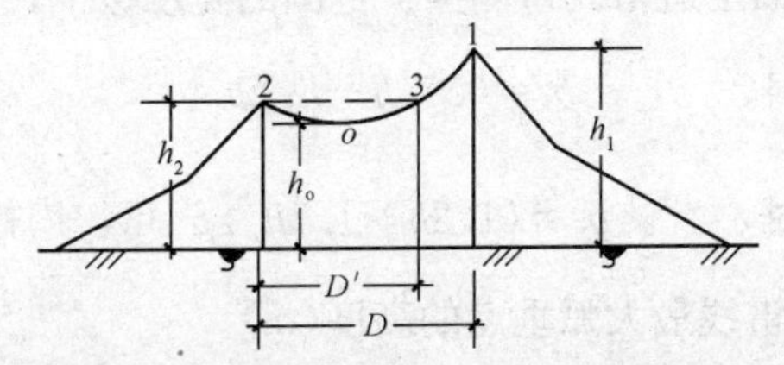

图 7-5　两支不等高避雷针 1 及 2 的保护范围

②两支不等高避雷针间的保护范围，应按单支避雷针的计算方法，先确定较高避雷针 1 的保护范围，然后由较低避雷针 2 的顶点，作水平线与避雷针 1 的保护范围相交于点 3，取 3 点为等效避雷针的顶点，再按两支等高避雷针的计算方法确定避雷针 2 和 3 间的保护范围，即按通过避雷针 2、3 顶点及保护范围上部边缘最低点 o 的圆弧确定。o 点的高度应按下式计算：

$$h_o = h_2 - \frac{D'}{7p}$$

式中　D'——避雷针 2 和等效避雷针 3 间的距离(m)。

③对多支不等高避雷针，各相邻两避雷针的外侧保护范围，按两支不等高避雷针的计算方法确定；如在多角形内被保护物高度 h_x 水平面上，各相邻避雷针间保护范围的一侧最小宽度 $h_x \geqslant 0$，则全部面积受到保护。

(3)避雷线的保护范围。避雷线一般采用截面面积不小于 $35mm^2$ 的镀锌钢绞线，其保护范围如下：

1)保护发电厂、变电所用的单根避雷线的保护范围如图 7-6(a)所示。在 h_x 水平面上避雷线每侧保护范围的宽度按下式计算：

当 $h_x \geqslant \frac{h}{2}$ 时，　　$r_x = 0.47(h - h_x)p$

当 $h_x < \frac{h}{2}$ 时，　　$r_x = (h - 1.53h_x p)$

在 h_x 水平面上避雷线端部的保护半径也应按以上两式确定。

2)保护建筑物(发电厂、变电所除外)用的单根避雷线的保护范围如图 7-6(b)所示。

在 h_x 水平面上避雷线每侧保护范围的宽度按下式计算：

当 $h_x \geqslant \frac{h}{2}$ 时，　　$b_x = 0.7(h - h_x)p$

当 $h_x < \frac{h}{2}$ 时，　　$b_x = (1.2h - 1.7h_x)p$

式中　h——避雷线最大弧垂点的高度(m)。

3)两根等高平行避雷线的保护范围如图 7-7 所示。

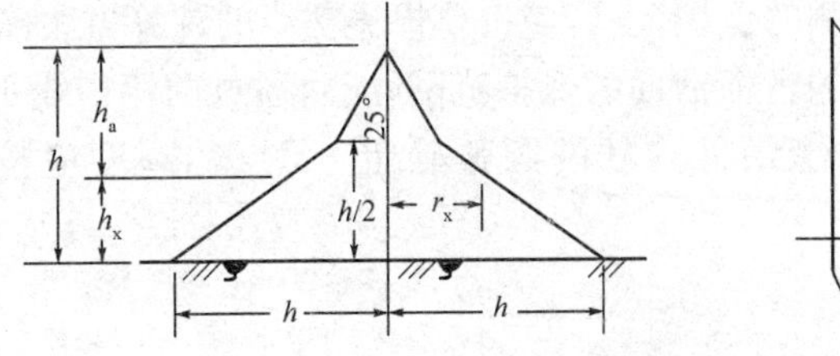

在 h_x 水平面上保护范围的截面

(a)

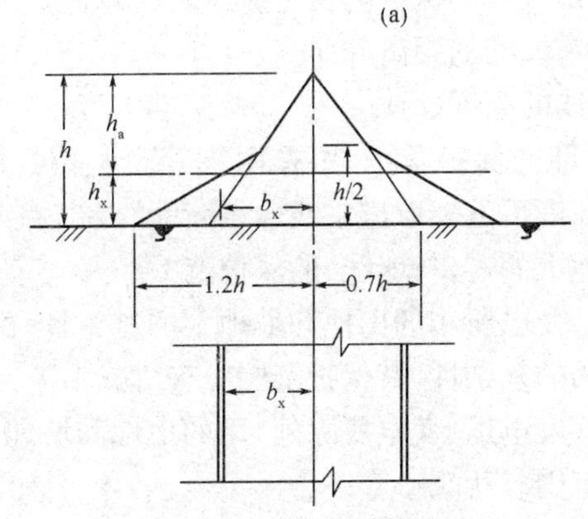

在 h_x 水平面上的保护范围

(b)

图 7-6　单根避雷线的保护范围

(a)保护发电厂、变电所用的;(b)保护建筑物用的

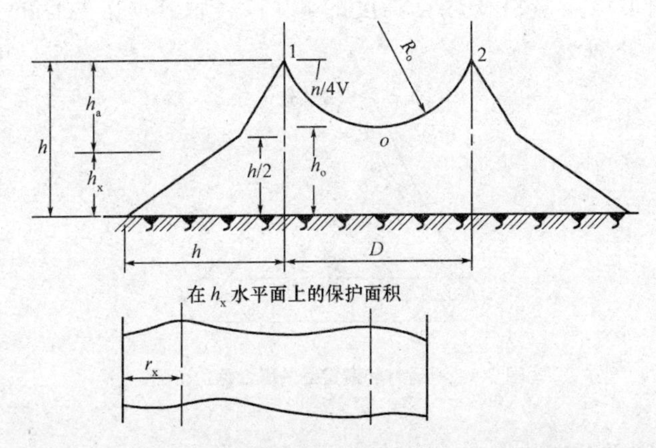

图 7-7　两根等高平行避雷线 1 和 2 的保护范围

①两避雷线外侧的保护范围，应按单根避雷线的计算方法确定。

②两避雷线间的各横截面的保护范围，应由通过两避雷线 1、2 点的保护范围上部边缘最低点狂的圆弧确定。o 点的高度应按下式计算：

$$h_o = h - \frac{D}{4p}$$

式中 h_o——两避雷线间的保护范围边缘最低点的高度(m)；

D——两避雷线间的距离(m)；

h——避雷线的高度(m)。

③两避雷线端部的保护范围，可按两支等高避雷针的计算法确定，等效避雷针的高度可近似取避雷线悬点高度的 80%。

(4)山地和坡地上的避雷针(线)的保护范围。

1)保护发电厂、变电所用的山地和坡地上的避雷针，由于地形、地质、气象及雷电活动的复杂性，其保护范围应有所减小。

2)保护建筑物(发电厂、变电所除外)用的山地和坡地上的避雷针或避雷线，其保护范围有所减小。

(5)避雷针、线联合保护范围。保护发电厂、变电所时，互相靠近的避雷针和避雷线可按联合保护作用确定保护范围。

联合保护范围，可近似将避雷线上的各点看作等效避雷针。其等效高度可取该点避雷线悬点高度的 80%，然后分别按两针的方法计算，如图 7-8 所示。

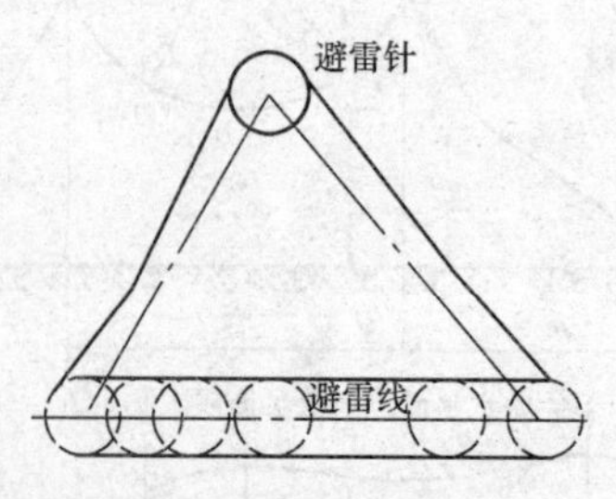

图 7-8 避雷针和避雷线的联合保护范围

(6)避雷针安装施工。

1)在屋面上安装。

①保护范围的确定。对于单支避雷针,其保护角 α 可按 45°或 60°考虑。两支避雷针外侧的保护范围按单支避雷针确定,两针之间的保护范围,对民用建筑可简化两针间的距离不小于避雷针有效高度(避雷针突出建筑物的高度)的 15 倍,且不宜大于 30m 来布置,如图 7-9 所示。

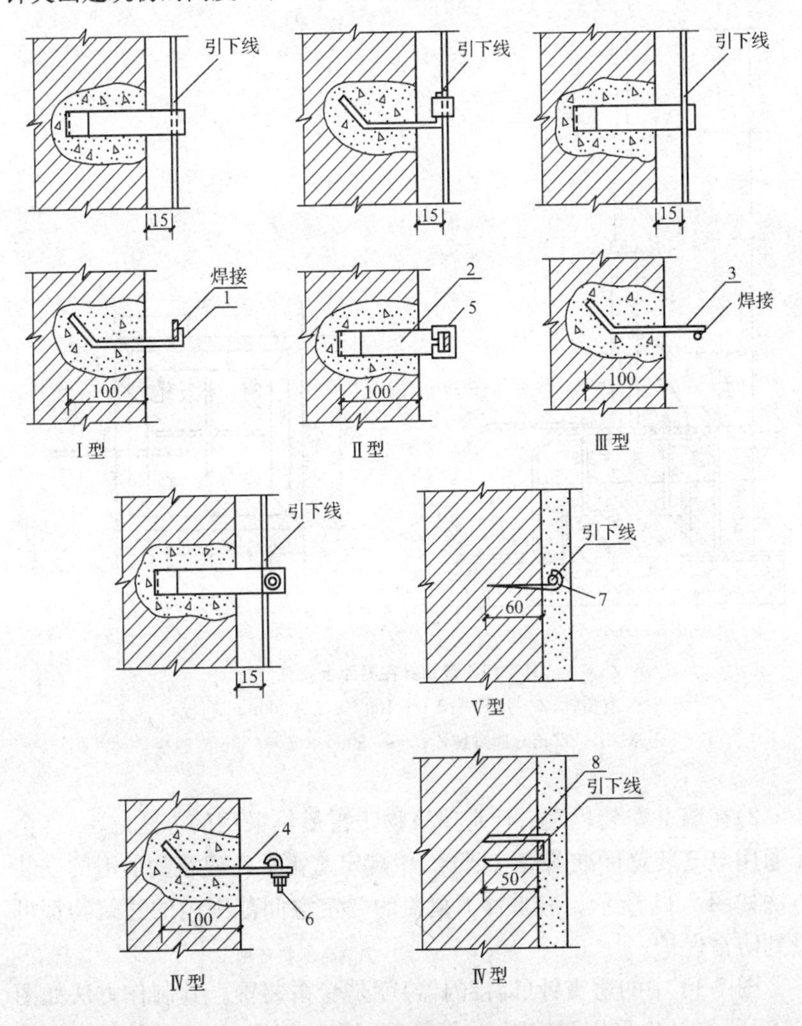

图 7-9　引下线固定方法安装图

②安装施工。在屋面安装避雷针，混凝土支座应与屋面同时浇灌。支座应设在墙或梁上，否则应进行校验。地脚螺栓应预埋在支座内，并且至少要有两根与屋面、墙体或梁内钢筋焊接。在屋面施工时，可由土建人员预先浇灌好，待混凝土强度满足施工要求后，再安装避雷针，连接引下线，如图 7-10 所示。

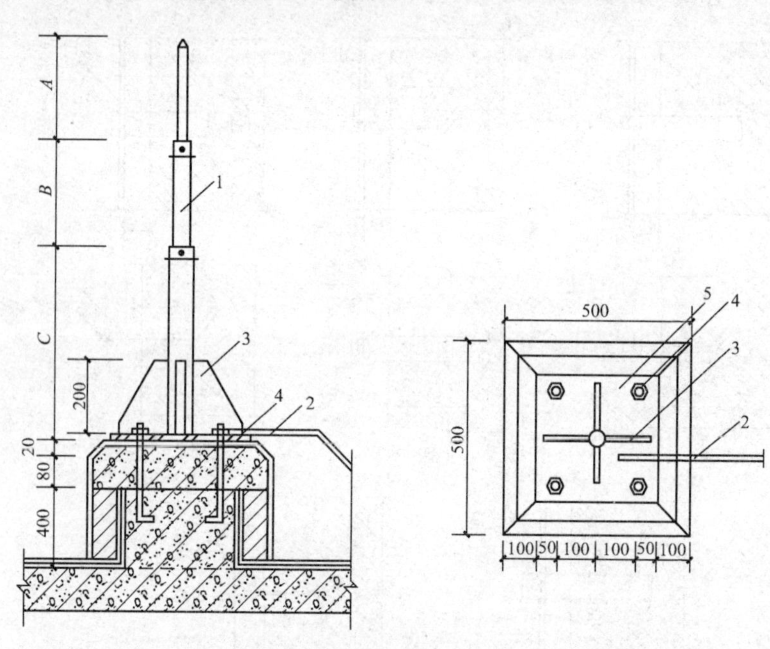

图 7-10　避雷针在屋面上安装

1—避雷针；2—引下线；3—－100×8，L=200mm 筋板；
4—M25×350mm 地脚螺栓；5—－300×8，L=300mm 底板

2)在墙上安装。避雷针是建筑物防雷最早采用的方法之一。《全国通用电气装置标准图集》(D562)中规定避雷针在建筑物墙上的安装方法如图 7-11 所示。避雷针下覆盖的一定空间范围内的建筑物都可受到防雷保护。

图 7-11 中的避雷针(即接闪器)就是受雷装置。其制作方法如图 7-12 所示，针尖采用圆钢制成，针管采用焊接钢管，均应热镀锌。镀锌

有困难时，可刷红丹一度，防腐漆二度，以防锈蚀；针管连接处应将管钉安好后，再行焊接。

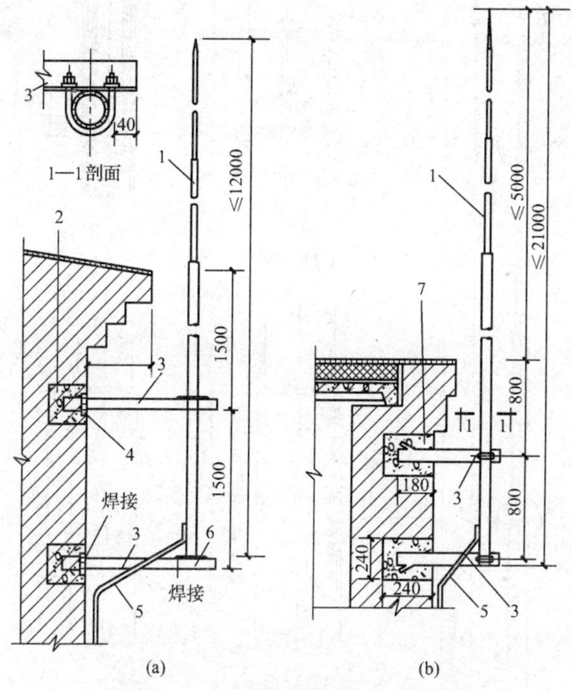

图 7-11　避雷针在建筑物墙上安装图

(a)在侧墙；(b)在山墙

1—接闪器；2—钢筋混凝土梁 240mm×240mm×2500mm，当避雷针高＜1m 时，改为 240mm×240mm×370mm 预制混凝土块；

3—支架(∟ 63×6mm)；4—预埋铁板(100mm×100mm×4mm)；5—接地引下线；

6—支持板(δ=6mm)；7—预制混凝土块(240mm×240mm×37mm)

3. 避雷带(网)安装

(1)明装避雷带(网)的安装。当不上人屋面预留支撑件有困难时，可采用预制混凝土支墩作避雷带(网)的支架，支架点间距均匀，且直线段部分不宜大于 3m，转弯处不宜大于 500mm。混凝土支墩按图 7-13 预制。支架调正、校平后，可进行避雷带(网)安装。避雷带安装前应校直，将校直后的避雷带(网)逐段焊接或用螺栓固定于支架上。

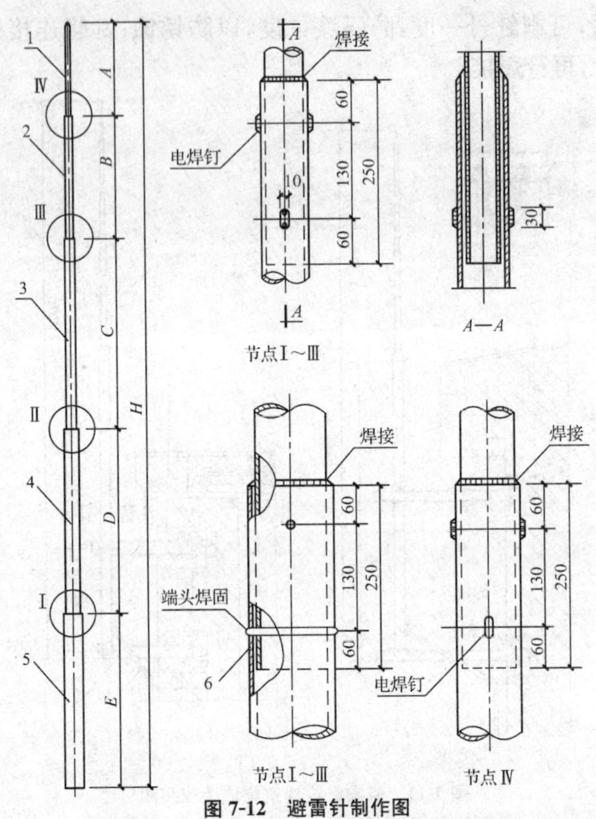

图 7-12　避雷针制作图

1—针尖（ϕ20 圆钢制作，尖端 70mm 长呈圆锥形）；2—管针（G25mm 钢管）；3—针管（G40mm 钢管）；4—（G50mm 钢管）；5—针管（G70mm 钢管）；6—穿钉（ϕ12）

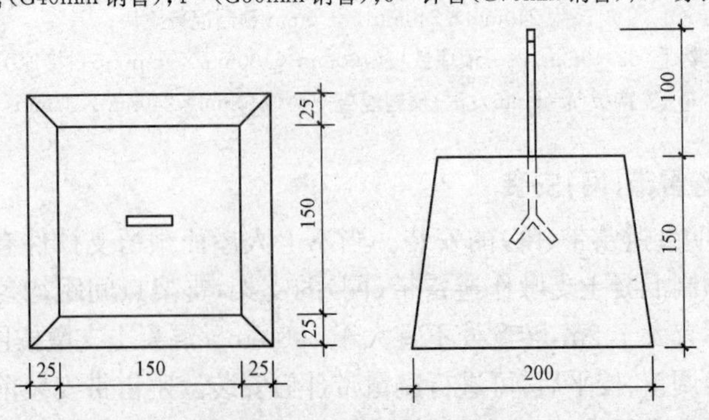

图 7-13　混凝土预制墩

(2)暗装避雷带(网)的安装。可上人屋面避雷带(网)可暗设,埋设深度为屋面或女儿墙下 50mm。避雷带(网)的间距应符合设计要求,引至屋面的金属构件、设备的接地线位置应正确,接地点外露。

高层建筑 30m 以下部分每隔三层设均压环一圈。高层建筑 30m 以上部分向上每隔三层在结构圈梁内敷设一圈－25×4 避雷带,并与引下线焊接形成水平避雷带,以防止侧击雷。

4. 防雷引下线安装

引下线是连接接闪器和接地装置的金属导线,其作用是将接闪器与接地装置连接在一起,使雷电流构成通路。引下线一般采用圆钢或扁钢制成,其选择要求见表 7-5。避雷引下线的数量及间距选择见表 7-6。

表 7-5　避雷引下线选择要求

类别	材料	规　格	备　　注
明敷	圆钢	直径≥8mm	(1)明设接地引下线及室内接地干线的支持件间距应均匀,水平直线部分宜为 0.5～1.5m;垂直直线部分宜为 1.5～3m,弯曲部分为 0.3～0.5m。 (2)明装防雷引下线上的保护管宜采用硬绝缘管,也可用镀锌角铁扣在墙面上。不宜将引下线穿入钢管内
	扁钢	截面≥48mm² (厚度≥4mm)	
暗敷	圆钢	直径≥10mm	—
	扁钢	截面≥80mm²	
烟囱避雷引下线	圆钢	直径≥12mm	高度不超过 40m 的烟囱可设一根引下线。超过 40m 的烟囱应设两根引下线
	扁钢	截面≥100mm² (厚度≥4mm)	

表 7-6　避雷引下线的数量及间距选择

建筑物防雷分类	避雷引下线间距	避雷引下线数量	备　注
一类	12m	大于 2 根	—
二类	18m	大于 2 根	—
三类	25m	大于 2 根	40m 以下建筑除外

(1)防雷引下线的选择。引下线可分为明敷设和暗敷设,也可利用建筑物钢筋混凝土中的钢筋作引下线。

1)引下线明敷设。明敷设引下线应在建筑物外墙装饰工程完成后进行。安装时应先在外墙上预埋固定引下线的支架,再将引下线固定在支架上。

引下线与支架一般采用焊接连接固定,也可采用专用套环卡固或弯钩螺栓紧固,如图 7-14 所示。

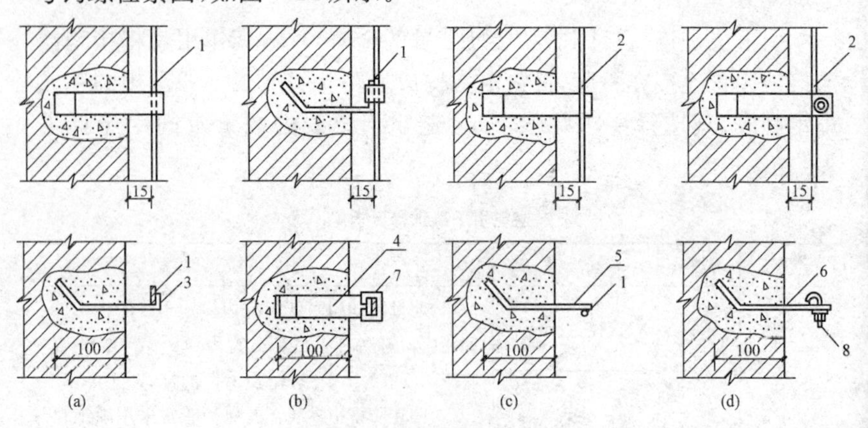

图 7-14　明敷引下线固定安装

(a)用一式固定钩安装;(b)用二式固定钩安装;

(c)用一式托板安装;(d)用二式托板安装

1—扁钢引下线;2—圆钢引下线;

3—－12×4,L=141 支架;4—－12×4,L=141 支架;

5—－12×4,L=130 支架;6—－12×4,L=135 支架;

7—－12×4,L=60 套环;8—M8×59 螺栓

快学快用 2　避雷引下线设置要求

避雷引下线应沿建筑物外墙敷设,并经最短路径接地,建筑艺术要求较高者也可暗敷,但截面应加大一级。引下线不宜敷设在阳台附近及建筑物的出入口和人员较易接触到的地点。

根据建筑物防雷等级不同,防雷引下线的设置也不相同。一级防雷建筑物专设引下线时，其根数应不少于两根，间距应不大于 18m；二级防雷建筑物引下线的数量应不少于两根，间距应不大于 20m；三级防雷建筑物，为防雷装置专设引下线时，其引下线数量不宜少于两根，间距应不大于 25mm。

2)引下线暗敷设。引下线沿砖墙或混凝土构造柱内暗设时，暗设时通常将钢筋调直后先与接地体(或断接卡子)连接好，由下至上展放(或一段段连接)钢筋，敷设路径应尽量短而直，可直接通过挑檐板或女儿墙与避雷带焊接，如图 7-15 所示。

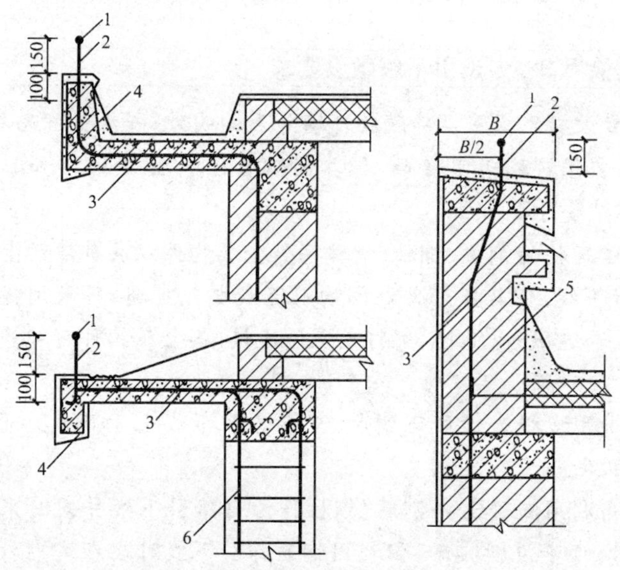

图 7-15　暗装引下线通过挑檐板、女儿墙做法

1—避雷带；2—支架；3—引下线；
4—挑檐板；5—女儿墙；6—柱主筋

暗敷设引下线也可安装在建筑物外墙抹灰层内，施工时，应在外墙装饰抹灰前将引下线(圆钢或扁钢)由上至下敷设好，并用卡钉或放卡钉固定，垂直固定距离为 1.5～2m。暗敷引下线在外墙抹灰层内安装，如图 7-16 所示。

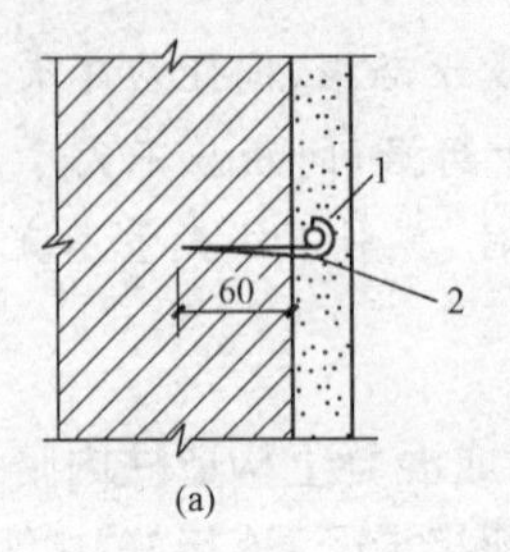

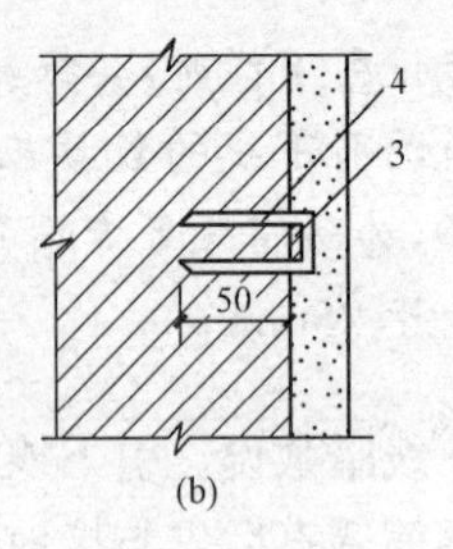

图 7-16　暗设引下线在外墙抹灰层内安装

(a)圆钢引下线用卡钉固定;(b)扁钢引下线用方卡钉固定

1—圆钢引下线;2—卡钉;3—扁钢引下线;4—方卡钉

快学快用 3　专设引下线敷设要求

(1)专设引下线应沿建筑物外墙外表面明敷,并经最短路径接地;建筑外观要求较高者可暗敷,但其圆钢直径不应小于 10mm,扁钢截面面积不应小于 $80mm^2$。

(2)建筑物的钢梁、钢柱、消防梯等金属构件以及幕墙的金属立柱宜作为引下线,但其各部件之间均应连成电气贯通,可采用铜锌合金焊、熔焊、卷边压接、缝接、螺钉或螺栓连接;各金属构件可被覆有绝缘材料。

(3)采用多根专设引下线时,应在各引下线上于距离地面 0.3～1.8m 装设断接卡。

(4)当利用混凝土内钢筋、钢柱作为自然引下线并同时采用基础接地体时,可不设断接卡,但利用钢筋作引下线时应在室内外的适当地点设若干连接板。当仅利用钢筋作引下线并采用埋于土壤中的人工接地体时,应在每根引下线上于距离地面不低于 0.3m 处设接地体连接板。采用埋于土壤中的人工接地体时应设断接卡,其上端应与连接板或钢柱焊接。连接板处宜有明显标志。

(2)防雷引下线支架安装。由于引下线的敷设方法不同,使用的固定支架也不相同。各种不同形式的支架,如图 7-17～图 7-19 所示。当确定引下线位置后,明装引下线支持卡子应随着建筑物主体施工预埋，一般在距室外护坡 2m 高处预埋第一个支持卡子，在距第一个卡子正上方 1.5～2m 处用线坠吊直第一个卡子的中心点埋设第二个卡子，依次向上逐个埋设，其间距应均匀相等，支持卡子露出长度应一致，突出建筑外墙装饰面 15mm 以上。

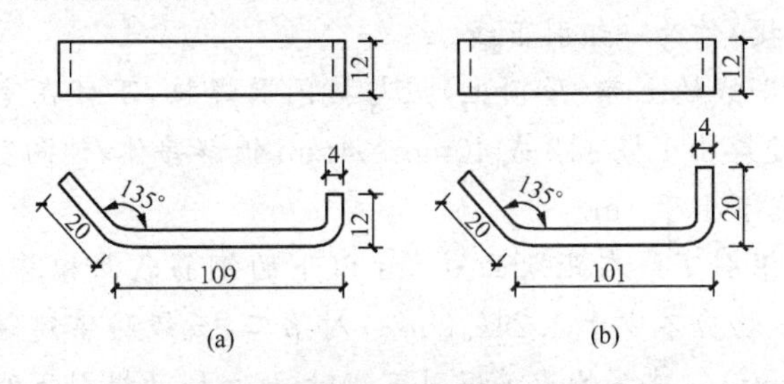

图 7-17　固定钩

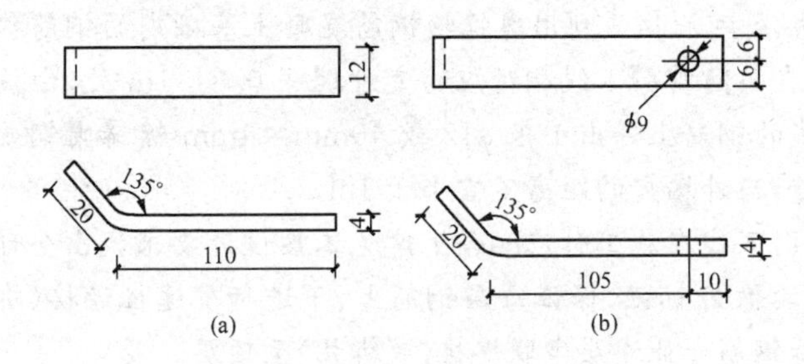

图 7-18　托板

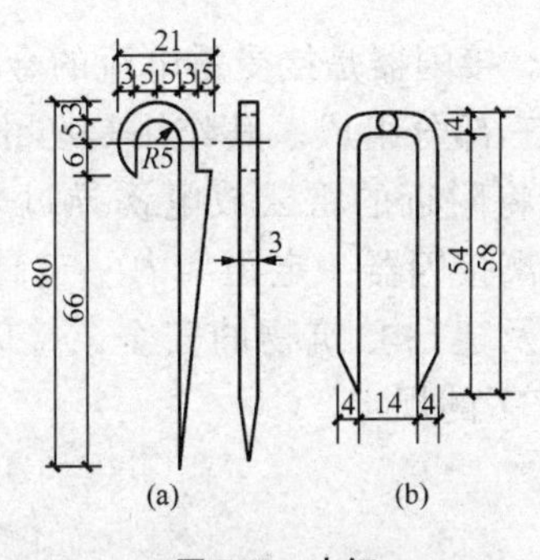

图 7-19　卡钉

快学快用 4　利用建筑物钢筋做防雷引下线时施工要求

(1)当钢筋直径为 16mm 及以上时，应利用两根钢筋(绑扎或焊接)作为一组引下线；当钢筋直径为 10mm 及以上时，应利用 4 根钢筋(绑扎或焊接)作为一组引下线。

(2)引下线的上部(屋顶上)应与接闪器焊接，下部在室外地坪下 0.8～1m 处焊出 1 根 ϕ12 或 40mm×4mm 镀锌导体，伸向室外与外墙皮的距离宜不小于 1m。

(3)每根引下线在距地面 0.5m 以下的钢筋表面积总和，对第一级防雷建筑物应不少于 $4.24k_c(m^2)$，对第二、三级防雷建筑物应不少于 $1.89k_c(m^2)$。建筑物为单根引下线时，$k_c=1$；两根引下线及接闪器不成闭合环的多根引下线，$k_c=0.66$；接闪器成闭合环路或网状的多根引下线，$k_c=0.44$。利用建筑物钢筋混凝土基础内的钢筋作为接地装置，应在与防雷引下线相对应的室外埋深 0.8～1m 处，由被利用作为引下线的钢筋上焊出 1 根 ϕ12 或 40mm×4mm 镀锌圆钢或扁钢并伸向室外，与外墙皮的距离不宜小于 1m。

(4)引下线在施工时应配合土建施工按设计要求找出全部钢筋位置，用油漆做好标记，保证每层钢筋上、下进行贯通性连接(绑扎或焊接)，随着钢筋专业逐层串联焊接(或绑扎)至顶层。

5. 接闪器安装

(1)接闪器构成。接闪器是接受雷电流的金属导体，主要由接闪器、引下线和接地体三部分组成。其作用是防止直接雷击或是将其上空电场局部加强，将附近的雷云放电诱导过来，雷电流通过引下线注入大地，从而使离接闪器一定距离内一定高度的建筑物免遭直接雷击，以保证人身及建(构)筑物的安全。接闪器的材料、结构和最小截面应符合表 7-7 的规定。

表 7-7　接闪线(带)、接闪杆和引下线的材料、结构与最小截面面积

材料	结构	最小截面面积/mm^2	备注⑩
铜,镀锡铜①	单根扁铜	50	厚度 2mm
	单根圆铜⑦	50	直径 8mm
	铜绞线	50	每股线直径 1.7mm
	单根圆铜③④	176	直径 15mm
铝	单根扁铝	70	厚度 3mm
	单根圆铝	50	直径 8mm
	铝绞线	50	每股线直径 1.7mm
铝合金	单根扁形导体	50	厚度 2.5mm
	单根圆形导体③	50	直径 8mm
	绞线	50	每股线直径 1.7mm
	单根圆形导体	176	直径 15mm
	外表面镀铜的单根圆形导体	50	直径 8mm,径向镀铜厚度至少 70μm,铜纯度 99.9%
热浸镀锌钢	单根扁钢	50	厚度 2.5mm
	单根圆钢⑨	50	直径 8mm
	绞线	50	每股线直径 1.7mm
	单根圆钢③、④	176	直径 15mm
不锈钢⑤	单根扁钢⑥	50⑧	厚度 2mm
	单根圆钢⑥	50⑧	直径 8mm
	绞线	70	每股线直径 1.7mm
	单根圆钢③、④	176	直径 15mm

续表

材料	结构	最小截面面积/mm²	备注⑩
外表面镀铜的钢	单根圆钢(直径 8mm)	50	镀铜厚度至少 70μm,铜纯度 99.9%
	单根扁钢(厚 2.5mm)		

① 热浸或电镀锡的锡层最小厚度为 1μm。

② 镀锌层宜光滑连贯、无焊剂斑点,镀锌层圆钢至少 22.7g/m²、扁钢至少 32.4g/m²。

③ 仅应用于接闪杆。当应用于机械应力没达到临界值之处,可采用直径 10mm、最长 1m 的接闪杆,并增加固定。

④ 仅应用于入地之处。

⑤ 不锈钢中,铬的含量等于或大于 16%,镍的含量等于或大于 8%,碳的含量等于或小于 0.08%。

⑥ 对埋于混凝土中以及与可燃材料直接接触的不锈钢,其最小尺寸宜增大至直径 10mm 的78mm²(单根圆钢)和最小厚度 3mm 的 75mm²(单根扁钢)。

⑦ 在机械强度没有重要要求之处,50mm²(直径 8mm)可减为 28mm²(直径 6mm)。并应减小固定支架间的间距。

⑧ 当温升和机械受力是重点考虑之处,50mm² 加大至 75mm²。

⑨ 避免在单位能量 10MJ/Ω 下熔化的最小截面是铜为 16mm²、铝为 25mm²、钢为 50mm²、不锈钢为 50mm²。

⑩ 截面面积允许误差为－3%。

(2)接闪器布置。对接闪器进行布置时,常采用滚球法布置。

滚球法是以 h_r 为半径的一个球体,沿需要防直击雷的部位滚动,当球体只触及接闪器(包括被利用作为接闪器的金属物),或只触及接闪器和地面(包括与大地接触并能承受雷击的金属物),而不触及需要保护的部位时,则该部分就得到接闪器的保护,如图 7-20 所示。

滚球法是基于以下的闪电数学模型(电气－几何模型):

$$h_r=2I+30\times\left[1-\exp\left(\frac{-I}{6.8}\right)\right]$$

或简化为:

$$h_r\approx9.4\cdot I^{\frac{2}{3}}$$

式中 h_r——闪电的最后闪络距离(击距)(m),见表 7-8;

I——与 h_r 相对应的得到保护的最小雷电流幅值(kA),即比该电流小的雷电流可能击到被保护的空间。

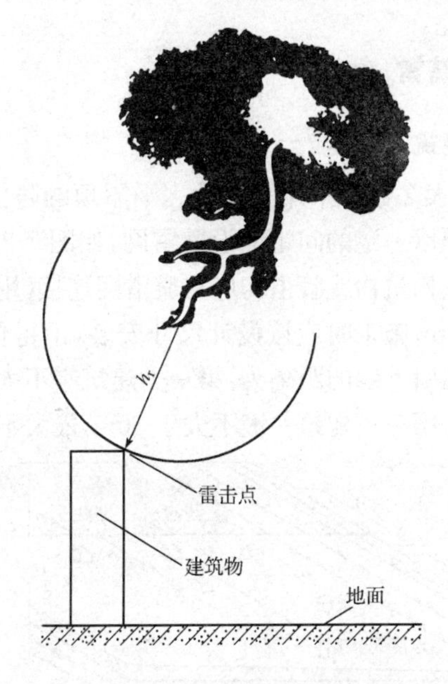

图 7-20　从闪电先导尖端至地面目标的击距 h_r

表 7-8　滚球半径与避雷网尺寸

建筑物防雷类别	滚球半径 h_r/m	避雷网网格尺寸/m
第一类防雷建筑物	30	≤5×5 或≤6×4
第二类防雷建筑物	45	≤10×10 或≤12×8
第三类防雷建筑物	60	≤20×20 或≤24×16

与相对应的雷电流按公式 $h_r \approx 9.4 \cdot I^{\frac{2}{3}}$ 整理后为：

$$I=(h_r/9.4)\times 1.5$$

对第一类防雷建筑物（$h_r=30$m），$I=5.7$kA；对第二类防雷建筑物（$h_r=45$m），$I=10.5$kA；对第三类防雷建筑物（$h_r=60$m），$I=16.1$kA。即雷电流小于上述数值时，闪电有可能躲过接闪器击于被保护物上，而等于和大于上述数值时，闪电将击于接闪器上。

二、建筑物防雷

1. 平屋顶建筑物防雷

目前建筑物大多数都采用平屋顶。平屋顶的防雷装置设有避雷网或避雷带，沿屋顶以一定的间距铺设避雷网，如图 7-21 所示。屋顶上所有凸起的金属物、构筑物或管道均应与避雷网连接(用 $\phi8$ 圆钢)，避雷网的方格不大于 10m，施工时应按设计尺寸安装，不得任意增大。引下线应不少于两根，各引下线的距离为：第一类建筑应不大于 24m；第二类建筑应不大于 30m；第三类建筑一般不大于 30m，最大不得超过 40m。

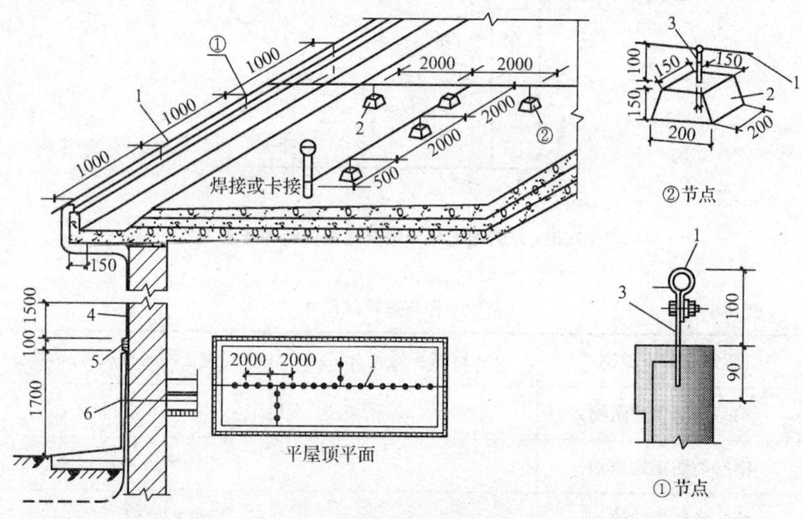

图 7-21　平屋顶建筑物防雷装置做法示意图

1—避雷线($\phi8$ 圆钢)；2—现浇混凝土支座；3—支持卡子；
4—接地引下线；5—断线卡；6—保护罩

2. 瓦坡屋顶建筑物防雷

瓦坡屋顶建筑物防雷可以在山墙上装设避雷针，重要的建筑物采用敷设避雷带的方法比较美观。具体做法是用 $\phi8$ 镀锌圆钢沿易受雷击的屋角、屋脊、屋檐以及沿屋顶有凸起的金属构筑物如烟囱、透气孔

敷设，如图 7-22 所示。

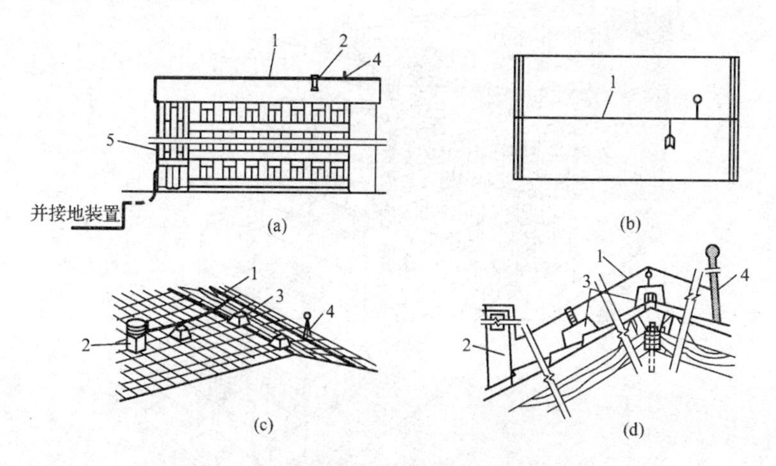

图 7-22 瓦坡屋面建筑物屋面坡顶的防雷装置

(a)立面；(b)平面；(c)坡顶防雷装置的安装；(d)安装大样

1—避雷线；2—烟囱；3—现浇混凝土支座；4—透气管；5—接地引下线

3. 高层建筑物防雷

现代化的高层建筑物都是用现浇的大模板和预制的装配式壁板等，结构钢筋较多，从屋顶到梁、柱、墙、楼板以及地下的基础都有相当数量的钢筋，把这些钢筋从上到下以及室内上下水管、热力管、煤气管、变压器中性线等均与钢筋连接起来，构成了笼式暗装避雷网(图 7-23)，使整个建筑物构成一个等电位的整体。

4. 钢筋混凝土水塔防雷

钢筋混凝土水塔防雷有两种，一种是利用水塔构件内的钢筋作接地引下线；另一种是在水塔外面敷设接地引下线。

(1)利用水塔构件内的钢筋作接地引下线时，其做法如图 7-24 所示。铁制通风帽和栏杆做接闪器，用基础的钢筋作接地装置，既可靠又节约钢材。但水塔内的钢筋接头应绑扎好或焊接好。预埋接地扁钢的方法可沿基础四周布置成环形。当电阻值达不到要求时，就需另补作接地装置，或根据实际情况采取其他措施。

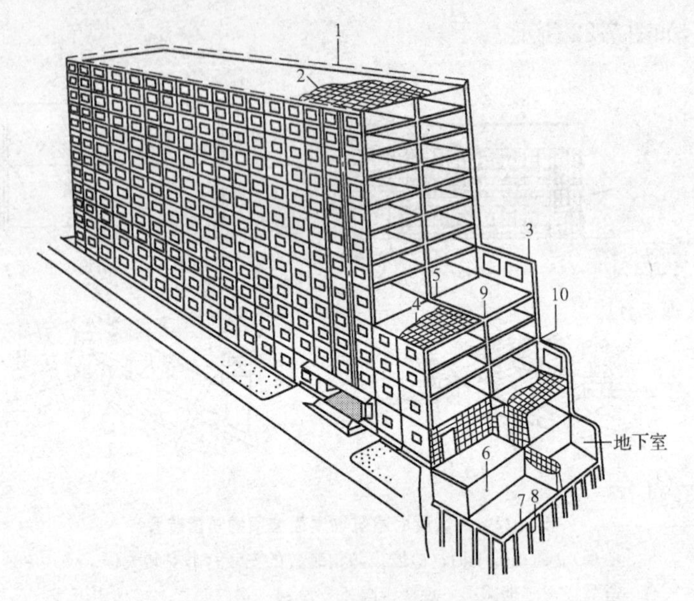

图 7-23　笼式暗装避雷网示意图

1—周圈式避雷带；2—屋面板钢筋；3—外墙板；4—各层楼板；5—内纵墙板；6—内横墙板；7—承台梁；8—基桩；9—内墙板连节点；10—内外墙板钢筋连接点

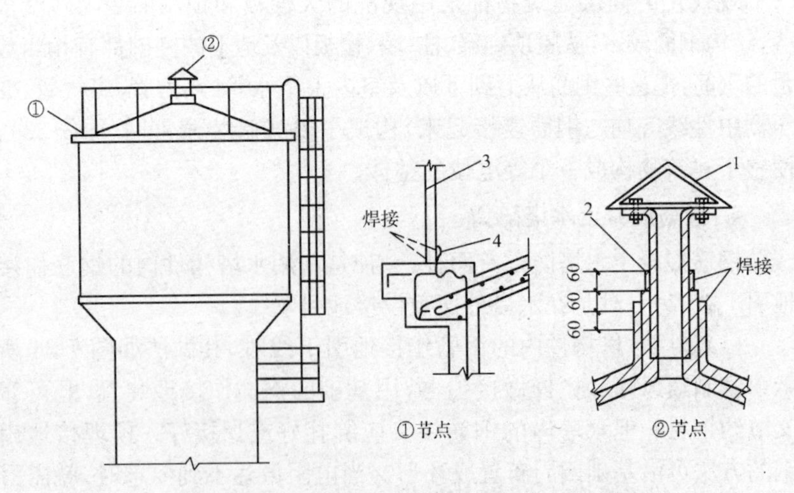

图 7-24　利用水塔内钢筋做接地引下线的防雷装置图

1—接闪器；2，4—连接线；3—木塔栏杆

(2)水塔外敷接地引下线,其做法如图 7-25 所示。支持卡子随土建施工及时预埋。

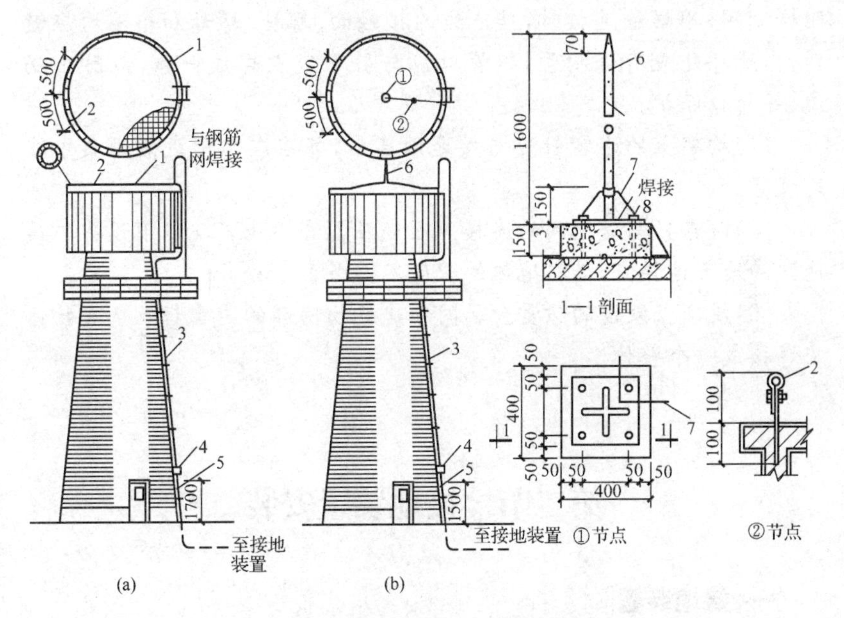

图 7-25　水塔外敷接地引下线防雷装置的做法

(a)避雷网方案;(b)避雷针方案

1—避雷针;2—支持卡子;3—接地引下线(ϕ8 圆钢);4—断线卡;5—保护管;6—避雷针(ϕ25 镀锌圆钢或 ϕ40 镀锌钢管);7—钢板;8—螺栓(M16×230)

快学快用 5　建筑物防雷注意事项

(1)每一个建筑物的防雷引下线不准少于两条,防雷引下线不宜经过门口、走道和人员经常经过的地方。

(2)避雷针针体垂直度偏差不大于顶端针杆的直径。

(3)独立避雷针及其接地装置与道路或建筑物的出入口等的距离应大于 3m,独立避雷针(线)应设立独立的接地装置,在土壤电阻率不大于 100Ω·m 的地区,其接地电阻不宜超过 10Ω。

(4)接地线与独立避雷针的接地线的距离应不小于 3m。

(5)避雷针(带)与引下线之间的连接应采用焊接方式。

(6)防雷引下线距离地面1.5～1.8m处应设置断接卡供接地电阻检测用，用螺栓连接时，接地线的接触面、螺栓、螺母和垫圈均应镀锌，出地坪处应有保护管，钢管口应与引下线点焊成一体，以防止涡流，并封口保护。

(7)构架上的避雷针应与接地网连接，并应在其附近装设集中接地装置。

(8)避雷针与接地网的连接点至变压器或35kV及以下设备与接地网的地下连接点，沿接地体的长度不得小于15m。

(9)屋顶上装设的防雷金属网和建筑物顶部的避雷针及金属物体应焊接成一个整体。

第二节　接地装置安装

一、接地装置

1. 电气接地

电气设备的任何部分与土壤间做良好的电气连接，称为接地。电力系统和电气设备的接地，按其不同的作用分为工作接地、保护接地、重复接地和接零，如图7-26所示。

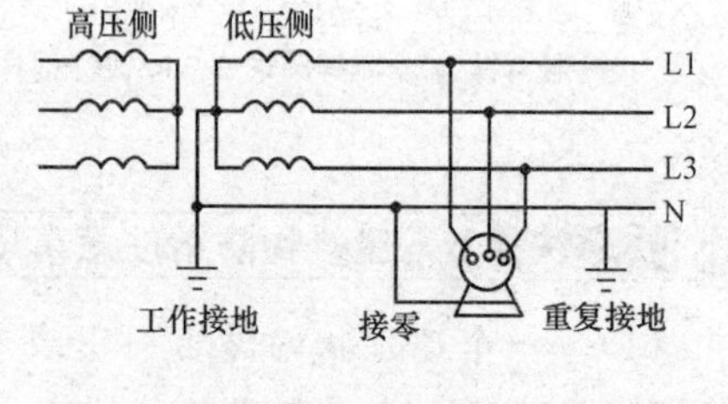

图7-26　工作接地、重复接地和接零示意图

(1)工作接地。在正常或事故情况下，为保证电气设备可靠地运行，必须在电力系统中某点(如发电机或变压器的中性点、防止过电压的避雷器的某点等)直接或经特殊装置如消弧线圈、电抗、电阻、击穿熔断器与地做金属连接，称为工作接地。这种接地通常在中性点接地系统中采用。另外，工作接地

在减轻故障接地的危险、稳定系统的电位等方面起着重要的作用。

快学快用 6　减轻故障接地危险的措施

在低压三相供电网中，如果变压器低压中性点不接地，当发生一相接地时（图 7-27），接地的电流不大，设备仍能正常运转，此故障能够长时间存在。当用电设备采用接零保护，人体触及设备外壳时，接地故障电流通过人体和设备到零线构成回路，将十分危险，极易发生触电事故。如果变压器低压侧中性点采用直接接地，其工作接地如图 7-28 所示，则触电事故可以减少。

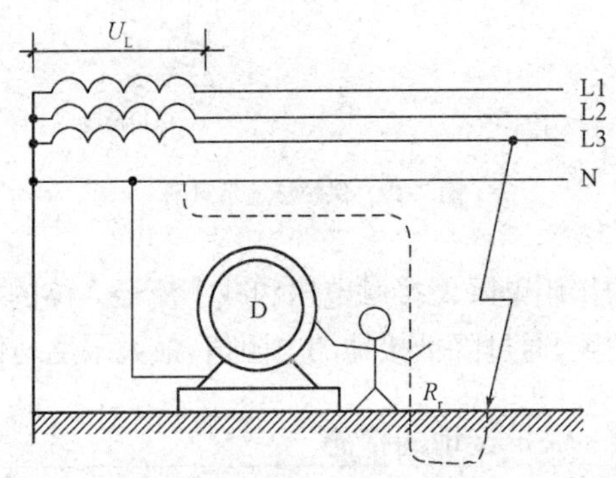

图 7-27　变压器中性点不接地的低压系统中一相接地

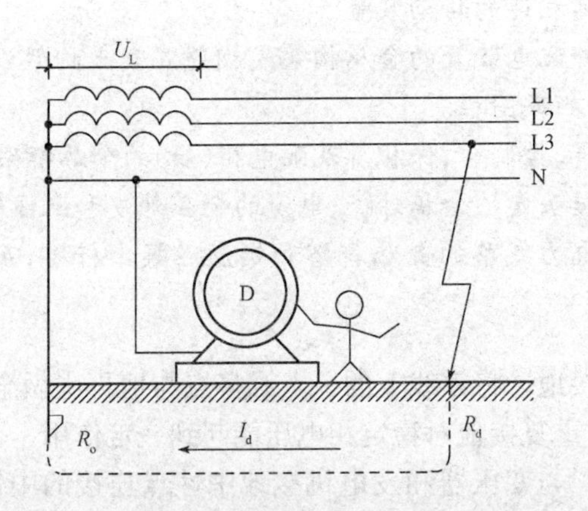

图 7-28　变压器中性点接地的低压系统中一相接地

(2)保护接地。电气设备的金属外壳由于绝缘损坏有可能带电，为防止这种带电危及人身安全的接地，称为保护接地，如图 7-29 所示。这种接地一般在中性点不接地系统中采用。保护接地适用于不接地电网。在这种电网中，无论环境如何，凡是由于绝缘破坏或其他原因而可能呈现危险电压的金属部分，除另有规定外，都应采取保护接地措施。

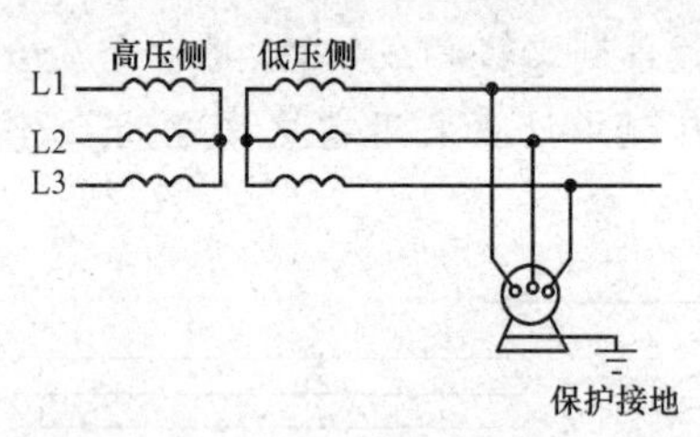

图 7-29　保护接地示意图

保护接地的作用是降低接触电压和减小流经人体的电流，避免和减少触电事故的发生，通过降低接地的电阻值，最大限度地保障人身安全。

快学快用 7　保护接地的措施

(1)电机、变压器、开关设备、照明器具及其他电气设备的金属外壳、底座及与其相连的传动装置。

(2)户内外配电装置的金属构架或钢筋混凝土构架以及靠近带电部分的金属遮拦或围栏。

(3)配电屏、控制台、保护屏及配电柜(箱)的金属框架或外壳。

(4)电缆接头盒的金属外壳、电缆的金属外皮和配线的钢管。

(5)架空电力线路的金属杆塔和钢筋混凝土杆塔、互感器的二次线圈等。

(3)重复接地。将零线上的一点或多点与地再次做金属的连接称为重复接地。重复接地对稳定相电压能起到一定作用。

(4)接零。与变压器和发电机接地中性点连接的中性线，或直流回路中的接地中线相连，称为接零。

2. 接地体

直接与土壤接触的金属导体称为接地体或接地极。连接于电气设备接地部分与接地体间的金属导线称为接地线。接地体可分为人工接地体和自然接地体，人工接地体是指专门为接地而装设的接地体，自然接地体是指兼作接地体用的直接与大地接触的各种金属构件、金属管道及建筑物的钢筋混凝土基础等。接地体的材料、结构和最小截面应符合表 7-9 的规定。接地体和接地线组成的总体称为接地装置。

表 7-9　　接地体的材料、结构和最小截面

材料	结构	最小尺寸			备注
		垂直接地体直径/mm	水平接地体/mm^2	接地板/mm	
铜、镀锡铜	铜绞线	—	50	—	每股直径 1.7mm
	单根圆铜	15	50	—	—
	单根扁铜	—	50	—	厚度 2mm
	铜管	20	—	—	壁厚 2mm
	整块铜板	—	—	500×500	厚度 2mm
	网格铜板	—	—	600×600	各网格边截面尺寸 25mm×2mm,网格网边总长度不少于 4.8m
热镀锌钢	圆钢	14	78	—	—
	钢管	20	—	—	壁厚 2mm
	扁钢	—	90	—	厚度 3mm
	钢板	—	—	500×500	厚度 3mm
	网格钢板	—	—	600×600	各网格边截面尺寸 30mm×3mm,网格网边总长度不少于 4.8m
	型钢	注 3	—	—	—

续表

材料	结构	最小尺寸			备注
		垂直接地体直径/mm	水平接地体/mm^2	接地板/mm	
裸钢	钢绞线	—	70	—	每股直径1.7mm
	圆钢	—	78	—	—
	扁钢	—	75	—	厚度3mm
外表面镀铜的钢	圆钢	14	50	—	镀铜厚度至少250μm，铜纯度99.9%
	扁钢	—	90(厚3mm)	—	
不锈钢	圆形导体	15	78	—	—
	扁形导体	—	100	—	厚度2mm

注：1. 热镀锌层应光滑连贯、无焊剂斑点，镀锌层圆钢至少22.7g/m^2、扁钢至少32.4g/m^2。

2. 热镀锌之前螺纹应先加工好。

3. 不同截面的型钢，其截面面积不小于290mm^2，最小厚度3mm，可采用50mm×50mm×3mm的角钢。

4. 当完全埋在混凝土中时才可采用裸钢。

5. 外表面镀铜的钢，铜应与钢结合良好。

6. 不锈钢中，铬的含量等于或大于16%，镍的含量等于或大于5%，钼的含量等于或大于2%，碳的含量等于或小于0.08%。

7. 截面面积允许误差为−3%。

快学快用8 自然接地体的利用

在设计和装设接地装置时，首先应充分利用自然接地体，以节约投资。如果实地测量所利用的自然接地体电阻已能满足要求，而且这些自然接地体又能满足热稳定条件，可不必再装设人工接地装置。

可作为自然接地体的物件主要包括与大地有可靠连接的建筑物的钢结构和钢筋、行车的钢轨、埋地的金属管道及埋地敷设的不少于

2 根的电缆金属外皮等。对于变配电所来说，可利用其建筑物钢筋混凝土基础作为自然接地体。

3. 接地电阻

接地电阻是指接地体的流散电阻与接地线电阻的总和。一般接地线的电阻很小，可以略去不计，因此可以认为接地体的流散电阻就是接地电阻。部分电气装置所要求的接地电阻值见表 7-10；各种电气装置要求的接地电阻值见表 7-11；弱电系统接地电阻值应符合表 7-12 中的规定。

表 7-10　　部分电气装置所要求的接地电阻值

序号	电气装置名称	接地的电气装置特点	接地电阻/Ω
1	大接地短路电流系统	仅用于该系统的接地装置	$R_{jd}\leqslant\frac{2000}{I}$ 当 $I>4000$A 时， $R_{jd}\leqslant0.5$
2	小接地短路电流系统	高压与低压电力设备共用的接地装置	$R_{jd}\leqslant\frac{120}{I}$ 且 $R_{jd}\leqslant10$
3		仅用于高压电力设备的接地装置	$R_{jd}\leqslant\frac{250}{I}$ 且 $R_{jd}\leqslant10$
4	1kV 以下系统	低压电力设备接地装置	$R_{jd}\leqslant4$
5		与总容量不超过 100kV·A 的发电机变压器使用同一接地装置	$R_{jd}\leqslant10$
6		零线重复接地装置	$R_{jd}\leqslant10$
7		序号 5 种的重复接地装置	$R_{jd}\leqslant30$
8	防雷设备	独立避雷针的接地装置	$R_{jd}\leqslant10$
9		杆上避雷器(在电气上与旋转电机无联系)	$R_{jd}\leqslant10$
10		杆上避雷器(在电气上与旋转电机有联系)	$R_{jd}\leqslant5$

续表

序号	电气装置名称	接地的电气装置特点	接地电阻/Ω
11	建筑物	第一类防雷建筑物(防直击雷)	$R_{cj} \leqslant 10$
12		第一类防雷建筑物(防感应雷)	$R_{cj} \leqslant 10$
13		第二类防雷建筑物(防直击雷、感应雷共用)	$R_{cj} \leqslant 10$
14		第三类防雷建筑物(防直击雷)	$R_{cj} \leqslant 30$
15		其他建筑物防雷电波沿低压架空线侵入	$R_{cj} \leqslant 30$

注:R_{jd}——工频接地电阻;R_{cj}——冲击接地电阻;I——流经接地装置的单相短路电流。

表 7-11　　各种电气装置要求的接地电阻值

电气装置名称	接地的电气装置特点	接地电阻/Ω
发电厂、变电所电气装置保护接地	有效接地和低电阻接地	$R \leqslant \frac{2000}{I}$① 当 $I > 4000$A 时,$R \leqslant 0.5$
不接地、消弧线圈接地和高电阻接地系统中发电厂、变电所电气装置保护接地	仅用于高压电力装置的接地装置	$R \leqslant \frac{250}{I}$②(不宜大于 10)
不接地、消弧线圈接地和高电阻接地系统中发电厂、变电所电气装置保护接地	高压与低压电力装置共用的接地装置	$R \leqslant \frac{120}{I}$②(不宜大于 4)
低压电力网中,电源中性点接地	—	$R \leqslant 4$
	由单台容量不超过 100kV·A 或使用同一接地装置并联运行且总容量不超过 100kV·A 的变压器或发电机供电	$R \leqslant 10$
	上述装置的重复接地(不少于三处)	$R \leqslant 30$
引入线上装有 25A 以下的熔断器的小容量线路电气设备	任何供电系统	$R \leqslant 10$
	高低压电气设备联合接地	$R \leqslant 4$
	电流、电压互感器二次线圈接地	$R \leqslant 10$

续表

电气装置名称	接地的电气装置特点	接地电阻/Ω
土壤电阻率大于 500Ω·m 的高土壤电阻率地区发电厂、变电所电气装置保护接地	独立避雷针	$R\leqslant10$
	发电厂和变电所接地装置	$R\leqslant10$
建筑物	一类防雷建筑物(防止直击雷)	$R\leqslant10$(冲击电阻)
	一类防雷建筑物(防止感应雷)	$R\leqslant10$(工频电阻)
	二类防雷建筑物(防止直击雷)	$R\leqslant10$(冲击电阻)
	三类防雷建筑物(防止直击雷)	$R\leqslant30$(冲击电阻)
共用接地装置	—	$R\leqslant1$

① I 为流经接地装置的入地短路电流(A),且

$$I=\frac{U(L_k+35L_1)}{350}$$

当接地电阻不满足公式要求时,可通过技术经济比较增大接地电阻,但不得大于 5Ω。

② I 为单相接地电容电流(A);U 为线路电压;L_k 为架空线总长度;L_1 为电缆总长度。

表 7-12　　弱电系统接地电阻值

序号	名称	接地装置形式	规　模	接地电阻值/Ω	备　注
1	调度电话站	独立接地装置	直流供电	$\leqslant15$	P_e 为交流单相负荷
			交流供电 $P_e\leqslant0.5$kW	$\leqslant10$	
			交流供电 $P_e>0.5$kW	$\leqslant5$	
		共用接地装置		$\leqslant1$	
2	程控交换机房	独立接地装置		$\leqslant5$	
		共用接地装置		$\leqslant1$	
3	综合布线系统	独立接地装置		$\leqslant4$	
		接地电位差		$\leqslant1V_{r.m.s}$	
		共用接地装置		$\leqslant1$	
4	天馈系统	独立接地装置		$\leqslant4$	
		共用接地装置		$\leqslant1$	

续表

序号	名称	接地装置形式	规　模	接地电阻值/Ω	备　注
5	电气消防	独立接地装置		≤4	
		共用接地装置		≤1	
6	有线广播	独立接地装置		≤4	
		共用接地装置		≤1	
7	楼宇监控系统、扩声、安防、同声传译等系统	独立接地装置		≤4	
		共用接地装置		≤1	

4. 特殊设备接地装置

(1)电子计算机接地。一般而言,电子计算机接地有逻辑接地、功率接地、安全接地三类。

1)逻辑接地。在电子设备的信号回路中,其低电位点要有一个统一的基准电位,将这个点进行接地叫作逻辑接地,简称逻辑地。其目的是使计算机电路有一个统一的基准电位,但此基准电位并不一定就是大地的零电位,而只要有一个等电位面即可。

2)功率接地。在电子设备中的大电流电路、非灵敏电路、噪声电路中,如电子计算机机柜上的继电器、风机、指示灯、交流电源电路、直流电源电路都需接地,这种接地称为功率接地,简称功率地。

3)安全接地。为了人身和设备的安全,把正常运行时的不带电的设备金属外壳如机柜外壳、元件外壳、面板等接地,称为安全接地,简称安全地。

计算机接地的系统主要有混合接地系统、悬浮接地系统,交流、直流分开接地系统及一点接地系统四种。

1)混合接地系统。混合接地系统小型计算机内部的逻辑地、功率地、安全地,在柜内已接到同一个接地端子上。因此,在做机房接地设计时,只要从这个端子上引出接地线接至接地装置即可,如图 7-30 所示。

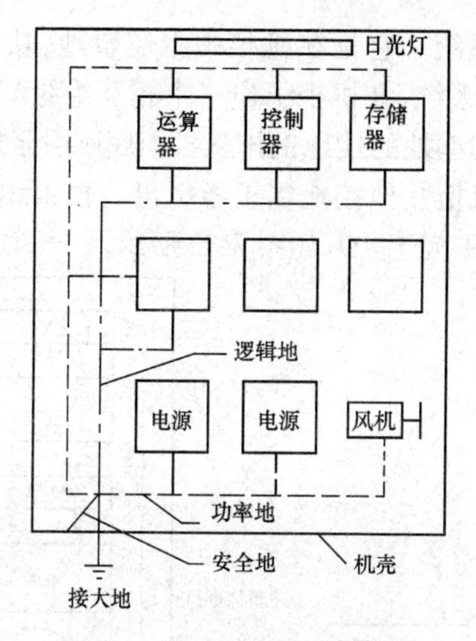

图 7-30　小型计算机接地示意图

2)悬浮接地系统。

①在电路设计上,不是以“地电位点”作为各电路统一的基准电位,而是各个悬浮电路分别有各自的基准电位。由于各个悬浮电路之间依靠电感线圈(变压器)的磁场耦合来传递信号,因此各悬浮电路之间在电路上是保持严格隔离的,如图 7-31(a)所示。所以整个设备包括机壳都是与大地绝缘隔离的。

②计算机各机柜内的逻辑地和直流功率地以及安全地都直接接到木地板下与大地相绝缘的铜排网上,机柜上的日光灯、风机、插座及中频电源等接交流零线并与机柜绝缘。这种悬浮接地形式是将机柜固定在木地板上,当空气干燥时,积聚在机柜上的静电荷对某些低电位点放电而对计算机的运行产生干扰。因此,机柜框架应接在交流地上而与直流地、逻辑地分开,如图 7-31(b)所示。

3)交流、直流分开接地系统。逻辑地与直流功率地合接在一起,接在接地网上,接地电阻不大于 4Ω;机柜和交流功率地共同接地,同样,逻辑地与直流功率地也可通过电容器与交流功率地接在一起。这两种做法都可避免磁场干扰,如图 7-32 所示。

4)一点接地系统。它是在机柜中将逻辑地、功率地与安全地分开,各自成为独立系统,在机柜引出三个相互绝缘的接地端子或者铜排,其中逻辑地、功率地的接地铜排从机柜底座引至地板下的铜排网,然后从铜排网和机柜其他接地端子各引出一根引线在同一点与接地体相连,接地电阻不大于4Ω,如图7-33所示。

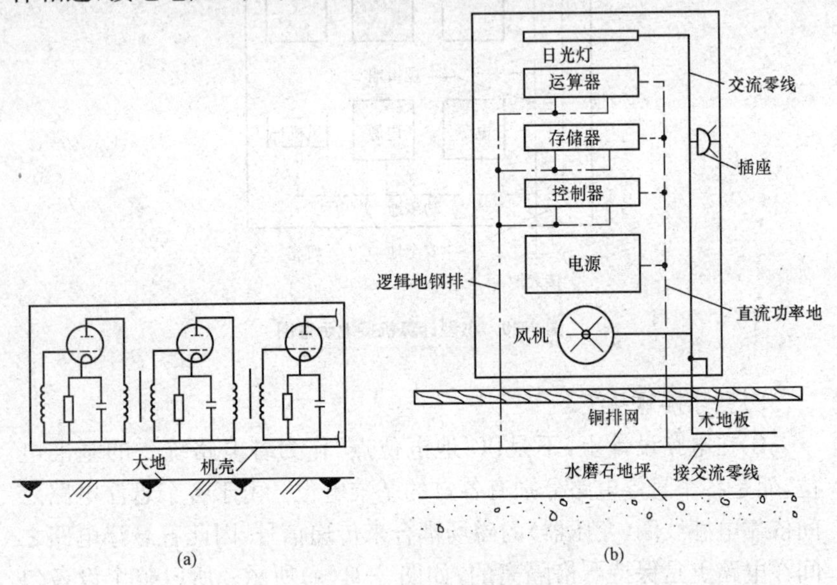

图 7-31 悬浮接地系统示意图

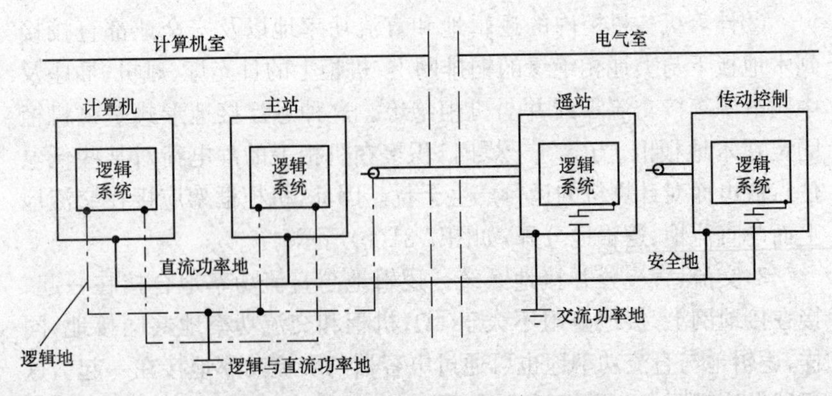

图 7-32 交流、直流分开接地系统示意图

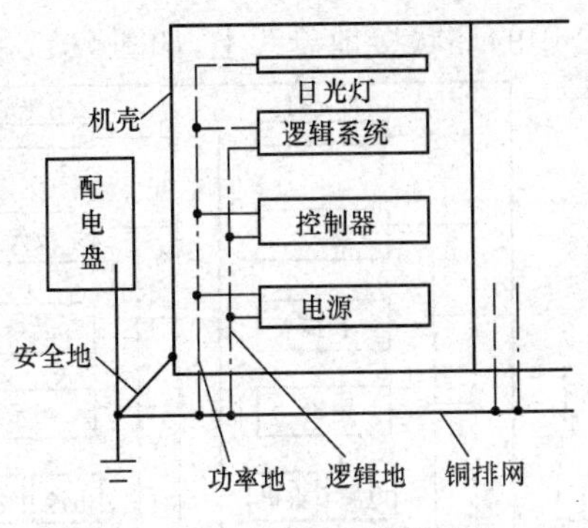

图 7-33　一点接地系统示意图

(2)电子设备接地。一般而言,电子设备接地有信号接地、功率接地、安全接地三类。

1)信号接地。电子设备中的信号电路,包括放大器、混频器、扫描电路、逻辑电路等,都要进行接地,这种接地叫作信号接地,简称信号地。其目的是保证电路工作时有一个统一的基准电位,不至于浮动而引起信号量的误差。

2)功率接地。在电子设备中所有继电器、电动机、电源装置、大电流装置、指示灯等电路都要进行接地,以保证在这些电路中的干扰信号泄漏到地中,不至于干扰灵敏的信号电路。

3) 安全接地。把电子设备的金属外壳进行接地或接零,以保证人身及电子设备的安全。

(3) 电子设备接地系统方式。

1)辐射式接地系统。把电子设备中的信号地、功率地、安全地分开敷设的接地引下线,接至电源室的接地总端子板,在端子板上信号地、功率地与安全地接在一起再引至接地体,如图 7-34 所示。其将三种接地在盘上或仪器中相互分开,能避免电源接地回路的干扰信号回授至信号电路中而引起干扰。

2)环(网)状式接地系统。在高频电路中,信号地与功率地、安全地无法分开,因为频率高,耦合电容的增加,高频干扰信号在分开的地线中同样可以耦合过去,所以在高频电子设备中,信号地、功率地、安全地都接在一个公用的环状接地母线上，如图7-35所示。

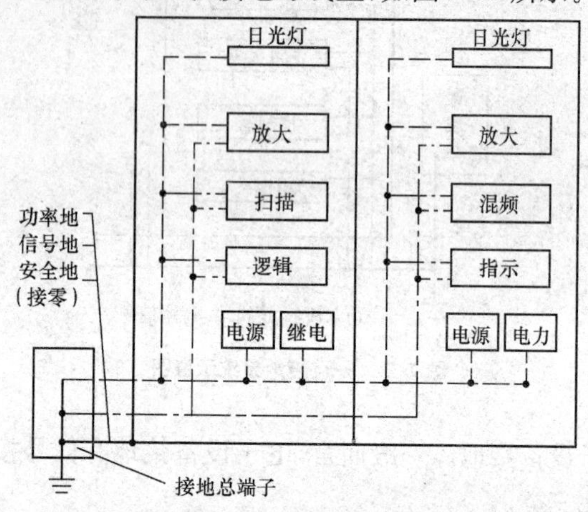

图7-34　辐射式接地系统示意图

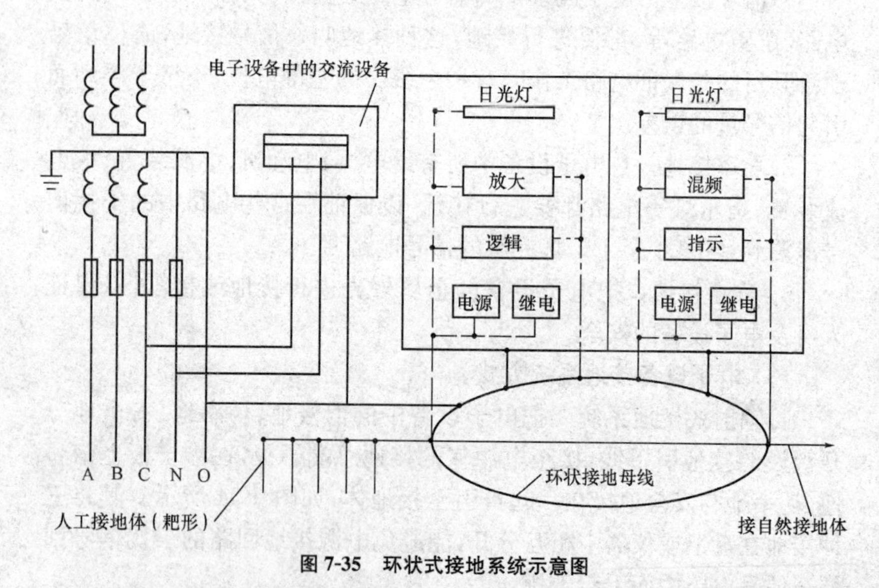

图7-35　环状式接地系统示意图

3)混合式接地系统。混合式接地系统是把辐射式接地系统与环状式接地系统相结合，即在电子仪表或设备内用辐射式接线，把信号地、功率地、安全地分开，在机壳或仪表壳上汇接在一点，然后把几个

电子仪表或设备的汇接点接在环状接地体上，如图7-36所示。

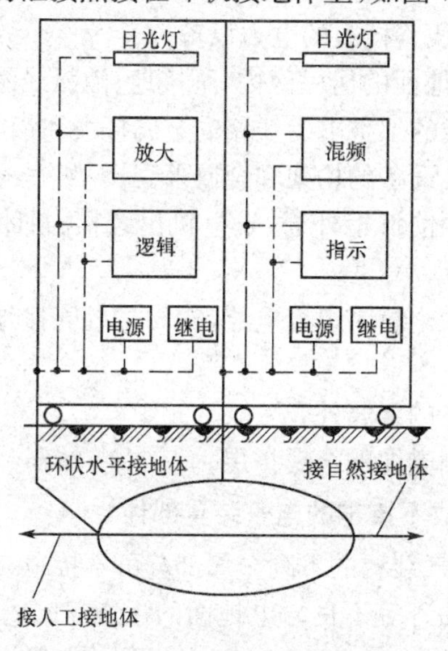

图7-36　混合式接地系统示意图

二、电气装置接地

1. 接地或接零的电气装置部件

一般而言，电气装置的下列金属部分，均应接地或接零：

(1)电机、变压器、电气、携带式或移动式用电器具等的金属底座和外壳。

(2)电气设备的传动装置。

(3)屋内外配电装置的金属或钢筋混凝土构架以及靠近带电部分的金属遮拦和金属门。

(4)配电、控制、保护用的屏(柜、箱)及操作台等的金属框架和底座。

(5)交流、直流电力电缆的接头盒、终端头和膨胀器的金属外壳和可触及的电缆金属护层和穿线的钢管。穿线的钢管之间或钢管和电气设备之间有金属软管过渡的，应保证金属软管段接地畅通。

(6)电缆桥架、支架和井架。

(7)装有避雷线的电力线路杆塔。

(8)装在配电线路杆上的电力设备。

(9)在非沥青地面的居民区内,不接地、消弧线圈接地和高电阻接地系统中无避雷线的架空电力线路的金属杆塔和钢筋混凝土杆塔。

(10)承载电气设备的构架和金属外壳。

(11)发电机中性点柜外壳、发电机出线柜、封闭母线的外壳及其他裸露的金属部分。

(12)气体绝缘全封闭组合电器(GIS)的外壳接地端子和箱式变电站的金属箱体。

(13)电热设备的金属外壳。

(14)铠装控制电缆的金属护层。

2. 可不接地或不接零的电气装置部件

一般而言,电气装置的下列金属部分可不接地或不接零:

(1)在木质、沥青等不良导电地面的干燥房间内,交流额定电压为400V及以下或直流额定电压为440V及以下的电气设备的外壳;但当有可能同时触及上述电气设备外壳和已接地的其他物体时,则仍应接地。

(2)在干燥场所,交流额定电压为127V及以下或直流额定电压为110V及以下的电气设备的外壳。

(3)安装在配电屏、控制屏和配电装置上的电气测量仪表、继电器和其他低压电器等的外壳,以及当发生绝缘损坏时,在支持物上不会引起危险电压的绝缘子的金属底座等。

(4)安装在已接地金属构架上的设备,如穿墙套管等。

(5)额定电压为220V及以下的蓄电池室内的金属支架。

(6)由发电厂、变电所和工业、企业区域内引出的铁路轨道。

(7)与已接地的机床、机座之间有可靠电气接触的电动机和电器的外壳。

快学快用 9　电机外壳接地做法

当利用钢管作接地线时,电机外壳接地的做法如图7-37所示。其接地线连接在机壳的螺栓上。

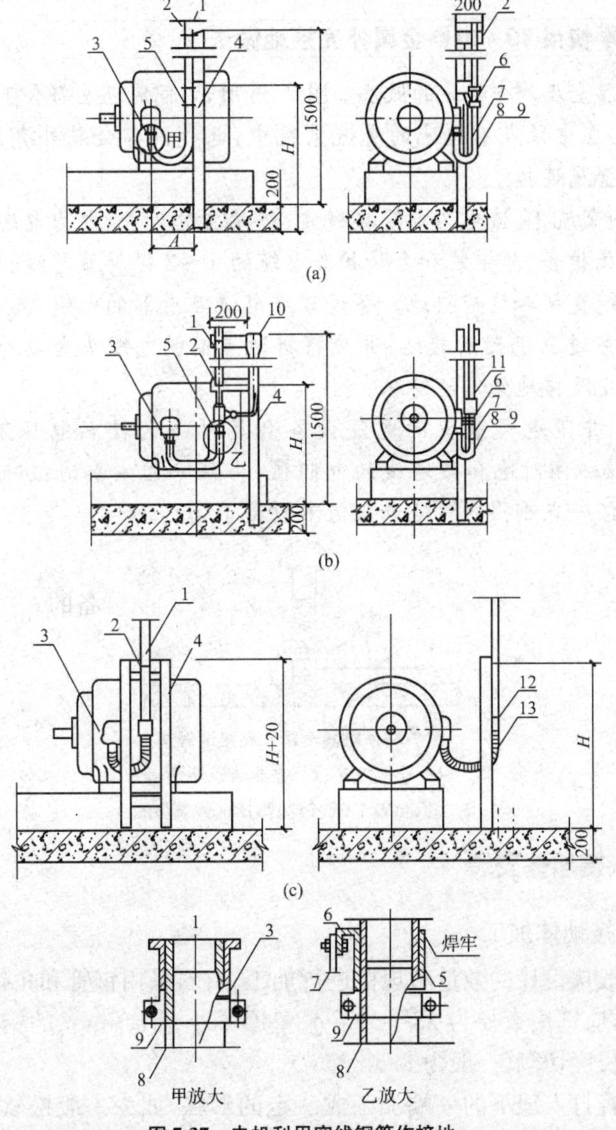

图 7-37　电机利用穿线钢管作接地

1—钢管或电线管；2—管卡；3—外螺纹软管接头；4—角钢架柱；
5—内螺纹软管接头；6—接地环；7—接地线；8—塑料管；9—塑料管衬管；
10—按钮盒；11—长方形接线盒；12—过渡接头；13—金属软管

快学快用 10　电器金属外壳接地做法

电器金属外壳接地的做法如图 7-38 所示，同时还应符合下列规定：

(1)在中性点不接地的交流系统中，电气设备金属外壳应与接地装置作金属连接。

(2)交流、直流电力电缆接线盒、终端盒的外壳、电力电缆、控制电缆的金属护套、非铠装和金属护套电缆的 1～2 根屏蔽芯线、敷设的钢管和电缆支架等均应接地。穿过零序电流互感器的电缆，其电缆头接地线应穿过互感器后接地；并应将接地点前的电缆头金属外壳、电缆金属包皮及接地线与地绝缘。

(3)井下电气装置的电气设备金属外壳的接触电压不应大于 40V。接地网对地和接地线的电阻值：当任一组主接地极断开时，接地网上任一点测得的对地电阻值不应大于 2Ω。

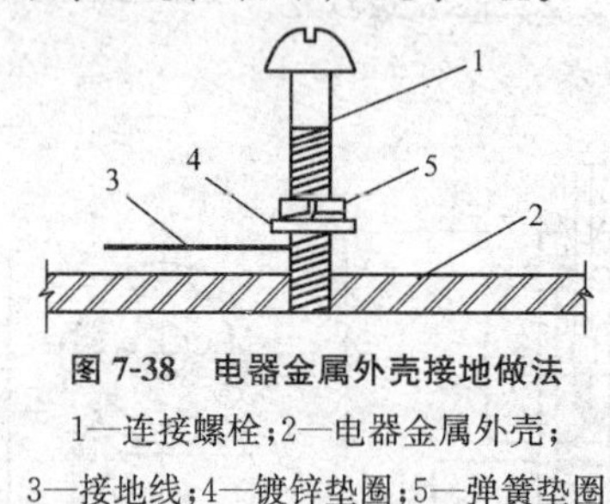

图 7-38　电器金属外壳接地做法

1—连接螺栓；2—电器金属外壳；
3—接地线；4—镀锌垫圈；5—弹簧垫圈

三、接地体安装

1. 接地体加工

一般按设计的数量和规格进行加工，材料采用钢管和角钢。如用钢管时，应选用直径为 38～50mm、壁厚不小于 3.5mm 的钢管，并按设计的长度切割(一般为 2.5m)。

钢管打入地下的一端加工成一定的形状，如为一般松软土壤时，可切成斜面形。为了避免打入时受力不均使管子歪斜，也可以加工成扁尖形；如土质很硬，可将尖端加工成锥形，如图 7-39 所示。

如用角钢时，一般选用 50mm×50mm×5mm 的无角钢，切割长度一般也是 2.5m。角钢的一端加工成尖头形状，如图 7-40 所示。

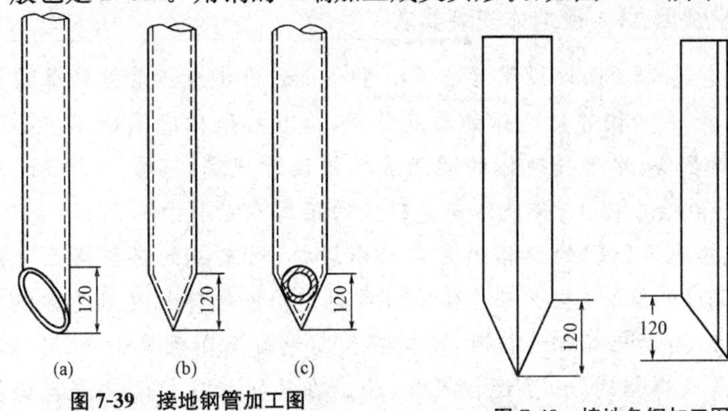

图 7-39　接地钢管加工图

(a)斜面形；(b)扁尖形；(c)圆锥形

图 7-40　接地角钢加工图

2. 挖沟

装设接地体前，需要沿着接地体的线路先挖沟，以便打入接地体和敷设连接这些接体的扁钢。由于地的表面层易于冰冻，冻土层使接地电阻增大，并且地表层易于被挖动，可能损坏接地装置，因此接地装置需埋于地表层以下。

按设计规定测出接地网的路线，在此路线上挖掘深为 0.8～1m、宽为 0.5m 的沟。沟上部稍宽，底部渐窄。沟底如有石子应清除。

3. 接地体安装步骤

挖好沟以后，应立即安装接地体和敷设接地扁钢，以防止土方倒塌。接地体打入地中，一般采用手锤打入。其主要安装步骤如下：

(1)按设计位置将接地体打在沟的中心线上，接地体露在地面上的长度为 150～200mm(沟深 0.8～1m)时，可停止打入，使接地体最高点与施工完毕后的地面有 600mm 的距离。接地体间的距离按设计要求，一般不小于 5m。

(2)敷设的管子或角钢及连接扁钢应避开其他地下管路、电缆等设施。一般与电缆及管道等交叉时，距离不小于 100mm，与电缆及管道平行时不小于 300～350mm。

(3)敷设接地时，接地体应与地面保持垂直。

快学快用 11　接地体安装要求

(1)接地体顶面埋设深度应不小于0.6m,角钢或钢管接地体应垂直配置,为减少相邻接地体的屏蔽作用,垂直接地体的间距不宜小于其长度的2倍,水平接地体的间距应根据设计规定,不宜小于5m,局部深度应在1m以上,接地体与建筑物的距离不宜小于1.5m。

(2)接地体(线)的连接通常应采用焊接,对扁钢的搭接焊长度应为扁钢宽度的2倍(至少三边焊接),对圆钢的搭接焊长度应为圆钢直径的6倍,圆钢与扁钢连接时,搭接焊长度为圆钢直径的6倍,扁钢与钢管或角铁焊接时,为了连接可靠,除应在其接触部位两侧进行焊接外,并应焊以由钢带弯成的弧形(或直角形)卡子,或由钢带本身直接弯成弧形(或直角形)与钢管(或角钢)焊接。

四、人工接地装置安装

1. 人工接地装置形式

人工接地装置有垂直安装和水平安装两种基本结构形式,如图7-41所示。其规格与电阻值分别见表7-13、表7-14 。人工接地装置一般采用钢管、圆钢、角钢或扁钢等安装并埋入地下,但不应埋设在垃圾堆、炉渣和强腐蚀性的土壤处。

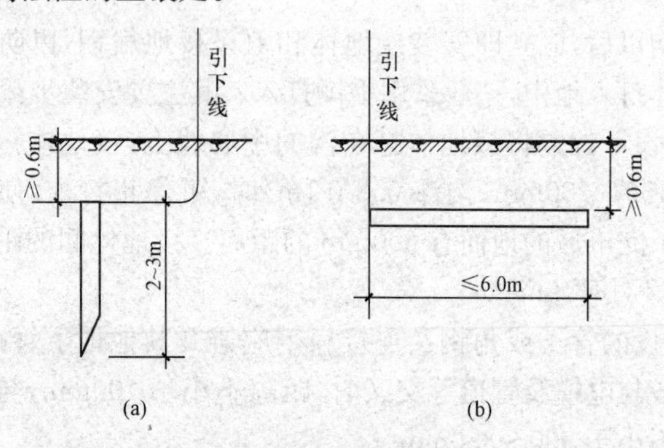

图7-41　人工接地装置

(a)垂直埋设的棒形接地体;(b)水平埋设的带形接地体

表 7-13　人工接地装置的规格

类　别	材料	规　格		接地装置间距	埋设深度
直接接地装置	角钢	厚度≥4mm	一般长度应不小于 2.5m	间距及水平接地装置间的距离宜为 5m	其顶部距地面应在冻土层以下并应大于 0.6m
	钢管	壁厚≥3.5mm			
	圆钢	直径≥10mm			
水平接地装置及接地线	扁钢	截面≥100mm²			
	圆钢	直径≥10mm			

表 7-14　人工接地装置工频接地电阻值

形式	简　图	材料尺寸/mm 及用量/m				土壤电阻率/(Ω·m)		
		圆钢	钢管	角钢	扁钢	100	250	500
		φ20	φ50	50×50×5	40×4	工频接地电阻/Ω		
单根			2.5			30.2	75.4	151
		2.5				37.2	92.9	186
				2.5		32.4	81.1	162
2 根			5.0		2.5	10.0	25.1	50.2
				5.0	2.5	10.5	26.2	52.5
3 根			7.5		5.0	6.65	16.6	33.2
				7.5	5.0	6.65	17.3	34.6
4 根			10.0		7.5	5.08	12.7	25.4
				10.0	7.5	5.29	13.2	26.5
5 根			12.5		20.0	4.18	10.5	20.9
				12.5	20.0	4.35	10.9	21.8
6 根			15.0		25.0	3.58	8.95	17.9
				15.0	25.0	3.73	9.32	18.6
8 根			20.0		35.0	2.81	7.03	14.1
				20.0	35.0	2.93	7.32	14.6
10 根			25.0		45.0	2.35	5.87	11.7
				25.0	45.0	2.45	6.12	12.2
15 根			37.5		70.0	1.75	4.36	8.73
				37.5	70.0	1.82	4.56	9.11
20 根			50.0		95.0	1.45	3.62	7.24
				50.0	95.0	1.52	3.79	7.58

(1)垂直接地装置安装。

1)垂直接地装置的加工。垂直接地装置的长度一般为2.5m,若采用镀锌角钢,则将角钢的一端加工成尖头形状;若采用镀锌钢管,则将钢管的一端加工成扁尖形、斜面形或圆锥形。

2)挖沟。装设接地装置前,应按设计图纸确定的位置及线路走向先挖沟,以便打入接地装置和敷设连接接地装置的扁钢。挖沟时,附近如果有建筑物或构筑物,沟的中心线与建(构)筑物的距离不宜小于1.5m。

3)接地装置的安装。挖好沟以后,应尽快将接地装置锤打到地中。锤打时,应使接地装置与地面保持垂直,并按设计位置将接地装置打在沟的中心线上,当接地体顶端露出沟底150～200mm时(沟深为0.8～1m),就可停止打入。

(2)水平接地装置安装。水平接地装置多用于环绕建筑四周的联合接地,常用－40mm×40mm镀锌扁钢,要求最小截面面积应不小于$100mm^2$,厚度应不小于4mm,因为接地装置垂直放置时,散流电阻较小。如图7-42所示为水平接地装置安装示意图。

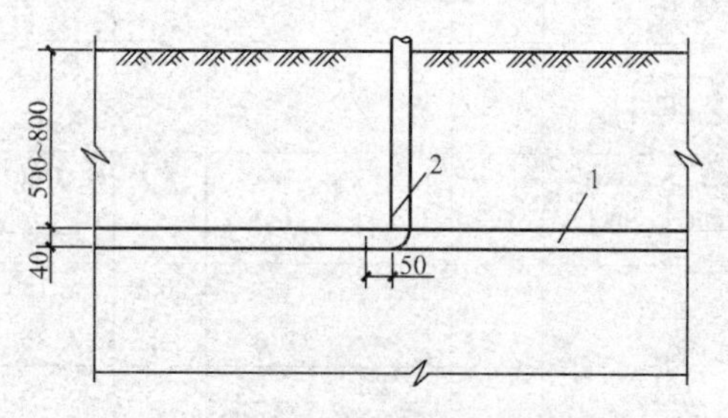

图7-42　水平接地装置安装示意图

1—接地装置;2—接地线

2. 人工接地装置施工与检验

(1)人工接地装置的施工计算。

1)型钢的等效直径见表7-15。

2)水平接地装置的形状系数A值见表7-16。

表 7-15　　型钢的等效直径

种类	圆钢	钢管	扁钢	角钢
简图	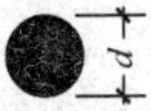		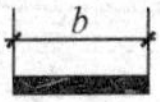	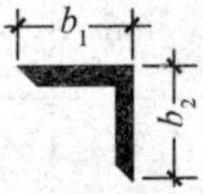
d	d	d'	$\frac{b}{2}$	等边 $d=0.84b$ 不等边 $d=0.71\sqrt{b_1b_2(b_1^2+b_2^2)}$

表 7-16　　水平接地装置的形状与系数 *A* 值

形状				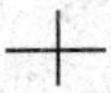				
A 值	0	0.378	0.867	2.14	5.27	8.81	1.69	0.48

3)单根垂直接地装置的简化计算系数 *K* 值见表 7-17。

表 7-17　　单根垂直接地装置的简化计算系数 *K* 值

材料	规格	直径或等效直径/mm	*K* 值
钢管	ϕ50	0.06	0.30
	ϕ40	0.048	0.32
角钢	40×40×4	0.0336	0.34
	50×50×5	0.042	0.32
	63×63×5	0.053	0.31
	70×70×5	0.059	0.30
	75×75×5	0.063	0.30
圆钢	ϕ20	0.02	0.37
	ϕ15	0.015	0.39

注:*K* 值按垂直接地体长 2.5m、顶端埋深 0.8m 计算。

4)单根直线水平接地装置的接地电阻值见表 7-18。

表 7-18　　单根直线水平接地装置的接地电阻值　　Ω

接地体材料及尺寸/mm		接地体长度/m											
		5	10	15	20	25	30	35	40	50	60	80	100
扁钢	40×4	23.4	13.9	10.1	8.1	6.74	5.8	5.1	4.58	3.8	3.26	2.54	2.12
	25×4	24.9	14.6	10.6	8.42	7.02	6.04	5.33	4.76	3.95	3.39	2.65	2.20
圆钢	$\phi8$	26.3	15.3	11.1	8.78	7.3	6.28	5.52	4.94	4.10	3.47	2.74	2.27
	$\phi10$	25.6	15.0	10.9	8.6	7.16	6.16	5.44	4.85	4.02	3.45	2.70	2.23
	$\phi12$	25.0	14.7	10.7	8.46	7.04	6.08	5.34	4.78	3.96	3.40	2.66	2.20
	$\phi15$	24.3	14.4	10.4	8.28	6.91	5.95	5.24	4.69	3.89	3.34	2.62	2.17

注：按土壤电阻率为 100Ω·m，埋深为 0.8m 计算。

（2）接地（接零）线焊接长度规定和检验。接地（接零）线焊接长度规定和检验方法见表 7-19。

表 7-19　　接地（接零）线焊接长度规定和检验方法

项目		规定数值	检验方法
搭接长度	扁钢	$\geqslant 2b$	—
	圆钢	$\geqslant 6d$	尺量检查
	圆钢和扁钢	$\geqslant 6d$	—
扁钢搭接焊的棱边数		3	尺量检查

注：b 为扁钢宽度；d 为圆钢直径。

第三节　建筑物等电位联结

等电位联结是指通过连接导线或过电压（电涌）保护器，将处在需要防雷空间内的防雷装置和建筑物的金属构架、金属装置、外来导线、电气装置、电信装置等连接起来，形成一个等电位连接网络，以实现均压等电位。

一、等电位联结分类

建筑物等电位联结主要分为总等电位联结、辅助等电位联结和局部等电位联结三类。

1. 总等电位联结

总等电位联结能够降低建筑物内的间接接触电压和不同金属部件之间的电位差，消除建筑物外部经电气线路和各种金属管道引入的危害故障电压的危害。

建筑物总等电位联结通常是通过进线配电箱近旁的总等电位联结端子板（也称接地母排）将下列导电部位互相连通：

（1）进线配电箱的 PE 或 PEN 母排。

（2）公用设施的金属管道，如上、下水，热力、煤气等管道。

（3）如果可能，应包括建筑物金属结构。

（4）当有人工接地装置，也包括其接地极引线（接地母线）。建筑物每一电源进线都应做等电位联结，各个总等电位联结端子板应互相连通。

总等电位联结系统如图 7-43 所示；等电位联结端子板的做法如图 7-44 所示。

2. 辅助等电位联结

辅助等电位联结就是将两导电部分用电线直接做成等电位联结，使故障接触电压降至接触电压限值以下。以下情况通常需要做辅助等电位联结：

（1）电源网络阻抗过大，使自动切断电源时间过长，不能满足防电击要求时。

（2）自 TN 系统同一配电箱供给固定式和移动式两种电气设备，而固定式设备保护电器切断电源时间不能满足移动式设备防电击要求时。

（3）为满足浴室、游泳池、医院手术室等场所对防电击的特殊要求时。

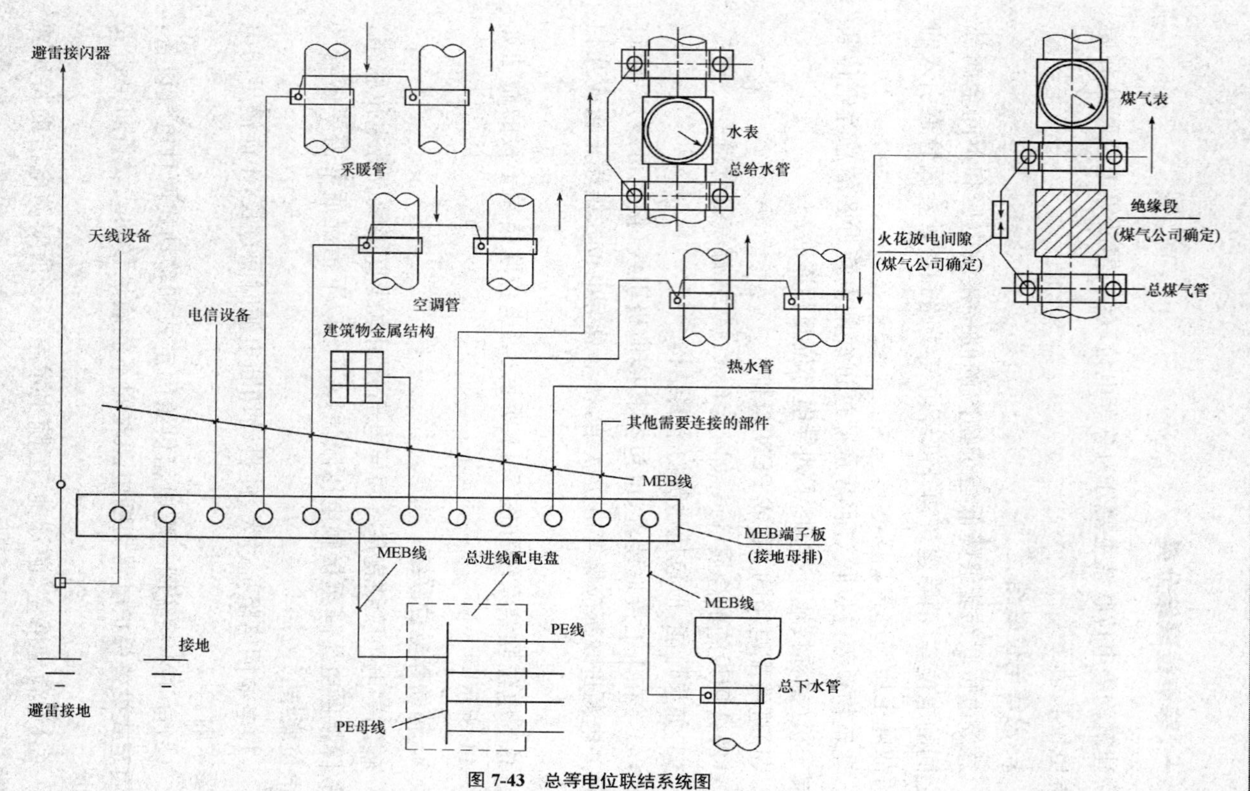

图 7-43　总等电位联结系统图

注：图中箭头方向表示水、气流方向，当进、回水管相距较远时，也可由MEB端子板分别用一根MEB线连接。

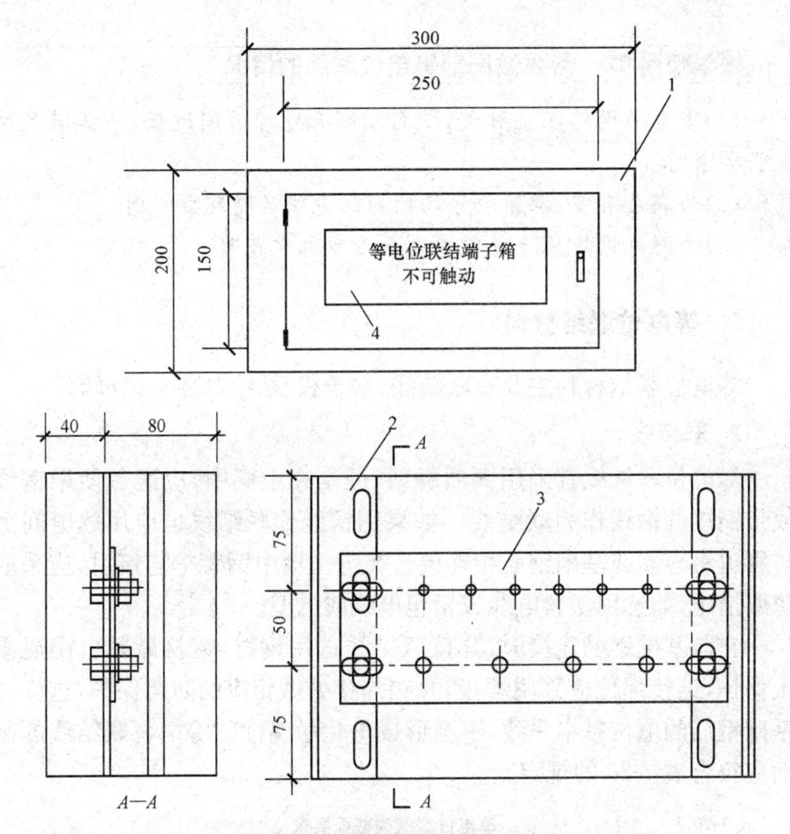

图 7-44　等电位联结端子板做法

注：1. 端子板采用紫铜板，可根据具体工程要求变更端子板、端子箱尺寸。
2. 端子箱顶、底板有敲落孔。
3. 端子箱需用钥匙或工具方可打开。

3. 局部等电位联结

当需要在一局部场所范围内做多个辅助等电位联结时，可通过局部等电位联结端子板将在其范围内的金属管道、金属结构等联结起来，以简便地实现该局部范围内的多个辅助等电位联结，被称作局部等电位联结。

快学快用 12　需要做局部等电位联结的情况

(1)当电源网络阻抗过大,使自动断开电源时间过长,不能满足防电击要求时。

(2)为满足浴室、游泳池等场所对防电击的特殊要求时。

(3)为避免爆炸危险场所因电位产生电火花时。

二、等电位联结材料

等电位联结材料主要有联结线、端子板、螺栓、垫圈、螺母等。

1. 联结线

等电位联结线宜采用铜质材料,但是在土壤中,应避免使用铜线或带铜皮的钢线作为联结线。如果用铜线作联结线也应用放电间隙与管道钢容器或基础钢筋相连接。在与土壤中钢管等连接时,应采取防腐措施,如选用塑料电线或铅包电线或电缆。

在与基础钢筋连接时,建议联结线选用钢材,钢材最好也用混凝土保护,连接部位应采用焊接,并在焊接处做相应的防腐保护,这样与基础钢筋的电位基本一致,不会形成电化学腐蚀。等电位联结线的截面应符合表 7-20 的规定。

表 7-20　　等电位联结线截面要求

<table>
<tr><th>类别
取值</th><th>总等电位联结线</th><th>局部等电位联结线</th><th colspan="2">辅助等电位联结线</th></tr>
<tr><td rowspan="2">一般值</td><td rowspan="2">不小于 0.5x 进线 PE(PEN)线截面</td><td rowspan="2">不小于 0.5xPE 线截面[①]</td><td>两电气设备外露导电部分间</td><td>1x 较小 PE 线截面</td></tr>
<tr><td>电气设备与装置外可导电部分间</td><td>0.5xPE 线截面</td></tr>
<tr><td rowspan="2">最小值</td><td rowspan="2">6mm² 铜线或相同电导值导线[②]</td><td rowspan="2">同右</td><td>有机械保护时</td><td>2.5mm² 铜线或 4mm² 铝线</td></tr>
<tr><td>无机械保护时</td><td>4mm² 铜线</td></tr>
</table>

续表

类别 取值	总等电位联结线	局部等电位联结线	辅助等电位联结线
最小值	热镀钢锌圆钢 $\phi10$ 扁钢 25mm×4mm	同右	热镀钢锌圆钢 $\phi8$ 扁钢 20mm×4mm
最大值	25mm² 铜线或相同电导值导线②	同左	—

①局部场所内最大 PE 截面。

②不允许采用无机械保护的铝线。

2. 端子板与其他

等电位联结端子板也宜采用铜质材料，其截面不得小于所接等电位联结线截面。等电位联结用的螺栓、垫圈、螺母等应进行垫镀锌处理。

三、建筑物等电位联结施工

1. 等电位防雷联结

在防雷的区交界处做等电位联结时，应考虑建筑物内部的信息系统，在对雷电电磁脉冲效应要求最小的地方，等电位联结带最好采用金属板，并多次连接到钢筋或其他屏蔽物件上。

(1)当外来导电物、电力线、通信线是在不同位置进入该建筑物时，则需要设若干等电位联结带，它们应就近连到环形接地体，以及连到钢筋和金属立面，如图 7-45 所示。如果没有安装环形接地体，这些等电位联结带应连至各自的接地体

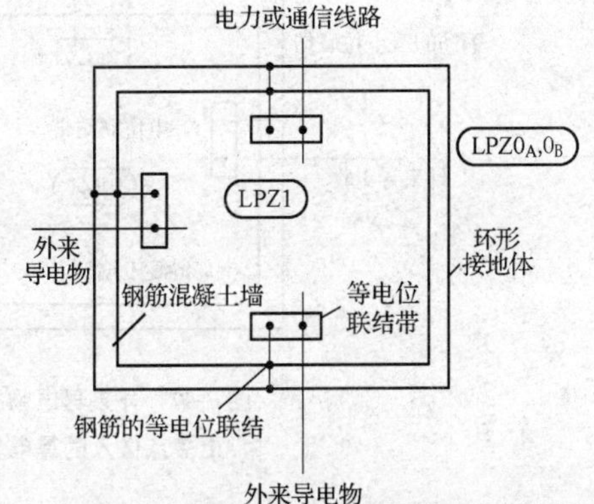

图 7-45　采用环形接地体时外来导电物在地面多点进入的等电位联结

并用一内部环形导体将其互相连起来，如图 7-46 所示。

(2)对在地面以上进入的导电物，等电位联结带应连到设于墙内或墙外的水平环形导体上，当有引下线和钢筋时该水平环形导体要连到引下线和钢筋上，如图 7-47 所示。

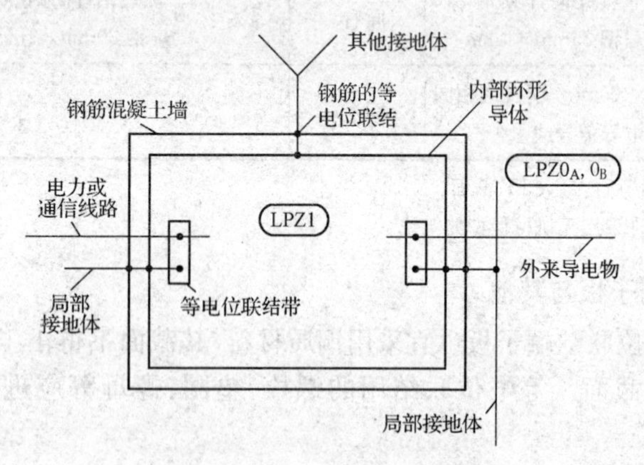

图 7-46　采用一内部环形导体时外来导电物在地面多点进入的等电位联结

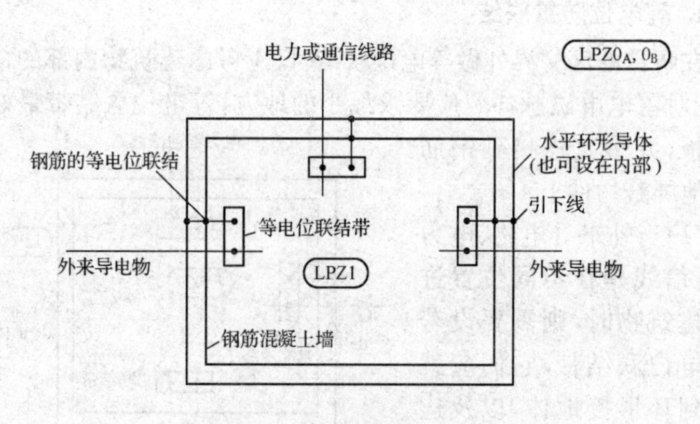

图 7-47　外来导电物在地面以上多点进入的等电位联结

(3)防雷等电位联结，如图 7-48 所示。

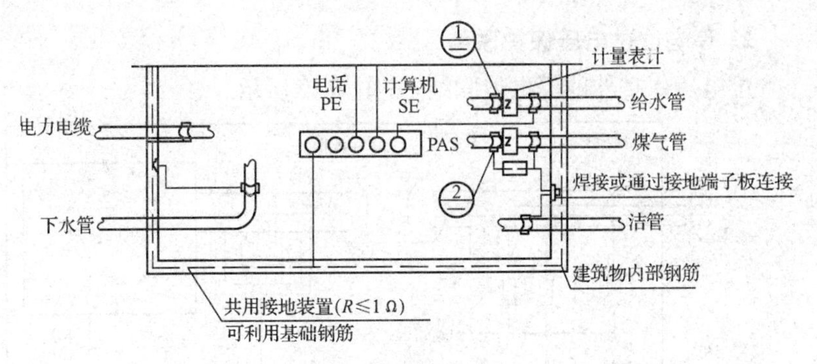

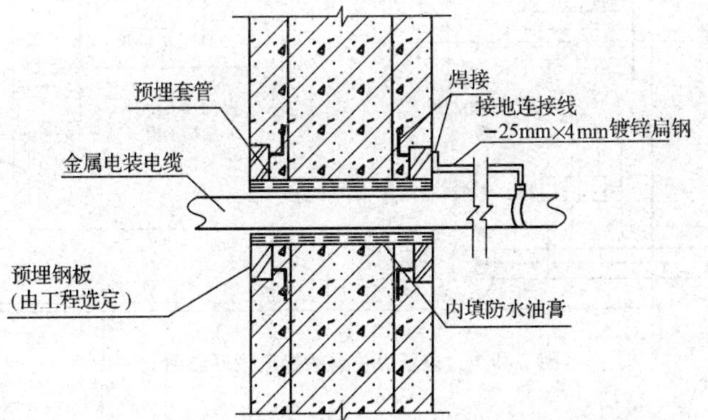

电缆(电力、信号)进户等电位联结做法

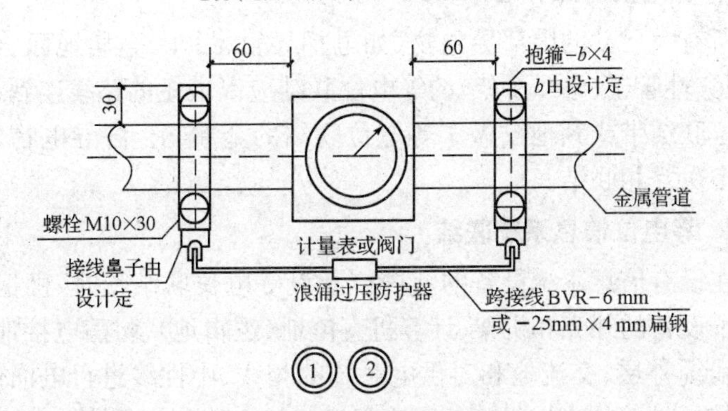

图 7-48　防雷等电位联结示意图

2. 等电位过电压保护联结

过电压保护器的等电位联结，如图 7-49 所示。

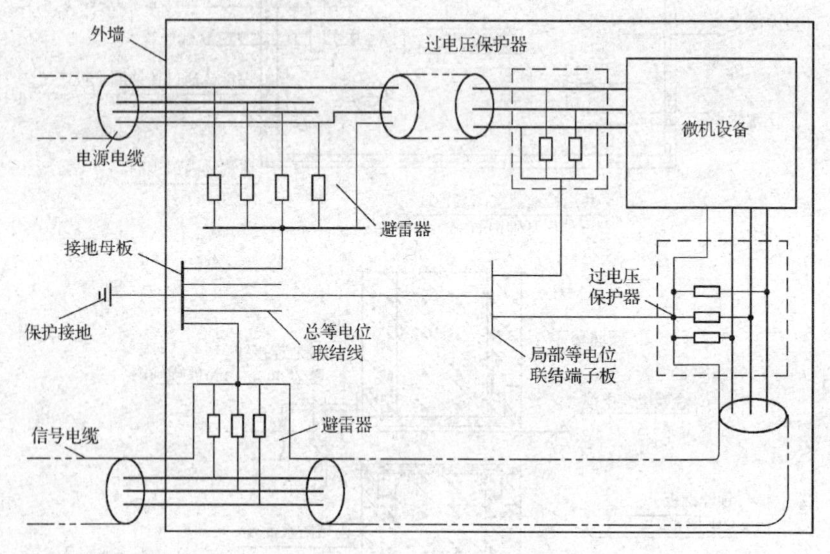

图 7-49　过电压保护器的等电位联结图

3. 等电位内部导电体联结

所有大尺寸的内部导电物（如电梯导轨、吊车、金属地面、金属门框、服务性管子、电缆桥架）的等电位联结应以最短的路线连到最近的等电位联结带或其他已做了等电位联结的金属物。各导电物之间宜附加多次互相联结。

4. 等电位信息系统联结

在设有信息系统设备的室内应敷设等电位联结带时，机柜、电气及电子设备的外壳和机架、计算机直流地（逻辑地）、防静电接地、金属屏蔽线缆外层、交流地和对供电系统的相线、中性线进行电涌保护的 SPD 接地端等均应以最短的距离就近与这个等电位联结带直接连接。

联结的基本方法应采用网型（M）结构或星型（S）结构。小型计算机网络采用 S 型联结，中、大型计算机网络采用 M 型网络。在复杂系

统中，两种形式(M型和S型)的优点可组合在一起。星形结构与网状结构等电位联结带应每隔5m经建筑物墙内钢盘、金属立面与接地系统联结，如图7-50所示。

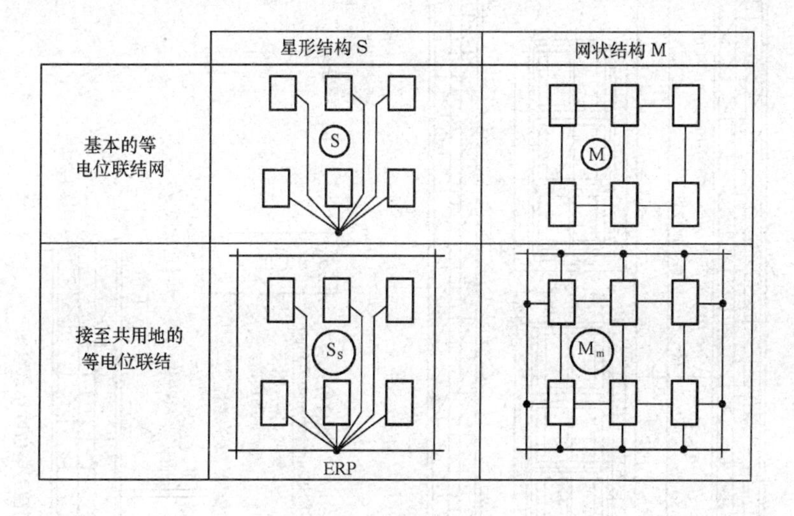

图7-50　信息系统等电位联结的基本方法

5. 金属门窗等电位联结

金属门窗等电位联结时，连接导体宜暗敷，并应在窗框定位后，墙面装饰层或抹灰层施工之前进行；当柱体采用钢柱时，将连接导体的一端直接焊于钢柱上。图7-51所示为金属门窗等电位联结示意图。

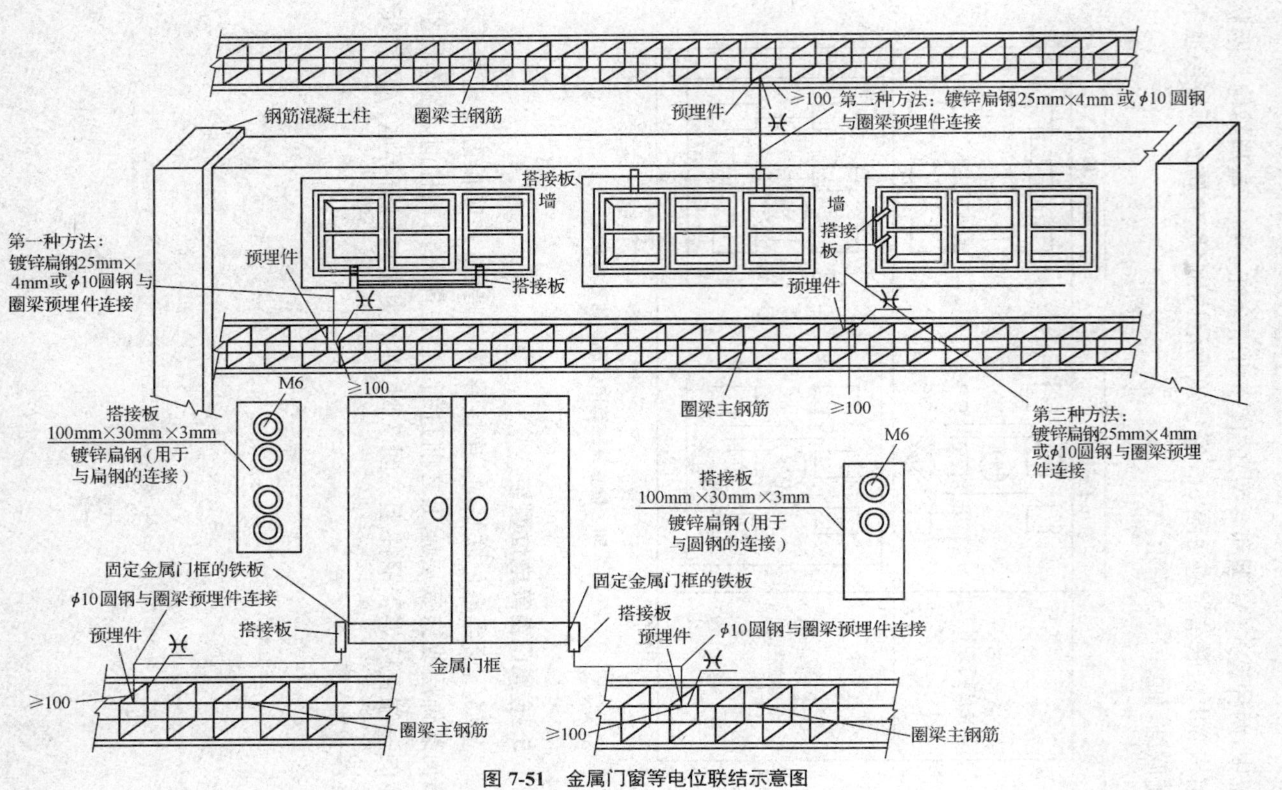

图 7-51 金属门窗等电位联结示意图

第八章　电气工程安全管理

第一节　施工现场用电防火和防爆

火灾和爆炸事故往往是重大的人身伤亡和设备损坏事故。配电线路、高低压开关电器、熔断器、插座、照明器具、电动机、电热器具等电气设备均可能引起火灾。电力电容器、电力变压器、电力电缆、多油断路器等电气装置除可能引起火灾外,其自身还可能发生爆炸。电气火灾和爆炸事故除可能造成人身伤亡和设备损坏外,还可能造成大规模或长时间停电,给国家财产造成重大损失。

一、电气火灾产生原因

电气火灾发生的原因是多种多样的,例如过载、短路、接触不良、电弧火花、漏电、雷电或静电等都能引起火灾。有的火灾是人为造成的,例如疏忽大意,不遵守有关防火法规,违反操作规程等。

在电力系统中,火灾和爆炸的危险性和原因各不相同。但总的来看,除设备缺陷、安装不当等设计和施工方面的原因外,在运行中由电流产生的热量、电火花或电弧等是引起电气火灾和爆炸的直接原因。

1. 危险温度

危险温度是因电气设备过热所引起,而电气设备过热主要由电流产生的热量所造成。电气设备运行时总会发出热量,当电气设备的正常运行条件遭到破坏时,其发热量增加,湿度升高,从而会引起火灾。

一般来说,引起电气设备过度发热的不正常运行,大体可归纳为以下几种情况：

（1）短路。发生短路时，线路中的电流增加为正常时的几倍甚至几十倍，而产生的热量可与电流平方成正比，使得温度急剧上升，大大超过允许范围。如果温度达到自燃物的自燃点或可燃物的燃点，即会引起燃烧，导致火灾。

另外，雷电放电电流极大，比短路电流大得多，以致可能引起火灾爆炸。

快学快用1 电气设备容易发生短路的情况

（1）电气设备的绝缘老化变质，受机械损伤，在高温、潮湿或腐蚀的作用下，使绝缘破坏。

（2）由于雷击等电压的作用，使绝缘击穿。

（3）安装和检修工作中，接线和操作的错误。

（4）由于管理不严或维修不及时，有污物聚积等。

（2）过载。过载也会引起电气设备发热，造成过载的原因大体有以下几种情况：

1）设计、选用的线路或设备不合理，以致在额定负载下出现过热。

2）使用不合理，如超载运行、连续使用时间超过线路或设备的设计值。

3）运行设备故障，如三相电动机单相运行、三相变压器不对称运行，均可造成过热。

（3）接触不良。电气线路或设备上的连接部分和接触部分是电路中的薄弱环节，是发生过热的一个重点部位。

快学快用2 电热器具和灯具的过热导致火灾发生的情况

（1）电炉电阻丝的工作温度高达800℃，可引燃与之接触的或附近的可燃物。

（2）电烤箱内物品烘烤时间太长、温度过高可能引起火灾。使用红外线加热装置时，如误将红外光束照射到可燃物上，可能引起燃烧。

(3)电熨斗和电烙铁的工作温度高达500～600℃,能直接引燃可燃物。电褥子通电时间过长,也将使电褥子温度过高而引起火灾。

2. 电火花和电弧

电火花是电板间击穿放电,电弧是由大量密集的电火花汇集而成。在有爆炸危险的场所,电火花和电弧是一个十分危险的因素。

一般来说,电火花大体分为以下两类:

(1)工作电火花。工作电火花是指电气设备正常工作时或正常操作过程中产生的火花,如交流、直流电机电刷接触滑动小火花;开关开合或接触的火花等。

(2)事故火花。事故火花是线路或设备发生故障时出现的火花。如发生短路或接地时的火花;绝缘损坏网络及导电体松脱时的火花;保险丝熔断时的火花;过压放电火花;静电火花;感应电火花及修理工作中错误操作的火花等。

快学快用3　可能引起空间爆炸的场合

电气设备本身事故一般不会出现爆炸事故。但在以下场合可能引起空间爆炸:

(1)周围空间有爆炸性混合物,在危险温度或电火花作用下,老旧设备(油断路器、电力变压器、电力电容器和老油套管)的绝缘油在电弧作用下分解和汽化,喷出大量油雾和可燃气体。

(2)发电机氢合装置漏气或酸性蓄电池排出氢气等都会形成爆炸混合物引起空间爆炸。

二、爆炸危险物质

在大气条件下,气体、蒸汽、薄雾、粉尘或纤维状的易燃物质与空气混合,点燃后能在整个范围内传播的混合物称为爆炸性混合物。能形成爆炸性混合物的物质称为爆炸危险物质;凡有爆炸性混合物出现或可能有爆炸性混合物出现,且出现的量满足对电气设备和电气线路的结构、安装、运行采取防爆措施的环境称为爆炸危险环境。

1. 爆炸危险物质分类

一般来说，根据爆炸危险物质的物理化学性质可分为以下三类：

Ⅰ类：矿井甲烷及其混合物；

Ⅱ类：爆炸性气体、蒸汽、薄雾等；

Ⅲ类：爆炸性粉尘、纤维等。

爆炸性气体、蒸汽按引燃温度分为6组，见表8-1。爆炸性粉尘、纤维按引燃温度分为3组，见表8-2。

表8-1 气体、蒸汽、薄雾按引燃温度分组

组别	T1	T2	T3	T4	T5	T6
引燃温度/℃	$T>450$	$450\geqslant T>300$	$300\geqslant T>200$	$200\geqslant T>135$	$135\geqslant T>100$	$100\geqslant T>85$

表8-2 粉尘、纤维按引燃温度分组

组别	T11	T12	T13
引燃温度/℃	>270	$270\geqslant T>200$	$200\geqslant T>140$

2. 爆炸危险物质的性能参数

爆炸危险物质的性能参数主要包括：危险物质的闪点、燃点、引燃温度、爆炸极限、最小点燃电流比、最小引燃能量、最大试验安全间隙等。

(1)闪点。闪点是指在规定的试验条件下，易燃液体能释放出足够的蒸汽并在液面上方与空气形成爆炸性混合物，点火时能发生闪燃(一闪即灭)的最低温度。闪点越低者危险性越大。

(2)燃点。燃点是指物质在空气中点火时发生燃烧，移去火源仍能继续燃烧的最低温度。

(3)引燃温度。引燃温度又称自燃点或自燃温度，是指在规定的试验条件下，可燃物质不需要外来火源即发生燃烧的最低温度。

(4)爆炸极限。爆炸极限通常是指爆炸浓度极限。它是在一定的温度和压力下，气体、蒸汽、薄雾或粉尘、纤维与空气形成的能够被引

燃并传播火焰的浓度范围。该范围的最低浓度称为爆炸下限，最高浓度称为爆炸上限。

（5）最小点燃电流比（*MICR*）。最小点燃电流比是指在规定的试验条件下，气体、蒸汽、薄雾等爆炸性混合物的最小点燃电流与甲烷爆炸性混合物的最小点燃电流之比。

（6）最小引燃能量。最小引燃能量是指在规定的试验条件下，能使爆炸性混合物燃爆所需最小电火花的能量。如果引燃源的能量低于这个临界值，一般不会着火。

（7）最大试验安全间隙（*MESG*）。最大试验安全间隙是指在规定的试验条件下，两个经间隙长为 25mm 连通的容器，一个容器内燃爆时不致引起另一个容器内燃爆的最大连通间隙。

3. 爆炸物质的分级

（1）对爆炸性气体混合物根据其传爆能力，分为ⅡA 级、ⅡB 级、ⅡC 级，见表 8-3。

表 8-3　　爆炸物质的分级

类和级	最大试验安全间隙/mm	最小点燃电流比
Ⅰ	$MESG=1.14$	$MICR=1.0$
ⅡA 级	$0.9<MESG\leq 1.14$	$0.8<MICR<1.0$
ⅡB 级	$0.5<MESG\leq 0.9$	$0.45<MICR\leq 0.8$
ⅡC 级	$MESG\leq 0.5$	$MICR\leq 0.45$

（2）爆炸性气体的分类、分级、分组见表 8-4。

（3）爆炸性混合物根据粉尘特性（导电或非导电）和引燃温度高低分为ⅢA、ⅢB 二级，T11、T12、T13 三组，示例见表 8-5。

表 8-4　　爆炸性气体的分类、分级、分组

类和级	最大试验安全间隙（*MESG*）/mm	最小点燃电流比（*MICR*）	引燃温度与组别					
			T1	T2	T3	T4	T5	T6
Ⅰ	$MESG=1.14$	$MICR=1.0$	甲烷					

续表

类和级	最大试验安全间隙(*MESG*)/mm	最小点燃电流比(*MICR*)	引燃温度与级别					
			T1	T2	T3	T4	T5	T6
ⅡA	0.9<*MESG*<1.14	0.8<*MICR*<1.0	乙烷、丙烷、丙酮。苯乙烯、氯乙烯、氨苯、甲苯、苯、氨、甲醇、一氧化碳、乙酸乙酯、乙酸、丙烯腈	丁烷、乙醇、丙烯、丁醇、乙酸、丁酯、乙酸、戊酯、乙酸酐	戊烷、己烷、庚烷、癸烷、辛烷、汽油、硫化氢、环己烷	乙醚、乙醛		亚硝酸乙酯
ⅡB	0.5<*MESG*≤0.9	0.45<*MICR*≤0.8	二甲醚、民用煤气、环丙烷	环氧乙烷、环氧丙烷、丁二烯、乙烯	异戊二烯			
ⅡC	*MESG*≤0.5	*MICR*≤0.45	水煤气、氢气、焦炉煤气	乙炔			二硫化碳	硝酸乙酯

表 8-5　爆炸性粉尘混合物的分级、分组示例

粉尘物质的级别 \ 组别与引燃温度/℃		T11	T12	T13
		t>270	200<*t*≤270	150<*t*≤200
ⅢA	非导电性可燃纤维	木棉纤维、烟草纤维、纸纤维、亚硫酸盐纤维素、人造毛短纤维、亚麻	木质纤维	
	非导电性爆炸性粉尘	小麦、玉米、砂糖、橡胶、染料、聚乙烯、苯酚树脂	可可、米糖	

续表

粉尘物质的级别 \ 组别与引燃温度/℃		T11	T12	T13
		$t>270$	$200<t\leqslant270$	$150<t\leqslant200$
ⅢB	导电性爆炸性粉尘	镁、铝、铝青铜、锌、钛、焦炭、炭黑	铝(含油)、铁、煤	
	火炸药粉尘		黑火药、TNT	硝化棉、吸收药、黑索金、特屈儿、泰安

4. 爆炸危险环境

根据发生火灾爆炸危险程度及危险物品状态，将火灾爆炸危险区域划分为三类八区。

(1)第一类气体、蒸汽爆炸危险环境。根据爆炸性混合物出现的频繁程度和持续时间划分。

1)0 区是指正常运行时连续出现或长时间出现爆炸性气体混合物的环境。

2)1 区是指在正常情况下可能出现爆炸性气体混合物的环境。

3)2 区是指在正常情况下不可能出现而在不正常情况下偶尔出现爆炸性气体混合物的环境。

(2)第二类粉尘、纤维爆炸危险环境。

1)10 区是指正常运行时连续或长时间或短时间频繁出现爆炸性粉尘、纤维的区域。

2)11 区是指正常运行时不出现，仅在不正常运行时短时间偶然出现爆炸性粉尘、纤维的区域。

(3)第三类火灾危险环境。火灾危险环境分为 21 区、22 区和 23 区，分别是有闪点高于环境温度的可燃液体、悬浮或堆积状的可燃粉体或纤维和可燃固体存在，且在数量和配置上能引起火灾的危险环境。

一般来说，划分危险区域的主要判断因素如下：

1)危险物料。

①危险物料种类。

②物料的闪点、爆炸极限、密度、引燃温度等理化性能。

③工作温度、压力及其数量和配置。

2)释放源。释放源的分布和状态、泄漏或释放危险品的速率、数量和混合物浓度、扩散情况和影响范围等。

3)通风。室内原则上应视为阻碍通风,即爆炸性混合物可以积聚的场所,但如安装了能使全室充分通风的强制通风设备,则不视为阻碍通风场所。

三、防爆电气设备和防爆电气线路

爆炸危险场所使用的电气设备,结构上应能防止由于在使用中产生火花、电弧或高温而成为引燃安装地点爆炸性混合物的引燃源。

1. 防爆电气设备类型

(1)根据防爆结构形式划分。

1)隔爆型(d)。具有隔爆外壳的电气设备,是指把能点燃爆炸性混合物的部件封闭在一个外壳内,该外壳能承受内部爆炸性混合物的爆炸压力并阻止向周围的爆炸性混合物传爆的电气设备。

隔爆型设备的外壳用钢板、铸铁、铝合金、灰铸铁等材料制成。隔爆型电气设备可经隔爆型接线盒(或插销座)接线,也可直接接线。隔爆型设备的紧固螺栓和螺母需有防松装置,不透螺孔需留有 1.5 倍防松垫圈厚度的余量;紧固螺栓不得穿透外壳,周围和底部余厚不得小于 3mm。正常运行时产生火花或电弧的电气设备需设有联锁装置。保证电源接通时不能打开壳、盖,而壳、盖打开时不能接通电源。

2)增安型(e)。正常运行条件下,不会产生点燃爆炸性混合物的花火或危险温度,并在结构上采取措施,提高其安全程度,以避免在正常和规定过载条件下出现点燃现象的电气设备。

3)本质安全型(i)。在正常运行或在标准实验条件下所产生的火花或热效应均不能点燃爆炸性混合物的电气设备。

4)正压型(p)。具有保护外壳,且壳内充有保护气体,保持其压力高于周围爆炸性混合物气体的压力,以避免外部爆炸性混合物进入外

壳内部的电气设备。

正压型设备按其充气结构，分为通风、充气、气密三种形式。保护气体可以是空气、氮气或其他非可燃性气体。正压型设备外壳内不得有影响安全的通风死角。正压型设备设备应有装置，保证运行前先通风、充气。运行前通风、充气的总量最少不得小于设备气体容积的5倍。

正压型设备运行时，火花、电弧不得从缝隙或出风口吹出。

5)充油型(o)。全部或某些带电部件浸在油中使之不能点燃油面以上或外壳周围的爆炸性混合物的电气设备。充油型设备外壳上应有排气孔，孔内不得有杂物；油量必须足够，最低油面以下深度不得小于25mm；油面指示必须清晰，油质必须良好；充油型设备应当水平安装，其倾斜度不得超过5°。

6)充砂型(q)。外壳内充填细颗粒材料，以便在规定使用条件下，外壳内产生的电弧、火焰传播，壳壁或颗粒材料表现的过热温度均不能够点燃周围的爆炸性混合物的电气设备。充砂型设备的外壳应有足够的机械强度，防护等级不得低于IP44。细粒填充材料应填满外壳内所有空隙，颗粒直径为0.25～1.6mm。填充时，细粒材料含水量不得超过0.1%。

7)无火花型(n)。在正常运行条件下不产生电弧或火花，也不产生能够点燃周围爆炸性混合物的高温表面或灼热点，且一般不会发生有点燃作用的故障的电气设备。

8)防爆特殊型(s)。在结构上不属于上述各型，而是采取其他防爆形式的电气设备。例如将可能引起爆炸性混合物爆炸的部分设备装在特殊的隔离室内或在设备外壳内填充石英砂等。

9)浇封型(m)。它是防爆型的一种。将可能产生点燃爆炸性混合物的电弧、火花或高温的部分浇封在浇封剂中，在正常运行和认可的过载或认可的故障下不能点燃周围的爆炸性混合物的电气设备。

(2)根据爆炸危险场所分区划分。根据爆炸危险场所分区划分电气设备的选型，见表8-6～表8-10。

表 8-6　　旋转电机防爆结构的选型

电气设备＼爆炸危险区域／防爆结构	1 区			2 区			
	隔爆型 d	正压型 p	增安型 e	隔爆型 d	正压型 p	增安型 e	无火花型 n
鼠笼型感应电动机	○	○	△	○	○	○	○
绕线型感应电动机	△	△		○	○	○	×
同步电动机	○	○	×	○	○	○	
直流电动机	△	△		○	○		
电磁滑差离合器(无电刷)	○	△	×	○	○	○	△

注：1. 表中符号说明：○—适用；△—慎用；×—不适；下同。

2. 绕线型感应电动机及同步电机动采用增安型，其主体是增安型防爆结构，发生电火花的部分是隔爆或正压型防爆结构。

3. 无火花型电动机在通风不良及户内具有比空气重的易燃物质区域内慎用。

表 8-7　　低压变压器类防爆结构的选型

电气设备＼爆炸危险区域／防爆结构	1 区			2 区			
	隔爆型 d	正压型 p	增安型 e	隔爆型 d	正压型 p	增安型 e	无火花型 n
变压器(包括起动用)	△	△	×	○	○	○	○
电抗线圈(包括起动用)	△	△	×	○	○	○	○
仪表用互感器	△		×	○		○	○

表 8-8　　低压开关和控制器类防爆结构的选型

电气设备＼爆炸危险区域／防爆结构	0 区	1 区					2 区				
	本质安全型 ia	本质安全型 ia、ib	隔爆型 d	正压型 p	充油型 o	增安型 e	本质安全型 ia、ib	隔爆型 d	正压型 p	充油型 o	增安型 e
刀开关，断路器			○					○			
熔断器			△					○			

续表

爆炸危险区域 / 防爆结构 / 电气设备	0 区	1 区					2 区				
	本质安全型 ia	本质安全型 ia、ib	隔爆型 d	正压型 p	充油型 o	增安型 e	本质安全型 ia、ib	隔爆型 d	正压型 p	充油型 o	增安型 e
控制开关及按钮	○	○	○		○		○	○		○	
电抗起动器和起动补偿器[①]			△				○				○
起动用金属电阻器			△	△		×		○	○		○
电磁阀用电磁铁			○			×		○			○
电磁摩擦制动器[②]			○			×		○			△
操作箱、柱			○	○				○	○		
控制盘			△	△				○	○		
配电盘			△					○			

① 电抗起动器和起动补偿器采用增安型时，是指将隔爆结构的起动运转开关操作部件与增安型防爆结构的电抗线圈或单绕组变压器组成一体的结构。

② 电磁摩擦制动器采用隔爆型时，是指将制动片、滚筒等机械部分也装入隔爆壳体内者。

③ 在 2 区内电气设备采用隔爆型时，是指除隔爆型外，也包括主要有火花部分为隔爆结构而其外壳为增安型的混合结构。

表 8-9　　灯具类防爆结构的选型

爆炸危险区域 / 防爆结构 / 电气设备	1 区		2 区	
	隔爆型 d	增安型 e	隔爆型 d	增安型 e
固定式灯	○	×	○	○
移动式灯	△		○	
携带式电池灯	○		○	
指示类灯	○	×	○	○
镇流器	○	△	○	○

表 8-10　　信号、报警装置等电气设备防爆结构的选型

电气设备 \ 防爆结构 \ 爆炸危险区域	0 区	1 区				2 区			
	本质安全型 ia	本质安全型 ia、ib	隔爆型 d	正压型 p	增安型 e	本质安全型 ia、ib	隔爆型 d	正压型 p	增安型 e
信号、报警装置	○	○	○	○	×	○	○	○	○
插接装置			○				○		
接线箱(盒)			○		△		○		
电气测量表计			○	○	×		○	○	○

2. 防爆电气线路

在有爆炸危险的环境中，电气线路安装位置的选择、敷设方式的选择、导体材质的选择、连接方法的选择等均应根据环境的危险等级进行。爆炸危险环境中电气线路主要有防爆钢管配线和电缆配线。

(1)导线材料。爆炸危险环境危险等级 1 区的范围内，配电线路应采用铜芯导线或电缆。在有剧烈振动处应选用多股铜芯软线或多股铜芯电缆。煤矿井下不得采用铝芯电力电缆。

爆炸危险环境危险等级 2 区的范围内，电力线路应采用截面面积 $4mm^2$ 及以上的铝芯导线或电缆，照明线路可采用截面面积 $2.5mm^2$ 及以上的铝芯导线或电缆。

(2)允许载流量。1 区、2 区绝缘导线截面和电缆截面的选择，导体允许载流量不应小于熔断器熔体额定电流和断路器长延时过电流脱扣器整定电流的 1.25 倍。引向低压笼型感应电动机支线的允许载流量不应小于电动机额定电流的 1.25 倍。

(3)电气线路的连接。1 区和 2 区的电气线路的中间接头必须在与该危险环境相适应的防爆型的接线盒或接头盒附近的内部。1 区宜采用隔爆型接线盒；2 区可采用增安型接线盒。

2 区的电气线路若选用铝芯电缆或导线时，必须有可靠的铜铝过渡接头。

四、电气火灾和爆炸预防

1. 电气线路导线的选择

选用与电气设备的用电负荷相匹配的开关、电器，线路的设计与导线的规格也要符合规定，以保护装置的完好。在火灾和爆炸危险场所，电气线路应符合防火防爆的要求。其导线可参照表 8-11 进行选择。

表 8-11　　电气线路导线的选择

场所类别	导线及安装方式
干燥无尘	绝缘导线暗敷设或明敷设
潮湿或特殊潮湿	有保护的绝缘导线明敷设或绝缘导线穿管敷设
高温	耐热绝缘导线穿瓷管、石棉管或沿低压绝缘子敷设
腐蚀性	耐腐蚀的绝缘导线（铅包导线）明敷设或耐腐蚀的穿管敷设

2. 保护装置的选择

（1）除接地（或接零）装置以外，火灾和爆炸危险场所应有比较完善的短路、过载等保护装置。

（2）对于正压型防爆电气设备，应装设必需的联锁装置或其他保护装置。

（3）遇突然停电有爆炸危险的场所，应有两路电源供电，并装有自动切换的联锁装置。

3. 防火间距的确定

为防止电火花或危险温度引起火灾，开关、插销、熔断器、电热器具、照明器具、电焊器具、电动机等均应根据需要，适当避开易燃易爆建筑构件。

屋外变、配电装置，与建筑物、堆场之间的防火间距应不小于表 8-12 的规定。

表 8-12　　屋外变、配电装置与建筑物、堆场的防火间距

建筑物、堆场名称	变压器总油量/t		
	<10	10～50	>50
民用建筑/m	15～25	20～30	25～35
丙、丁、戊类生产厂房和库房/m	12～20	15～25	20～30
甲、乙类生产厂房/m	25		
甲类库房/m	25～40		
稻草、麦秸、芦苇等易燃材料堆物/m	50		
易燃液体贮罐/m	25～50		
可燃液体贮罐/m	25～50		
液化石油气贮罐/m	40～90		
水槽式可燃气体贮罐/m	25～40		

注：1. 防火间距应从距建筑物、堆场最近的变压器外壁算起，但屋外变、配电构架距堆物、贮罐和甲、乙类厂房、库房不宜小于 25m，距其他建筑物不宜小于 10m。

2. 干式可燃气体贮罐的防火间距，应按本表增加 25%。

3. 发电厂的主变压器，其油量可按单台考虑。

4. 本表内屋外变、配电装置，是指电压为 35～330kV 的装置，且每台变压器容量在 5000kV·A 以上的屋外变、配电所，以及工业企业屋外总降压变电所的配电装置。

4. 保持电气设备正常运行

电气设备运行中产生的火花和危险温度是引起火灾的重要原因。因此，保持电气设备的正常运行对防火防爆有着重要意义。保持电气设备的正常运行包括保持电气设备的电压、电流、温升等参数不超过允许值，保持电气设备足够的绝缘能力，以及保持电气连接良好等。

5. 其他预防措施

(1)电源开关使用的熔体额定电流不应大于负荷的 50%，更不得用铁、铜、铝丝等代替。

(2)电炉、电烙铁等电热工器具使用时,必须符合有关安全规定和要求。

(3)不得乱拉临时电源线,严禁过多地接入负荷,禁止非电工拆装临时电源、电气线路设备。

(4)电气设备要严格按其性能运行,不准超载运行,做好经常性的检修保养使设备能正常运行,并保持通风良好。

(5)在有易燃易爆物的危险场所,使用电气设备时应符合防爆要求,并采取防止着火、爆炸等安全措施。

(6)在运行中,电气设备及其通风、充气系统内的正压应不低于0.2kPa,当低于0.1kPa时,应自动断开电气设备的主电源或发出信号。

(7)对于闭路通风的防爆通风型电气设备及其通风系统,应供给清洁气体以补充漏损,并保持系统内的正压。

(8)雷电也能引起火灾,对避雷装置要注意检修保养,保持接地良好。有静电时还要做好防静电火灾的防护。

(9)变配电所的耐火等级要根据变压器的容量及环境条件,提高耐火性能。

快学快用4　地下工程施工防火防爆注意事项

(1)施工现场的临时电源线不宜直接敷设在墙壁或土墙上,应用绝缘材料架空安装。配电箱应采取防火措施,潮湿地段或渗水部位照明灯具应采取相应措施或安装防潮灯具。

(2)施工现场应有不少于两个出入口或坡道,施工距离长应适当增加出入口的数量。

(3)安全出入口、疏散走道和楼梯的宽度应按其通过人数每100人不小于1m的净宽计算。每个出入口的疏散人数不宜超过250人。

(4)疏散走道、楼梯及坡道内,不宜设置突出物或堆放施工材料和机具。

(5)疏散走道、安全出入口、疏散马道(楼梯)、操作区域等部位,应设置火灾事故照明灯。

(6)疏散走道及其交叉口、拐弯处、安全出口处应设置疏散指示标志灯。

(7)火灾事故照明灯和疏散指示灯工作电源断电后,应能自动投合。

(8)地下工程施工区域应设置消防给水管道和消火栓,消防给水管道可以与施工用水管道合用。

(9)大面积油漆粉刷和喷漆应在地面施工,局部的粉刷可在地下工程内部进行,但一次粉刷的量不宜过多,同时在粉刷区域内禁止一切火源,加强通风。

五、电气火灾扑救

从灭火角度来看,电气火灾有两个显著特点:一是着火的电气设备可能带电,扑灭火灾时,若不注意,可能发生触电事故;二是有些电气设备充有大量油,如电力变压器、油断器、电动机启动装置等,发生火灾时,可能发生喷油甚至爆炸,造成火势蔓延,扩大火灾范围。因此,扑灭电气火灾必须根据不同情况,采取适当措施进行扑救。

1. 切断电源

电气设备或电气线路发生火灾,如果没有及时切断电源,扑救人员身体或所持器械可能触及带电部分,造成触电事故。火灾发生后,电气设备可能因绝缘损坏而碰壳短路,电气线路也可能因电线断落而接地短路,使正常时不带电的金属框架、地面等部位带电,也可能导致因接触电压或跨步电压而触电的危险。因此,发生火灾后,首先要设法切断电源。

2. 带电灭火

在来不及断电或由于生产,或其他原因不允许断电的情况下,需要带电灭火。根据火情适当选用灭火剂。由于未停电,应选用不导电的灭火剂。如喷粉灭火机使用的二氧化碳、四氯化碳等灭火剂都是导电的,可直接用来带电喷射灭火。各种灭火剂的主要性能,见表8-13。

表 8-13　　各种灭火剂的主要性能

种类	规格	药剂	用途	效能	使用方法	保管与检查
二氧化碳	2kg 以下 2～3kg 5～7kg	瓶内装有压缩成液态的二氧化碳	不导电，扑救电气设备、精密仪器、油类和酸类火灾，不能扑救钾、钠、镁、铝等物质火灾	接近着火点，保持 3m 距离	一手拿好喇叭筒对着火源；另一手打开开关即可	保管： (1)置于取用方便的地方。 (2)注意使用期限。 (3)防止喷嘴堵塞。 (4)冬季防冻，夏季防晒。 检查： 每月测量一次，质量减少 1/10 时，应充气
四氯化碳	2kg 以下 2～3kg 5～8kg	瓶内装有四氯化碳液体，并加有一定压力	不导电，扑救电气设备火灾，不能扑救钾、钠、铝、镁、乙炔、二硫化碳等火灾	3kg 喷射时间 30s，射程 7m	只要打开开关，液体就可喷出	保管： 同二氧化碳 检查： 应检查压力情况，低于规定压力时，应充气
干粉	8kg 50kg	钢筒内装有钾盐或钠盐干粉，并备有盛装压缩气体的小钢瓶	不导电，可扑救电气设备火灾，但不宜扑救旋转电机火灾，可扑救石油产品、油漆、有机溶剂、天然气和天然气设备火灾	8kg 喷射时间 14～18s，射程 4.5m；50kg 喷射时间 50～55s，射程 6～8m	提起圆环，干粉即可喷出	保管： 置于干燥通风处，防受潮、日晒 检查： 每月检查一次干粉是否受潮或结块，小钢瓶内的气压压力，每半年检查一次重量，如重量减少 1/10，应换气
泡沫	10L 65～130L	筒内装有碳酸氢钠、发沫剂和硫酸铝溶液	扑救油类或其他易燃液体火灾，不能扑救忌水和带电物体火灾	10L 喷射时间 60s，射程 8m；65L 喷射时间 170s，射程 13.5m	倒过来稍加摇动或打开开关，药剂即喷出	保管： 勿摔碰，摇动 检查： 一年检查一次，泡沫发生倍数低于本身体积 4 倍时，应换药

六、触电事故预防及急救

1. 电流对人体的作用

电流通过人体内部，能使肌肉产生突然收缩效应，这不仅可使触电者无法摆脱带电体，而且还会造成机械性损伤，更为严重的是，流过人体的电流还会产生热效应和化学效应，从而引起一系列急骤、严重的病理变化。热效应可使肌体组织烧伤，特别是高压触电，会使身体燃烧。电流对心跳、呼吸的影响更大，几十毫安的电流通过呼吸中枢可使呼吸停止。直接流过心脏的电流只需达到几十微安，就可使心脏形成心室纤维性颤动而死。触电对人体损伤的程度与电流的大小、种类、电压、接触部位、持续时间及人体的健康状况等均有密切关系。

电流对人体的作用，见表 8-14。

表 8-14　　电流对人体的作用

电流/mA	作用的特征	
	50～60Hz 交流电(有效值)	直流电
0.6～1.5	开始有感觉，手轻微颤抖	没有感觉
2～3	手指强烈颤抖	没有感觉
5～7	手指痉挛	感觉痒和热
8～10	手已较难摆脱带电体，手指尖至手腕均感剧痛	热感觉较强，上肢肌肉收缩
50～80	呼吸麻痹，心室开始颤动	强烈的灼热感上肢肌肉强烈收缩痉挛，呼吸困难
90～100	呼吸麻痹，持续时间 3s 以上则心脏麻痹，心室颤动	呼吸麻痹
300 以上	持续 0.1s 以上时可致心跳、呼吸停止，机体组织可因电流的热效应而致破坏	—

2. 电流对人体的伤害

电流对人体的伤害分为电击和电伤。电击是指电流通过人体内

部，破坏人的心脏、肺部及神经系统，使人出现痉挛、呼吸窒息、心颤和心搏骤停等症状，严重时会造成死亡；电伤是指电流的热效应、化学效应或机械效应对人体外部的伤害，如电弧烤伤、烫伤和电烙印等。

快学快用 5 电击与电伤的关系

与电击相比，电伤属于局部伤害，电伤危险程度与受伤面积、受伤深度、受伤部位等因素有关。

电击致伤的部位主要是在人体内部，人体外部不留明显的痕迹，而电伤会在人体外部留下明显的痕迹。

电击后对人体的伤害程度与通过人体电流的强度、电流持续的时间、电流的频率、电流通过人体的路径以及触电者的身体健康状况有关。

（1）单相触电。在低压系统中，人体触电是由于人体的一部分直接或通过某种导体间接触及电源的一相，而人体的另一部分直接或通过导体间接触及大地（或中性线），使电源和人体及大地之间形成了一个电流通路，这种触电方式称为单相触电，如图 8-1 所示。

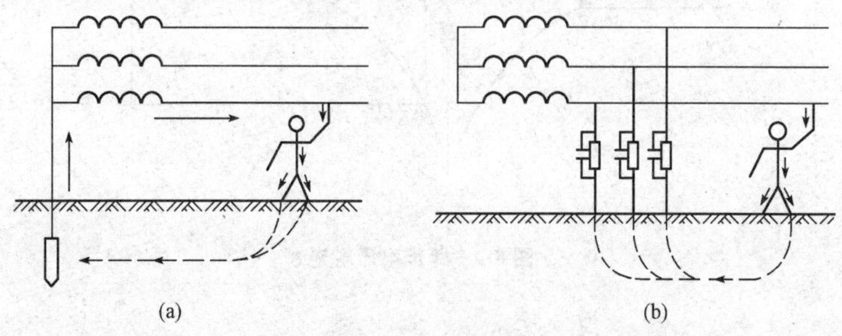

图 8-1 单相触电

(a)中性点直接接地；(b)中性点不直接接地

（2）两相触电。人体某一部分介于同一电源两相带电体之间并构成回路所引起的触电，称为两相触电。不管是单相触电或是两相触电，只要是电流通过人体心脏，都是最危险的触电方式，如图 8-2 所示。

（3）跨步电压触电。在高压接地点附近地面电位很高，距接地点越远则电位越低,其电位曲线如图 8-3 所示。当人的两脚踩在不同电位点时,使人体承受的电压称为跨步电压。

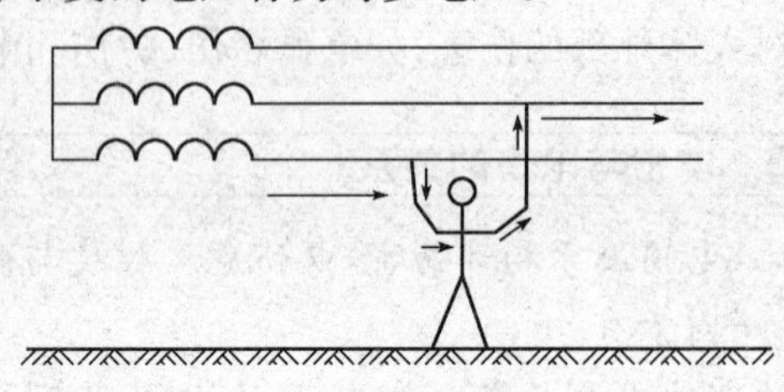

图 8-2　两相触电

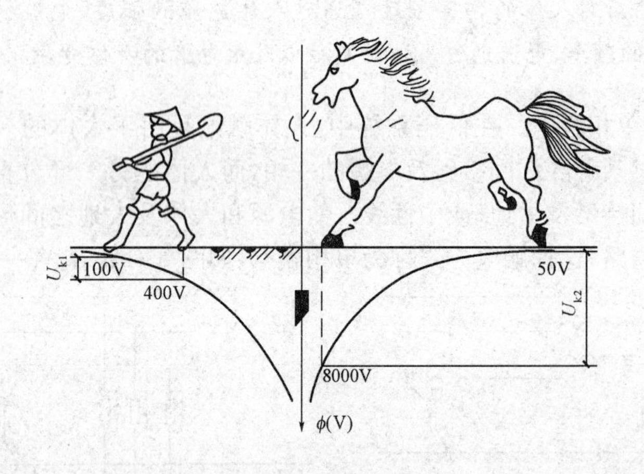

图 8-3　跨步电压触电

快学快用 6　发生跨步电压触电的情况

由于高压系统中电压高,相线之间或相线与地之间,当距离达到一定值时,空气被击穿。所以,在高压系统中,除了人体直接或通过导体间接地触及电源会发生触电以外,当人体直接或通过导体间接地接近高压电源时,电源与人之间的介质被高压击穿也会导致触电。人体在高压电源周围发生触电的危险间距与空气介质的温度、湿度、压强、污染情况以及电极形状和电压高低有关。

(4)接触电压触电。当运行中的电气设备绝缘损坏或由于其他原因而造成接地短路故障时,接地电流通过接地点向大地流散,在以接地点为圆心的一定范围内形成分布电位。当人触及漏电设备外壳时,电流通过人体和大地形成回路,由此造成的触电称为接触电压触电。

(5)感应电压触电。当人触及带有感应电压的设备和线路时,造成的触电事故称为感应电压触电。例如,一些不带电的线路由于大气变化(如雷电活动),会产生感应电荷。

(6)剩余电荷触电。当人体触及带有剩余电荷的设备时,带有电荷的设备对人体放电所造成的触电事故称为剩余电荷触电。如并联电容器因其电路发生故障而不能及时放电,退出运行后又未进行人工放电,从而使电容器储存着大量的剩余电荷。当人员接触电容或电路时,就会造成剩余电荷触电。

3. 影响电流伤害程度的因素

(1)电流大小。通过人体的电流越大,人体的生理反应越明显、感觉越强烈,引起心室颤动或窒息的时间越短,致命的危险性越大,因而伤害也越严重。

(2)人体电阻。皮肤如同人的绝缘外壳,在触电时起着一定的保护作用。当人体触电时,流过人体的电流与人体的电阻有关,人体电阻越小,通过人体的电流越大,也就越危险。

(3)通电时间长短。电流对人体的伤害与电流作用于人体的时间长短有密切关系。图 8-4 所示为电流对人体伤害程度效应区域图。

图 8-4 中①区为无反应区,在此区域内,人一般没有反应。

②区为无有害生理危险区,在此区前段人体开始有点麻木,到后段区域则人体会产生轻微痉挛,麻木剧痛,但可以摆脱电源。

③区为非致命纤维性心室颤动区,在此区域里,人体会发生痉挛,呼吸困难,血压升高,心脏机能紊乱等反应,此时摆脱电源能力已较差。

④区为可能发生致命的心室颤动的危险区,在此区域内,人已无法脱离电源,甚至停止呼吸,心脏停止跳动。

(4)电流频率。电流频率不同,对人体伤害程度也不同,一般来

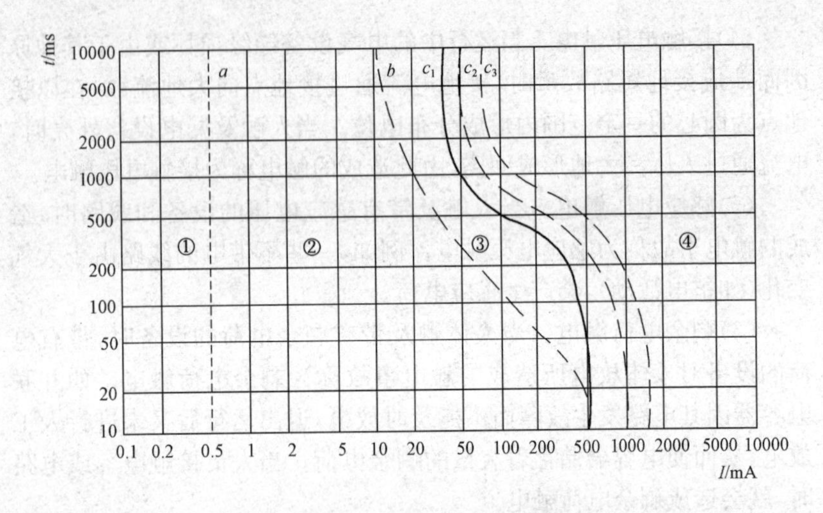

图 8-4 电流对人体伤害程度效应区域图

说，常用的 50～60Hz 工频交流电对人体的伤害最为严重，交流电的频率偏离工频越远，对人体伤害的危险性就越降低，即 50～60Hz 电流最危险；小于或大于 50～60Hz 的电流，危险性降低，在直流和高频情况下，人体可以忍耐较大的电流值。

(5)电压高低。一般来说，当人体电阻一定时，人体接触的电压越高，通过人体的电流就越大。当人体接近高压时，还有感应电流的影响，也是很危险的。

(6)电流途径。电流通过人体的途径不同，对人体的伤害程度也不同。电流通过心脏会引起心室颤动，较大的电流还会使心脏停止跳动，这两者都会使血液循环中断而导致死亡；电流通过中枢神经系统会引起中枢神经强烈失调而导致死亡。

快学快用 7 人体电阻与电流强度的关系

电流强度愈大，危险性也愈大。根据欧姆定律，触电时人体跨接的电压(称接触电压)愈高以及人体电阻愈小，电流强度就愈大。

人体电阻是人体内部电阻及电流出入处的过渡电阻之和。经大

量测试得知，人体电阻没有普遍适用的固定数值，它与体形、皮肤状态及接触电压大小有关。据有关资料叙述，有95%的人在手与手之间，或手与足之间在干燥状态及大面积接触情况下，体内电阻不超过2125Ω，5%的人不超过1000Ω。由于过渡电阻随皮肤的状况而有很大的差别，干燥皮肤的过渡电阻高，潮湿（如出汗）皮肤的过渡电阻低，因此，潮湿皮肤意味着给触电者增大危险性，触及水管、暖气管及燃气管也会发生同样情况，因为这些管道一般都是良好的接地体。

4. 触电事故的预防措施

(1)在所有通电的电气设备上，外壳又无绝缘隔离措施时，或者当绝缘已经损坏的情况下，人体不要直接与通电设备接触，但可以用装有绝缘柄的工具去带电操作。

(2)各种运行的电气设备，如电动机、启动器和变压器等的金属外壳，都必须采取接地或接零保护措施。必要时应装设漏电保护装置。

(3)要经常对电气设备进行检查，发现温升过高或绝缘下降时，应及时查明原因，消除故障。

(4)遇到狂风暴雨、雷电交加和大雪严寒时，发现架空电力线断落在地面上时，人员要远离电线落地点8～10m，要有专人看守，并迅速组织抢修。对于低压线断落地面上，只要人体不直接触及导线，及时进行检修即可。

(5)在配电屏或启动器周围的地面上，应加铺一层干燥的木板或橡胶绝缘垫板。

(6)熔断器的熔丝不能选配过大，不能随意用其他金属导线代替。

(7)不可用木棒或竹竿等物操作高压隔离开关或跌落式熔断器。

(8)导线的截面应与负载电流相配合，否则电线会因过热而烧坏绝缘，发生火灾和其他事故。

(9)屋内线路不可使用裸线或绝缘护套破损的电线来敷设线路。

(10)万一发生电气故障而造成漏电、短路，引起燃烧时，应立即断开电源。并用黄砂、四氯化碳或二氧化碳灭火器扑灭，切不可用水或酸碱泡沫灭火机灭火。

5. 触电事故的紧急救护

发现有人触电，切不可惊慌失措，束手无策。应迅速准确地根据触电的具体情况，进行相应的救治。

人触电后会出现神经麻痹、呼吸中断、心脏停止跳动等症状，外表上呈现昏迷不醒的状态，但不应认为是死亡，而应当看作是假死，并且迅速而持久地进行抢救。

(1)脱离电源。脱离电源就是要把触电者接触的那一部分带电设备的开关、刀闸或其他断路设备断开，或设法将触电者与带电设备脱离。因此，人触电后，可能由于痉挛或失去知觉等原因而紧抓带电体，不能自行摆脱电源。在脱离电源中，救护人员既要救人，也要注意保护自己。

1)对于低压触电事故，可采用“拉”、“切”、“挑”、“拽”、“垫”使触电者脱离电源。

①“拉”。如果触电地点附近有电源开关或电源插销，可立即拉开开关或拨出电源插销，断开电源。

②“切”。如果触电附近没有电源开关或电源插销，可用带有绝缘柄的电工钳或有干燥木柄的斧头砍断电线，断开电源。

③“挑”。当电线搭落在触电者身上或被压在身下时，可用干燥的衣服、手套、绳索木板、木棒等绝缘物作为工具，拉开触电者或挑开电线，使触电者脱离电源。

④“拽”。如果触电者的身体是带电的，又没有紧缠身上，可以用一只手抓住他的衣服，拉离电源。

⑤“垫”。用于木板等绝缘物插入触电者的身下，以隔断电源。

2)对于高压触电事故，可采用下列方法使触电者脱离电源：

①立即通知有关部门停电。

②戴上绝缘手套，穿上绝缘靴，用相应电压等级的绝缘工具拉开开关。

③抛掷裸金属线使线路短路接地，迫使保护装置动作，断开电源。注意抛掷金属线前，先将金属线的一端可靠接地，然后抛掷另一端；注意抛掷的一端不可触及触电者和其他人。

快学快用 8　触电者脱离电源注意事项

触电者脱离电源的办法，应根据具体情况，以快为原则选择采用。在实施过程中，应遵循以下注意事项：

(1)救护人员不可直接用手或其他金属或潮湿的物件作为救护工具，而必须使用绝缘的工具，救护人最好用一只手操作，以防自己触电。

(2)防止触电者脱离电源后可能的摔伤。特别是当触电者在高处的情况下，应考虑防摔措施。即使在平地，也要注意触电者倒下的方向，注意防摔。

(3)如触电事故发生在夜间，应迅速解决临时照明，以利于抢救，并避免扩大事故。

6. 现场急救

当触电者脱离电源后，应根据触电者的具体情况，对症救治。

(1)对症救护。触电者需要救治时，大体按以下三种情况分别处理：

1)如果触电者伤势不重、神志清醒，但有些心慌、四肢发麻、全身无力；或者触电者在触电过程中曾一度昏迷，但已清醒过来，应使触电者安静休息，不要走动，严密观察，并请医生前来诊治或送往医院。

2)如果触电者伤势较重，已失去知觉，但仍有心跳和呼吸，应使触电者舒适、安静地平卧；周围不围人，保证周围空气流通；解开他的衣服以利于呼吸；如天气冷，要注意保温；除要严密观察外，还要做好人工呼吸和胸外挤压的准备工作，并请医生诊治或送往医院。

3)如果触电者伤势严重，呼吸停止或心跳停止，或二者都已停止时，应立即施行人工呼吸和胸外心脏按压，并速请医生诊治或送往医院。

(2)现场应用的主要救护方法。现场应用的主要救护方法是人工呼吸法和胸外心脏按压法。

1)人工呼吸法。人工呼吸法是在触电者呼吸停止后应用的急救方法。在各种人工呼吸法中，以口对口（鼻）人工呼吸法效果最好，而且简单易学，容易掌握。

施行人工呼吸法前，应迅速将触电者身上阻碍呼吸的衣领、上衣、裤带等解开，并迅速取出口腔中妨碍呼吸的食物、假牙、血块、黏液等，以免堵塞呼吸道。

在进行口对口（鼻）人工呼吸时，应使触电者仰卧，并使其头部后仰（最好用一只手托在触电者颈后）至鼻孔朝上，以利于呼吸畅通。口对口（鼻）人工呼吸法的主要操作步骤如下：

①鼻孔（或口）紧闭，救护人深吸一口气后紧贴触电者的口（或鼻）向内吹气，为时约为 2s。

②吹气完毕，立即离开触电者的口（或鼻），并松开触电者的鼻孔（或嘴唇）让其自行呼气，为时约 3s。触电者如是儿童，只可小口吹气，以免肺泡破裂。如发现触电者胃部充分膨胀，可一面用手轻轻加压于其上腹部，一面继续吹气和换气。如果无法使触电者指导口张开，可改用口对鼻人工呼吸法。口对鼻人工呼吸时，要将伤员嘴唇紧闭，防止漏气。

2）胸外心脏按压法。胸外心脏按压法是触电者心跳停止后的急救方法。在做胸外心脏按压时，应使触电者仰卧在比较坚实的地方，姿势与口对口（鼻）人工呼吸法相同。图 8-5 所示为胸外按压法示意图。其操作方法如下：

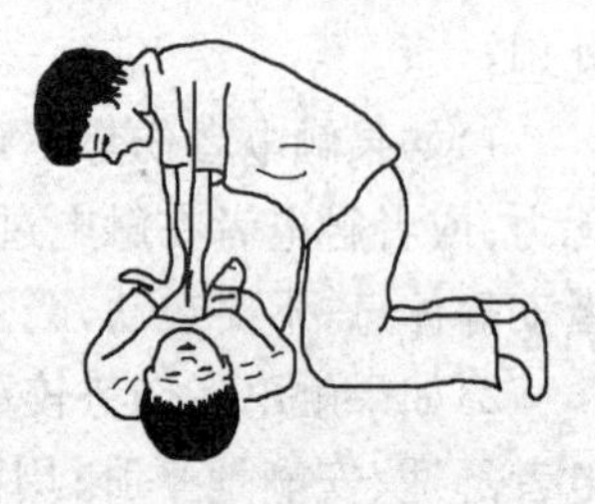

图 8-5　胸外按压法示意图

①救护人跪在触电者一侧或骑跪在其腰部两侧面，两手相迭，手掌根部放在心窝上方、胸骨下三分之一至二分之一处。

②掌根用力垂直向下（脊背方向）按压，压出心脏里面的血液，对成年人应压陷 3～4cm。每秒钟按压一次，每分钟按压 60 次为宜。

③按压后掌根迅速放松，让触电者胸部自然复原，血液充满心脏。放松时掌根不必完全离开胸部。

触电者如是儿童，可以只用一只手按压，用力要轻一些，以免损害

胸骨；而且每分钟宜按压100次左右。

快学快用9　人工呼吸和胸外按压法操作要求

施行人工呼吸和胸外心脏按压抢救要坚持不断，切不可轻率中止。送往医院途中，也不能中止抢救。抢救过程中，如发现触电者皮肤由紫变红，瞳孔由大变小，则说明抢救收到了效果，如果发现触电者嘴唇稍有开合，或眼皮活动，或喉咙间有咽东西的动作，则应注意其是否有自动心脏跳动自动呼吸。触电者能自己呼吸时，即可停止人工呼吸。如果人工呼吸停止后，触电者仍不能自己维持呼吸，则应立即再做人工呼吸。急救过程中，如果触电者身上出现尸斑或身体僵冷，经医生做出无法救活的诊断后方可停止抢救。

第二节　施工现场临时用电管理

一、临时用电施工组织设计

按照《施工现场临时用电安全技术规范》(JGJ 46—2005)的规定，临时用电设备在5台及5台以上或设备总容量在50kW及50kW以上者，应编制临时用电施工组织设计。临时用电设备在5台以下和设备总容量在50kW以下者，应制定安全用电技术措施及电气防火措施。

临时用电施工组织设计及变更时，必须履行“编制、审核、批准”程序，必须由电气工程技术人员组织编制，经相关部门审核及具有法人资格企业技术负责人批准后实施。变更用电组织设计时应补充相关图纸资料。一般情况下，审批要经过施工单位安全、质量、设备、技术和工会五部门审批，并经技术负责人签署审核意见，报送监理和建设单位审批，注意审批要有结论。

1. 临时用电施工组织设计编写内容

依据建筑施工用电组织设计的主要安全技术条件和安全技术原

则，一个完整的建筑施工用电组织设计应包括现场勘测、负荷计算、变电所设计、配电线路设计、配电装置设计、接地设计、防雷设计、安全用电与电气防火措施、施工用电工程设计施工图等，内容很多，且各项编写要点不同。

(1)现场勘测。进行现场勘测，是为了编制临时用电施工组织设计而进行的调查研究工作。现场勘测也可以和建筑施工组织设计的现场勘测工作同时进行，或直接借用其勘测的资料。

现场勘测工作包括调查、测绘施工现场的地形、地貌、地质结构、正式工程位置、电源位置、地上与地下管线和沟道位置以及周围环境、用电设备等。通过现场勘测可确定电源进线、变电所、配电室、总配电箱、分配电箱、固定开关箱、物料和器具堆放位置以及办公、加工与生活设施、消防器材位置和线路走向等。

现场勘测时最重要的就是既要符合供电的基本要求，又要注意到临时性的特点。结合建筑施工组织设计中所确定的用电设备、机械的布置情况和照明供电等总容量，合理调整用电设备的现场平面及立面的配电线路；调查施工地区的气象情况，土壤的电阻率多少和土壤的土质是否具有腐蚀性等。

(2)负荷计算。现场用电设备的总用电负荷计算的目的，对低压用户来说，可以依据总用电负荷来选择总开关、主干线的规格。通过对分路电流的计算，确定分路导线的型号、规格和分配电箱设置的个数。总之负荷计算要和变配电室，总、分配电箱及配电线路、接地装置的设计结合起来进行计算。

负荷计算就是计算施工现场暂用设备的总用电量。进行负荷计算时，常采用需用系数法。如施工现场内设置有启动时显著影响电压波动的个别大功率用电设备，或该设备运行时造成“高峰负荷”，则可按二项系数法确定计算负荷。用上述方法进行负荷计算时比较繁杂，需要把不同工作制的用电设备的额定功率换算为统一的设备功率。在施工现场进行负荷计算时，常采用“估算法”简化计算。

根据施工现场用电设备的组成状况及用电量的大小等，进行电力负荷的估算。一般采用下列经验公式计算：

$$S_{\sum} = K_{\sum 1} \frac{\sum P_1}{\eta \cos\varphi_1} + K_{\sum 2} \sum S_2 + K_{\sum 3} \frac{\sum P_3}{\cos\varphi_3}$$

式中　$S_{\sum}$——施工现场电力总负荷(kV·A)；

$P_1, \sum P_1$——分别为动力设备上电动机的额定功率及所有动力设备上电动机的额定功率之和(kW)；

$S_2, \sum S_2$——分别为电焊机的额定功率及所有电焊机的额定容量之和(kV·A)；

$\sum P_3$——所有照明电器的总功率(kW)；

$\cos\varphi_1, \cos\varphi_3$——分别为电动机及照明负荷的平均功率因素，其中 $\cos\varphi_1$ 与同时使用的电动机的数量有关，$\cos\varphi_3$ 与照明光源的种类有关；在白炽灯占绝大多数时，可取 1.0，具体见表 8-15；

η——电动机的平均效率，一般为 0.75 ～ 0.93；

$K_{\sum 1}, K_{\sum 2}, K_{\sum 3}$——同时系数，考虑到各用电设备不同时运行的可能性和不满载运行的可能性所设的系数。

在使用上面公式进行建筑工程施工现场负荷计算时，还可参考表 8-15 所示施工现场照明用电量估算参考值。在施工现场，往往是在动力负荷的基础上再加 10%作为照明负荷。

表 8-15　　施工现场照明用电量估算参考表

序号	用电名称	容量/(W/m²)	序号	用电名称	容量/(W/m²)
1	混凝土及灰浆搅拌站	5	7	变配电所	10
2	钢筋加工	8～10	8	人工挖土工程	0.8
3	木材加工	5～7	9	机械挖土工程	1.0
4	木材模板加工	3	10	混凝土浇灌工程	1.0
5	仓库及棚仓库	2	11	砖石工程	1.2
6	工地宿舍	3	12	打桩工程	0.6

续表

序号	用电名称	容量/(W/m²)	序号	用电名称	容量/(W/m²)
13	安装和铆焊工程	3.0	16	夜间运输、夜间不运输	1.0、0.5
14	主要干道	2000W/km	17	金属结构和机电修配等	12
15	非主要干道	1000W/km	18	警卫照明	1000W/km

(3)配电装置设计。配电装置设计主要是选择和确定配电装置(配电柜、总配电箱、分配电箱、开关箱)的结构、电器配置、电器规格、电气接线方式和电气保护措施等。

快学快用 10 配电室位置的确定

确定变配电室的位置时,应考虑变压器与其他电气设备的安装、拆卸的搬运通道问题,进线与出线方便,无障碍。尽量远离施工现场震动场所,周围无爆炸、易燃物品、腐蚀性气体的场所。地势选择不要设在低洼区和可能积水处。

总配电箱、分配电箱应设置在靠近电源的地方,分配电箱应设置在用电设备或负荷相对集中的地方。分配电箱与开关箱距离不应超过30m。开关箱应装设在用电设备附近便于操作处,与所操作使用的用电设备水平距离不宜大于3m。总分配电箱设置的地方,应考虑有两人同时操作的空间和通道,周围不得堆放任何妨碍操作、维修的物品及易燃、易爆的物品,不得有杂草和灌木丛。

(4)变电所设计。变电所设计主要是选择和确定变电器的位置、变压器容量、相关配电室位置与配电装置布置、防护措施、接地措施、进线与出线方式以及与自备电源(发电机组)的联络方法等。

变电所的形式应根据建筑物(群)分布、周围环境条件和用电负荷的密度综合确定,高层建筑或大型民用建筑宜设室内配变电所,多层住宅小区宜设户外预装式配变电所,有条件时也可设置室内或

外附式配变电所。对于露天或半露天的变电所,不宜设置在下列场所:

1)有腐蚀性气体的场所。

2)挑檐为燃烧体或难燃体和耐火等级为四级的建筑物旁。

3)附近有棉、粮及其他易燃、易爆物品集中的露天堆场。

4)容易沉积可燃粉尘、可燃纤维、灰尘或导电尘埃且严重影响变压器安全运行的场所。

(5)接地设计。接地设计主要是选择和确定接地类别、接地位置以及根据对接地电阻值的要求,选择自然接地体或设计人工接地体(计算确定接地体结构、材料、制作工艺和敷设要求等)。

(6)配电线路设计。配电线路设计主要是选择和确定线路走向、配线种类(绝缘线或电缆)、敷设方式(架空或埋地)、线路排列、导线或电缆规格以及周围防护措施等。设计线路走向时,应根据现场设备的布置、施工现场车辆、人员的流动、物料的堆放以及地下情况来确定线路的走向与敷设方法。

(7)安全用电与电气防火措施。安全用电措施包括施工现场各类作业人员相关的安全用电知识教育和培训,可靠的外电线路防护,完备的接地接零保护系统和漏电保护系统,配电装置合理的电气配置、装设和操作以及定期检查维修,配电线路的规范化敷设等。

(8)防雷设计。防雷设计主要是依据施工现场地域位置和其邻近设施防雷装置设置情况确定施工现场防直击雷装置的设置位置,包括避雷针、防雷引下线、防雷接地确定。

在设有专用变电所的施工现场内,除应确定设置避雷针防直击雷外,还应设置避雷器,以防感应雷电波侵入变电所内。

(9)施工用电工程设计施工图。施工用电工程设计施工图主要包括用电工程总平面图、交配电装置布置图、配电系统接线图、接地装置设计图等。

2. 临时用电施工组织设计审批手续

(1)施工现场临时用电施工组织设计必须由施工单位的电气工程技术人员编制,技术负责人审核。封面上要注明工程名称、施工单位、编制人并加盖单位公章。

(2)施工单位所编制的施工组织设计，必须符合《施工现场临时用电安全技术规范》(JGJ 46—2005)中的有关规定。

(3)临时用电施工组织设计必须在开工前15d内报上级主管部门审核，批准后方可进行临时用电施工。施工时要严格执行审核后的施工组织设计，按图施工。当需要变更施工组织设计时，应补充有关图纸资料，上报主管部门批准，待批准后，按照修改前、后的临时用电施工组织设计对照施工。

二、施工现场用电检查制度

为了加强施工现场的用电安全管理，保障施工现场职工的人身安全和电气设备的安全，特制订施工现场用电检查制度。其具体内容如下：

(1)施工现场的电气设备必须具有有效的安全措施，无有效安全技术措施的电气设备不准使用。

(2)必须经常对现场的电气线路和设备进行安全检查。对现场使用各种线路老化、破皮、漏电现象及时更换，并做好书面记录。

(3)发现使用碘钨灯和家用电加热器(包括电炉、热得快、电热杯、电饭煲)取暖、烧水、烹饪情况，责令停止使用。

(4)发现私拉电线，违章用电及时制止、切断。违者按工地治安综合管理奖惩制度处罚。

(5)夜间施工必须配置1～2名电工，及时安排施工作业区域的照明用电。

三、宿舍安全用电管理制度

现阶段建筑施工队伍中的农民工每天吃住在工地，宿舍内电线私拉乱接，并把衣服、手巾晾在电线上，冬天使用电炉取暖，夏天将小风扇接进蚊帐，常因为用电量太大或漏电而将熔断器用铜丝连接或将漏电保护器短接，这些不规范的现象极易引起火灾、发生触电事故等，所

以必须对宿舍用电加以规定,用制度约束管理。其具体内容如下:

(1)宿舍住宿人员及工作人员不得擅自改、加装、拆卸室内供电设施。

(2)寝室内或寝室之间禁止私拉、乱接电源和宽带网线,禁止在灯具上拉蚊帐、晾晒衣物、节日装饰物等。

(3)宿舍内除允许使用的电脑、电视、收录机、手机充电器、台灯外,禁止其他一切使用电器的行为,如用电取暖、烧水、做饭及使用应急灯,违者如一经发现,没收违章物品并处以人民币 20 元的罚款,情节严重者给予严肃处理。

(4)住宿人员禁止动用和损坏公共场所配电箱、开关或灯具等用电设施,如有违反规定造成损失或事故的,除加倍赔偿外还要追究相应责任;工作人员对上述行为发现不予以制止而造成的后果同样负重要责任。当宿舍内的灯具、插座等用电设施发生故障时,应立即报告维修人员及时修理,其他人员不得自行拆修,否则发生故障后果自负。

(5)发现寝室长时间超负荷用电时,项目部有权停止供电;住宿人员要做到人走断电,以免因超负荷用电或长时间供电散热受阻而导致火灾等意外事故。

(6)住宿人员必须严格遵守宿舍安全用电制度,对违反制度者追究责任,并酌情进行处罚。

四、工作票制度

工作票制度是保证人身安全的组织措施,其中对有关人员的安全责任均有明确的规定。其具体内容如下:

(1)凡是在高压设备上或在其他电气回路上工作,需要高压设备停电的均应填写第一种工作票。

(2)工作票必须用钢笔或圆珠笔填写。一或两份,正确清楚,不得任意涂改。

(3)工作票签发人、工作许可人、工作负责人都必须按照电业安全规程内明确的签发人,工作负责人,工作许可人三者不得互相兼任,安全责任认真负责的履行职责。

(4)工作票应预先编号，填写清楚，使用后的工作票应妥善保管以备查验。

(5)事故抢修可不用工作票，但要记入操作记录簿内，在开始工作前按规定做好安全措施，并指定专人监护。

变、配电所(室)停电工作票样式如下：

变、配电所(室)停电工作票

编号______

1. 工作负责人(监护人)：________ 职称：________ 班组：________ 工作班人员：____________

____________共______人

2. 工作地点和工作内容：____________________________________

____

3. 计划工作时间：自______年______月______日______时______分至______月______日______时______分

4. 安全措施：

①停电范围图(带电部分用红色，停电部分用蓝色)；

②安全措施：

____

____

应拉开的开关和刀开关(注明编号)：

____

____

应装接地线的位置(注明确实地点)：

____

____

应设遮拦、应挂标示牌的地点：

____

____

工作票签发人签名：____________________________________

收到工作票时间：______月______日______时______分

下列由工作许可人（变、配电所值班员）填写

____

____

已拉开的开关和刀开关（注明编号）：

____

____

已装接地线（注明接地线编号和装设地点）：

____

____

已设遮拦、已挂标示牌（注明地点）：

____

____

工作许可人签名______月______日

____

____

5. 许可工作开始时间：____年____月____日____时____分

工作负责人签名：______工作许可人签名：______

6. 工作负责人变动（工程过程中，更换工作负责人时填写）：

原工作负责人________离去，变更________为工作负责人，变动时间________年________月________日________时________分，工作负责人交接签名______

7. 工作票延期（工作需延期，安全措施不变时填此栏）：

工作票延期到________年________月________日________时________分

工作负责人签名________值班负责人签名________

8. 工作终结及送电：

①工作班人员已全部撤离，现场已清理完毕。

②接地线共________组已拆除。________号处接地刀闸已断开。

③临时遮拦共________处已拆除，永久遮拦________处已恢复。

④标示牌共________处已拆除，更换标示牌________处已换完。

⑤全部工作于________年________月________日________时________分结束

工作负责人(签名)________工作许可人(签名)________

9. 送电后评语：

根据不同的检修任务，不同的设备条件，以及不同的管理机构，可选用或制定适当格式的工作票。但是无论哪种工作票，都必须以保证检修工作的绝对安全为前提。

快学快用 11 变电所工作票的使用场合

(1)变电所第一种工作票使用的场合如下：

1)在高压设备上工作需要全部停电或部分停电时。

2)在高压室内的二次回路和照明回路上工作，需要将高压设备停电或采取安全措施。

(2)变电所第二种工作票使用的场合如下：

1)在带电作业和带电设备外壳上工作。

2)在控制盘和低压配电盘、配电箱、电源干线上工作。

3)在高压设备无须停电的二次接线回路上工作等。

五、停电、验电制度

1. 停电制度

(1)停电时应注意对所有能够检修部分与送电线路全部切断，而且每处至少要有一个明显的断开点，并应采用防止误合闸的措施。

(2)停电操作时应执行操作票制度；必须先拉断路器，再拉隔离开关；严禁带负荷拉隔离开关；计划停电时，应先将负荷回路拉闸，再拉断路器，最后拉隔离开关。

(3)对于多回路的线路，还要注意防止其他方面的突然来电，特别要注意防止低压方面的反馈电。

(4)工作人员与带电设备在不同状态下的安全距离应符合表 8-16

的规定。工作人员工作时正常活动范围与带电设备的安全距离见表 8-17。

表 8-16　　工作人员与带电设备的安全距离

设备额定电压/kV	10 及以下	20～35	44	60
设备不停电时的安全距离/m	0.7	1	1.2	1.5
工作人员工作时正常活动范围与带电设备的安全距离/m	0.35	0.6	0.9	1.5
带电作业时人体与带电体间的安全距离/m	0.4	0.6	0.6	0.7

表 8-17　　工作人员工作时正常活动范围与带电设备的安全距离

电压等级/kV	安全距离/m
10 及以下(13.8)	0.35
20～35	0.60
44	0.90
60～110	1.50
154	2.00
220	3.00
330	4.00

(5)停电后断开的隔离开关操作手柄必须锁住且挂标志牌。

2. 验电制度

验证停电设备是否确无电压是保证电气安全作业的基本安全措施之一，由此制定了验电制度。其具体内容如下：

(1)验电时所用验电器的额定电压必须与电气设备(线路)电压等级相适应，且事先在有电设备上进行试验，证明是良好的验电器。

(2)如果在木杆、木梯或木构架等绝缘体上进行验电,对于不接地线不能指示者,可在验电器上接地线,但必须经值班负责人或电气负责人同意。

(3)对已停电的线路或设备,不能光看指示灯信号和仪表(电压表)上反映出无电,均应进行必要的验电步骤。

(4)电气设备必须在进线和出线两侧逐相分别验电,防止某种不正常原因导致出现某一侧或某一相带电而未被发现。

(5)线路(包括电缆)的验电应逐相进行。

(6)验电时应戴绝缘手套,按电压等级选择相应的验电器。

(7)如果停电后信号及仪表仍有残压指示,在未查明原因前,禁止在该设备上作业。

六、装设接地线制度

装设接地线的目的是为了防止停电后的电气设备及线路突然有电而造成检修作业人员意外伤害的技术措施;其方法是将停电后的设备的接线端子及线路的相线直接接地短路。

(1)验电之前应先准备好接地线,并将其接地端先接到接地网(极)的接线端子上;当验明设备或线路确已无电压且经放电后,应立即将检修设备或线路接地并三相短路。

(2)所装设的接地线与带电部分不得小于规定的允许距离,否则会威胁带电设备的安全运行,并可能使停电设备引入高电位而危及工作人员的安全。

(3)在装接地线时,必须先接接地端,后接导体端;而在拆接地线时,顺序应与以上顺序相反。装拆接地线均应使用绝缘棒或佩戴绝缘手套。

(4)接地线应用多股软铜导线,其截面应符合短路电流热稳定的要求,最小截面面积应不小于 $25mm^2$。其线端必须使用专用的线夹固定在导体上,禁止使用缠绕的方法进行接地或短路。

(5)变、配电所内,每组接地线均应按其截面面积编号,并悬挂存放在固定地点。存放地点的编号应与接地线的编号相同。

(6)变、配电所(室)内装、拆接地线,必须做好记录,交接班时要交代清楚。

七、施工现场电工安全操作

电工应经过专门培训,掌握安装与维修的安全技术,并经过考试合格后方准独立操作。施工现场暂设线路、电气设备的安装与维修应符合《施工现场临时用电安全技术规范》(JGJ 46—2005)的规定。新设、增设的电气设备必须由主管部门或人员检查合格后方可通电使用。

各种电气设备或线路应不超过安全负荷,并要牢靠、绝缘良好和安装合格的保险设备,严禁用铜丝、铁丝等代替保险丝。放置及使用易燃液体、气体的场所,应采用防爆型电气设备及照明灯具。

1. 设备安装

(1)安装高压油开关、自动空气开关等有返回弹簧的开关设备时,应将开关置于断开位置。

(2)搬运配电柜时,应有专人指挥,步调一致。多台配电盘(箱)并列安装时,手指不得放在两盘(箱)的接合部位,不得触摸连接螺孔及螺丝。

(3)露天使用的电气设备,应有良好的防雨性能或有可靠的防雨设施。配电箱必须牢固、完整、严密。使用中的配电箱内禁止放置杂物。

(4)剔槽、打洞时,必须戴防护眼镜,锤子柄不得松动。錾子不得卷边、裂纹。打过墙、楼板透眼时,墙体后面、楼板下面不得有人靠近。

2. 内线安装

(1)安装照明线路时,不得直接在板条顶棚或隔声板上行走或堆放材料;因作业需要行走时,必须在大楞上铺设脚手板;顶棚内照明应采用36V低压电源。

(2)在脚手架上作业,脚手板必须满铺,不得有空隙和探头板。使用的料具应放入工具袋随身携带,不得投掷。

(3)在平台、楼板上用人力弯管器煨弯时,应背向楼心,操作时面部要避开。大管径管子灌砂煨管时,必须将砂子用火烘干后灌入。用机械敲打时，下面不得站人，人工敲打上下要错开，管口加热时，管口前不得有人停留。

（4）管子穿带线时，不得对管子呼唤、吹气，防止带线弹出。两人穿线，应配合协调，一呼一应。高处穿线，不得用力过猛。

（5）钢索吊管敷设，在断钢索及卡固时，应预防钢索头扎伤。绷紧钢索应用力适度，防止花篮螺栓折断。

（6）使用套管机、电砂轮、台钻、手电钻时，应保证绝缘良好，并有可靠的接零接地。漏电保护装置灵敏有效。

3. 外线安装

（1）作业前应检查工具（铣、镐、锤、钎等）牢固可靠。挖坑时应根据土质和深度按规定放坡。

（2）杆坑在交通要道或人员经常通过的地方时，挖好后的坑应及时覆盖，夜间设红灯示警。底盘运输及下坑时应防止碰手、砸脚。

（3）现场运杆、立杆、电杆就位和登杆作业均应按相关要求进行安全操作。

（4）架线时在线路的每 2～3km 处应设一次临时接地线，送电前必须拆除。大雨、大雪及 6 级以上强风天停止登杆作业。

4. 施工现场用电设备定期巡查

（1）各种电气设施应定期进行巡视检查，并将每次巡视检查的情况和发现的问题记入运行日志内。

1）低压配电装置、低压电器和变压器，有人值班时，每班应巡视检查一次。无人值班时，至少每周巡视检查一次。

2）配电盘应每班巡视检查一次。

3）架空线路的巡视检查，每季应不少于一次。

4）工地设置的 1kV 以下的分配电盘和配电箱，每季度应进行一次停电检查和清扫。

5）500V 以下的封闭式负荷开关及其他不能直接看到的开关触点，应每月检查一次。

（2）室外施工现场供用电设施除应经常维护外，遇到大风、暴雨、

冰雹、雪、霜、雾等恶劣天气时，应加强对电气设备的巡视检查。

(3)新投入运行或大修后投入运行的电气设备在72h内应加强巡视，无异常情况后，才能按正常周期进行巡视检查。

(4)供用电设施的检修和清扫，必须采取各项安全措施后进行。每年不宜少于两次，其时间应安排在雨季和冬季到来之前。

快学快用 12　施工现场用电设备巡查的安全措施

(1)电气操作人员在进行事故巡视检查时，应始终认为该线路处于带电状态，即使该线路确已停电，也应认为该线路随时有送电的可能。

(2)巡视检查配电装置时，进出配电室必须随手关门。配电箱巡视检查完毕需加锁。

(3)在巡视检查中，若发现有威胁人身安全的缺陷，应采取全部停电、部分停电和其他临时性安全措施。

(4)电气操作人员巡视检查设备时不得越过遮拦或围墙，严禁攀登电杆或配电变压器台架，也不得进行其他工作。

(5)在室外施工现场巡视检查时，必须穿绝缘靴，并不得靠近避雷器和避雷针。夜间巡视检查时，应沿线路的外侧行进；遇到大风时，应沿线路的上风侧行进，以免触及断落的导线。发生倒杆、断线，应立即设法阻止行人。当高压线路或设备发生接地时，室外在8m以内不得接近故障点，室内在4m以内不得接近故障点。进入上述范围必须穿绝缘靴，接触设备的外壳和构架时应戴绝缘手套。现场应派人看守，同时应尽快将故障点的电源切断。

第三节　施工现场临时用电安全技术档案

临时用电安全技术档案应由施工现场的电气技术人员负责建立和管理，对于平时的维修记录、测试记录等可由电工代替，工程结束，临时用电工程拆除后统一归档。

一、安全技术档案内容

施工现场临时用电必须建立安全技术档案，主要包括下列内容：

(1)用电组织设计的安全资料。

(2)修改用电组织设计的资料。

(3)用电技术交底资料。

(4)用电工程检查验收表。

(5)电气设备的试、检验凭单和调试记录。

(6)接地电阻、绝缘电阻和漏电保护器漏电动作参数测定记录表。

(7)定期检(复)查表。

(8)电工安装、巡检、维修、拆除工作记录。

二、建筑施工现场临时用电施工常用表

建筑施工现场临时用电施工常用表，见表8-18～表8-26。

表8-18　施工现场临时用电施工组织设计变更表

单位名称		工程名称		日期	年　月　日
变更原因					
更改内容					
设计变更人		审核人		接收人	

表 8-19　　　　建筑施工现场临时用电技术交底记录

<table>
<tr><td>单位名称</td><td></td><td>工程名称</td><td></td><td>日期</td><td>年　月　日</td></tr>
<tr><td colspan="6">交底内容：</td></tr>
<tr><td>交底人</td><td colspan="2"></td><td>职务</td><td colspan="2"></td></tr>
<tr><td>被交底人</td><td colspan="2"></td><td>职务</td><td colspan="2"></td></tr>
</table>

表 8-20　　　　建筑施工现场临时用电验收表

<table>
<tr><td>单位名称</td><td></td><td>工程名称</td><td></td><td>日期</td><td>年　月　日</td></tr>
<tr><td colspan="6">主要检查验收内容：</td></tr>
<tr><td colspan="6">验收结论：</td></tr>
<tr><td>填表人</td><td></td><td>验收人</td><td></td><td>接收人</td><td></td></tr>
</table>

表 8-21　　建筑施工现场临时用电设备调试记录

单位名称		工程名称		日期	年　月　日
设备名称		设备型号		安装地点	
主要调试过程：					
结论及处理意见：					
填表人		调试人		验收人	

表 8-22　　建筑施工现场临时用电绝缘电阻测试记录

单位名称				工程名称					
仪表型号				工作电压					
设备名称				型号规格					
回路编号	阻值	阻值	阻值	阻值	阻值	阻值	阻值	阻值	阻值
A B									
B C									
C A									
A O									
B O									
C O									
测验结果									
测验时间									
测验负责人				检测人					

表 8-23　　建筑施工现场临时用电定期检查记录

<table>
<tr><td>单位名称</td><td></td><td>工程名称</td><td></td><td>日期</td><td>年　月　日</td></tr>
<tr><td colspan="6">检查单位：</td></tr>
<tr><td colspan="6">检查项目或部位：</td></tr>
<tr><td colspan="6">参加检查人员：</td></tr>
<tr><td colspan="6">检查记录：</td></tr>
<tr><td colspan="6">检查结论及整改措施：</td></tr>
<tr><td colspan="2">检查负责人</td><td colspan="2"></td><td>被检查负责人</td><td></td></tr>
</table>

表 8-24　　建筑施工现场临时用电复查验收表

<table>
<tr><td>单位名称</td><td></td><td>工程名称</td><td></td><td>日期</td><td>年　月　日</td></tr>
<tr><td>检查单位</td><td></td><td>参加人员</td><td colspan="3"></td></tr>
<tr><td colspan="6">复查内容：</td></tr>
<tr><td colspan="6">实际整改措施：</td></tr>
<tr><td colspan="6">复查结论：</td></tr>
<tr><td colspan="2">复查负责人</td><td colspan="2"></td><td>被复查负责人</td><td></td></tr>
</table>

表 8-25　建筑施工现场临时用电安装巡检维修拆除工作记录

<table>
<tr><td>单位名称</td><td></td><td>工程名称</td><td></td><td>日期</td><td>年　月　日</td></tr>
<tr><td colspan="6">安装巡检维修拆除原因：</td></tr>
<tr><td colspan="6">安装巡检维修拆除措施：</td></tr>
<tr><td colspan="6">结论意见：</td></tr>
<tr><td>记录人</td><td></td><td>安装维修拆除负责人</td><td></td><td>验收人</td><td></td></tr>
</table>

表 8-26　建筑施工现场临时用电漏电保护器测试记录

<table>
<tr><td>单位名称</td><td colspan="2"></td><td>工程名称</td><td colspan="2"></td></tr>
<tr><td>安装位置</td><td colspan="2"></td><td>规格型号</td><td colspan="2"></td></tr>
<tr><td colspan="2">测试项目</td><td>测试方式</td><td>测试结论</td><td>测试日期</td><td>备注</td></tr>
<tr><td colspan="2"></td><td></td><td></td><td></td><td></td></tr>
<tr><td colspan="2"></td><td></td><td></td><td></td><td></td></tr>
<tr><td colspan="2"></td><td></td><td></td><td></td><td></td></tr>
<tr><td colspan="2"></td><td></td><td></td><td></td><td></td></tr>
<tr><td colspan="2"></td><td></td><td></td><td></td><td></td></tr>
<tr><td colspan="2"></td><td></td><td></td><td></td><td></td></tr>
<tr><td colspan="2"></td><td></td><td></td><td></td><td></td></tr>
<tr><td colspan="2"></td><td></td><td></td><td></td><td></td></tr>
<tr><td>测试负责人</td><td colspan="2"></td><td>测试人</td><td colspan="2"></td></tr>
</table>

参考文献

[1] 李毅,王尧明. 电工[M]. 武汉:湖北科学技术出版社,2009.

[2] 王俊峰. 学电工技术入门到成才[M]. 2版. 北京:中国电力出版社,2010.

[3] 陈海波. 电工入门一点通[M]. 北京:机械工业出版社,2011.

[4] 白公. 电工安全技术365问[M]. 北京:机械工业出版社,2002.

[5] 刘光源. 电工实用手册[M]. 北京:中国电力出版社,2001.

[6] 孙景芝,韩永学,等. 建筑电气工长培训教程[M]. 北京:中国建筑工业出版社,2005.

[7] 姜敏. 电工操作技巧[M]. 北京:中国建筑工业出版社,2003.

[8] 陈志新,李英姿. 现代建筑电气技术与应用[M]. 北京:机械工业出版社,2005.

[9] 李贤温. 电工技术及技能训练[M]. 2版. 北京:人民邮电出版社,2011.

[10] 方大千. 实用电工手册[M]. 北京:机械工业出版社,2012.